本书获评住房和城乡建设部"十四五"规划教材
住房城乡建设部土建类学科专业"十三五"规划教材
高校建筑学专业规划推荐教材
中国残联无障碍环境建设推进办公室指导

ACCESSIBLE

无障碍设计 （第二版）

DESIGN

天津大学

王小荣　主编

贾巍杨　副主编

李伟　赵伟　参编

中国建筑工业出版社

图书在版编目（CIP）数据

无障碍设计/王小荣主编. —2版. —北京：中国建筑工业出版社，
2019.2（2024.8重印）
住房城乡建设部土建类学科专业"十三五"规划教材　高校建筑学
专业规划推荐教材
ISBN 978-7-112-23196-6

Ⅰ.①无…　Ⅱ.①王…　Ⅲ.①残疾人-城市道路-设计-高等学
校-教材　②残障者住宅-建筑设计-高等学校-教材　Ⅳ.①U412.37
②TU241.93

中国版本图书馆CIP数据核字（2019）第010256号

责任编辑：陈　桦　柏铭泽
责任校对：姜小莲

为了更好地支持相应课程的教学，我们向采用本书作为教材的
教师提供课件，有需要者可与出版社联系。
建工书院：http://edu.cabplink.com
邮箱：jckj@cabp.com.cn　电话：(010) 58337285

住房城乡建设部土建类学科专业"十三五"规划教材
高校建筑学专业规划推荐教材
中国残联无障碍环境建设推进办公室指导

无障碍设计（第二版）
天津大学
王小荣　　　　　主编
贾巍杨　　　　副主编
李　伟　赵　伟　参编
*
中国建筑工业出版社出版、发行（北京海淀三里河路9号）
各地新华书店、建筑书店经销
北京建筑工业印刷厂制版
北京中科印刷有限公司印刷
*
开本：787×1092毫米　1/16　印张：16½　字数：330千字
2019年4月第二版　　2024年8月第六次印刷
定价：39.00元（赠教师课件）
ISBN 978-7-112-23196-6
　　　　　（33279）

—— Preface ——

—— 修订版前言 ——

本教材从普通高等教育土建学科专业"十一五"规划教材到住房城乡建设部土建类学科专业"十三五"规划教材修编的十余年间，我国的无障碍建设事业有了长足的发展，我们参与了大量无障碍建设的工作，自身对于无障碍设计的认知也提高到了新的层次，因此教材的修编势在必行。本教材是为本科教学中建筑学、城乡规划、风景园林、室内设计等专业学生的学习编写的。希望本教材所介绍的知识点能够从设计人员的基本专业素质培养开始，方便本专业学生及设计者系统化地学习，逐步改善无障碍意识薄弱造成的无障碍意识教育缺位、无障碍设施建设和改造工程表象化的状况，强化学生对无障碍意识及基本理念的理解，为我国的无障碍建设事业夯实基础。本教材作为专业性较强的教材，还可以为本专业的研究生教学及工程设计人员提供参考。

本版教材的修编工作由天津大学建筑学院王小荣、贾巍杨、李伟、赵伟四位教师共同完成。各章主要编写分工为：第1章王小荣、赵伟；第2章王小荣；第3章贾巍杨；第4章贾巍杨；第5章李伟、贾巍杨；第6章贾巍杨；第7章王小荣、贾巍杨；附录贾巍杨。由天津大学建筑学院王小荣担任主编，贾巍杨任副主编。大纲主要框架由王小荣组织，详细内容由编写教师共同完成。在本教材的编写过程中，中国残联给予我们很大的帮助、支持，提供指导、提供资料、提供实践的机会，在此对中国残联全国无障碍建设专家吕世明以及中国残联的张东旺、孙一平表示衷心的感谢！天津大学建筑学院张威老师、研究生齐立轩等为我们提供了宝贵的资料，在此一并表示衷心的感谢。

在教材编写过程中，我们虽参考了国内外近年来新涌现的大量资料，但由于无障碍现状和设计技术的发展日新月异，其专业性和对科研的要求越来越强，国内作为教材的理论性参考资料甚少，而且编写人员及编写内容也在不断调整，加之我们的编写水平所限，难免出现疏漏错误之处，敬请专业人士提出批评指正。

编者

—Preface—

—第一版前言—

本教材是普通高等教育土建学科专业"十一五"部级规划教材之一，是为本科教学中建筑设计、详细规划设计、景观设计、室内设计等专业学生的学习编写的。希望本教材所介绍的知识点能够从设计人员的基本专业素质培养开始，方便本专业学生及设计者系统化的学习，逐步改善无障碍意识薄弱造成的无障碍意识教育缺位、无障碍设施建设和改造工程表象化的状况，强化学生对无障碍意识及基本理念的理解。此外，作为专业性较强的教材还可以为本专业的研究生教学及工程设计人员提供参考。

教材编写工作由天津大学建筑学院王小荣、许蓁、贾巍杨三位教师共同完成。各章主要编写分工为：第1章王小荣；第2章王小荣；第3章贾巍杨；第4章贾巍杨；第5章许蓁；第6章贾巍杨；第7章王小荣、许蓁、贾巍杨。本教材由天津大学建筑学院王小荣担任主编，聘请原西南交通大学建筑学院院长、现四川省建设厅总规划师邱建担任主审工作。大纲主要框架由王小荣组织，详细内容由编写教师共同商议完成。本教材在编写过程中，主审邱建、上海交通大学秦丹尼、天津大学袁逸倩、刘彤彤等为我们提供了宝贵的资料，在此表示衷心的感谢。

在教材编写过程中，我们虽然参考了国内外大量资料，但由于本教材系国内首册此类教材，其专业性较强，国内作为教材的理论性参考资料甚少，而且编写人员及编写内容也在不断调整，加之我们编写水平所限，难免出现疏漏错误之处，敬请专业人士提出批评指正。

Contents

目录

第 1 章 无障碍设计绪论

　　根据第六次全国人口普查我国总人口数统计，以及第二次全国残疾人抽样调查、我国残疾人占全国总人口的比例和各类残疾人占残疾人总人数的比例推算，2010 年末我国残疾人总人数为 8502 万人。各类残疾人的人数分别为：视力残疾 1263 万人，听力残疾 2054 万人，言语残疾 130 万人，肢体残疾 2472 万人，智力残疾 568 万人，精神残疾 629 万人，多重残疾 1386 万人。各残疾等级人数分别为：重度残疾 2518 万人，中度和轻度残疾 5984 万人。另据中国老龄工作委员会办公室统计数据显示：截至 2017 年底，我国 60 岁及以上老年人口有 2.41 亿人，占总人口的 17.3%。随着生活条件的改善、科学技术的进步，预计到 2050 年前后，我国老年人口数将达到峰值 4.87 亿，占总人口的 34.9%，中国将成为老龄人口绝对数最多的国家，也是世界上人口老龄化速度最快的国家之一。

　　人口老龄化是社会经济发展的一种必然趋势，也导致了无障碍设计问题的突出。人口众多的残疾人、老年人，其生活环境的质量成为我们无法忽视的社会问题。在我国，无障碍环境的建设是从无障碍设计规范的提出与制定开始的，主管部门也将规范的执行纳入城市规划和工程建设中。过去几十年无障碍设计的强化，使得盲道、坡道等大量无障碍设施到处可见，但由于无障碍意识的普遍薄弱，设施设计得不合理，残疾人虽获得了走进正常人生活空间的机会，却无法平等地参与健全人的生活环境，遍街的无障碍设施成为摆设。因而，无障碍环境的建设并非某一社会群体所关心的问题，而是全民发展的必要前提。

1.1 概述

1.1.1 无障碍设计定义

　　第二次世界大战后，大量伤残军人的涌现使得残疾人问题引起国际社会关注，社会各阶层对此类人群的关爱，是"无障碍"概念形成的重要因素。"无障碍设计"（Accessible Design）的名称始于联合国组织专家会议报告提出的设计新主张，指消除对使用者构成障碍因素的设计。无障碍设计的概念强调在科学技术高度发展的现代社会，一切有关人类衣食住行的公共空间环境以及各类建筑设施、设备的规划设计，都必须充分考虑具有不同程度伤残缺陷者和正常活动能力衰退者等弱势群体的使用需求，配备能够应答、满足这些需求的服务功能与装置，营造一个充满爱与关怀，切实保障人类安全、方便、舒适的现代生活环境。

随着社会的发展和进步，新的无障碍设计概念不仅将"有障碍者"的含义转变为"有困难者"，而且扩展了无障碍设计的内容，也不仅仅指传统意义上广为大众理解的硬件设施上的无障碍设计，例如盲道、坡道、扶手等常见的无障碍硬件设施，还包括了图形化的信息指示，多元化的信息传达方式（如色彩、材料、光影等手段的运用），各种便捷的服务（问讯处等），人性化的视觉引导系统等软件上的无障碍设计工作。

因而，无障碍设计的定义是通过规划、设计减少或消除残疾人、老年人等弱势群体在公共空间（包括建筑空间、城市环境）中的行为障碍进行的设计工作。从发展的角度上讲，广义的无障碍设计包含了通用设计（Universal Design）的理念，适合于绝大多数人，包括弱势人群和健全的成年人。其目的不仅仅是为了解决残疾人、老年人在公共空间中行为不便的问题，更是在满足残疾人、老年人等弱势群体的特殊要求同时，能为所有健全人使用。无障碍设计的理想目标是生活环境的全面"无障碍"，基于对人类行为、意识与动作反应的细致研究，致力于优化一切为人所用的物质与环境的设计，在使用和操作上清除那些让使用者感到困惑、困难的"障碍"，为使用者提供最大可能的方便，这就是广义无障碍设计的基本思想。

无障碍设施是指为保障残疾人、老年人、伤病人、儿童和其他社会成员的通行安全和使用便利，在公共建筑、居住建筑和道路、桥梁、公共用地等建设工程中配套建设的服务设施。无障碍环境是指人们进入、参与、利用的一种境遇，包括人们对无障碍思想的认识和意识等更为广泛的社会环境。

1.1.2 无障碍设计意义

随着科学技术的发展和医疗水平的提高，人类的寿命在延长，身体机能的康复、疾病的有效控制、智能化的设施设备，都给残疾人和老年人的高质量生活带来了新的契机。残障人士融入社会的需求在不断增长，人口老龄化还在加剧，人们对生活质量的要求也在不断提高，因而全社会对无障碍环境建设的要求日益迫切。为残疾人提供必要的居住、出行、工作和平等参与社会活动的机会，方便老年人等弱势人群，构筑现代化、国际化的新型无障碍城市，构建平等、友爱、相互尊重的和谐社会氛围，使城市环境、建筑空间方便所有使用者，根本消除设施上的歧视，成为目前我国城市建设的重要目标。

社会福利的不断健全，使得残疾人，特别是老年人的社会消费构成重要的市场需求，其内需潜力是巨大的，而无障碍环境则是将消费潜力转化为现实消费需求的重要载体，是残疾人走出家门、参与社会生活的基本条件，也是方便老年人、妇女、儿童和其他社会成员生活的重要措施。城市环境的无障碍是城市基础设施的有机组成部分，是完善城市功能不可或缺的重要元素，也是现代城市建设的一项必不可少的内容，同时它也直接影响着我国的城市及国家的国际形象。加强无障碍环境建设已成为国际社会的"主流"，它不仅是物质文明和精神文明的体现，是社会进步的重要标志，也是衡量一个国家现代化水平的又一标准。无障碍建设在落实国家对残疾人的各项政策和法规的物质保障的同时，对提高人的素质，培养全民公共道德意识，推动社会发展等都具有重要的社会意义。

建筑空间环境的设计要"以人为本"，包括残疾人、老年人等弱势人群在内，因而无障碍设计惠及层面更加广泛，并不局限于残疾人这一特殊群体，而是为了方便所有人未来的共同需求。社会环境无障碍设计的实施也不仅是为了改善残疾人的生活环境，为全社会创造一个更加人性化，更加安全、方便、舒适的良好环境，保障所有公民的权利才是它的最终目的。

只有将无障碍设计的理念普及到城市环境建设的各个方面，让无障碍环境成为一个系统、连续的整体，才能使我们的生活环境真正安全、便捷、高效、舒适地为所有人服务。无障碍环境涉及全人类，作为一个重大问题，其工作重心已从原来的对残疾人的关心、保护和帮助，使他们适应"正常的"社会机制转移到社会模式上，即授权、参与和改变环境以促进全人类的机会均等。

1.1.3　无障碍现状分析

1）国外无障碍建设的现状

（1）软件方面：近年来，国际上地区经济发展快速，在有关生存环境的发展计划中，考虑残疾人和老年人的无障碍环境需要，大多数国家和地区都在制定各种形式的无障碍法规，也已开始为残疾人和老年人提供无障碍建筑。美国是世界上第一个制定"无障碍标准"的国家，欧洲，尤其是北欧是无障碍设计的发源地，其无障碍环境建设既有多层次的立法保障，又已进入了科研与教育的领域；各种无障碍设施既有全方位的布局，又与建筑艺术协调统一，同时给残疾人、老年人带来了方便与安全。为了从根本上转变观念，美国与欧洲的许多高等院校已专门设立无障碍设计课程，将其作为必须训练的一项基本功。

澳大利亚、日本、马来西亚、菲律宾、韩国等国家的无障碍法规发展为所有残疾人提供无障碍需要，包括肢体残疾、感官残疾和智力残疾。目前，已有100多个国家和地区制定了有关残疾人的法律和无障碍技术法规与技术标准。各国政府在进行无障碍环境建设与改造的同时，仍在不断地探索，并延伸其内涵，强调在住宅中也要实行"无障碍化"。

"无障碍"在法规和政策的实施上多表现为两种方式：一种是在整个生存环境中，考虑残疾人和老年人的无障碍要求；另一种已比较少见，是开辟特殊的地区或兴建福利建筑，以满足他们的无障碍需要。澳大利亚、马来西亚、新西兰、菲律宾、新加坡等国采用的是前一种方式，这些国家的法规和政策是以提高整个无障碍环境为目标的，还有少数国家则是采用后一种形式。加拿大则是依靠省级立法来初步建立一种"民权准则"，侧重于方便残疾人购物，使用设施和就业的权利方面。"无障碍"在这里被视为减轻社会负担、推动社会发展的一个因素。

（2）硬件方面：美国、瑞典、丹麦、英国等国家都先后兴建了残疾人集合住宅，即专门供残疾人使用的服务公寓，针对使用者的特殊要求，采取了更多措施，包括建筑设施的灵活调整等，以方便残疾人使用，进一步促进了无障碍设计在住宅建设中的实施。英国对旧的公共建筑也进行了大量的改造，入口处改建了轮椅升降平台，以抵消高台阶给残疾人带来的不便（图1-1）。教堂、旅馆等入口也都增加了不同材质坡道的设置（图1-2）。在新建筑中也注重了无障碍设计，西雅图图书馆入口处设置了长长的坡道，入口处设置了与人体尺度相等的无障碍标识（图1-3）。

在加拿大多伦多市，任何一个停车场都能看到地上印有醒目的"轮椅"标志的停车位，为能开车的行动不便者提供泊车位，而其他车辆不

图1-1　公建入口轮椅升降梯
(a) 地面平台入口；(b) 上台阶后的出口

(a)

(b)

图1-2　教堂、旅馆入口改造
(a) 教堂入口改造；(b) 旅馆坡道设置

(a)

(b)

图1-3　西雅图图书馆
(a) 入口的坡道；(b) 放大的标识

得占用。

　　目前日本的无障碍设施比较普及，国家制定的统一建设法规中包括无障碍设计。每一幢建筑物竣工时，有专门部门验收无障碍设施建设是否符合规定。在公共设施中，尤其是商店，按建筑面积大小实现不同等级的无障碍设计。面积大于 1500m² 的大中型商业建筑，规定要为残疾人、老年人提供专用停车场、卫生间、电梯等设备设施。图 1-4 所示是横滨的社区小广场解决地面高差的设计，既不影响健全人走阶梯，又方便残疾人利用折返的坡道上"台阶"，还丰富了社区景观的变化。图 1-5 所示为车站入口无障碍设施设计，图 1-6 所示是住宅展示空间中为方便残疾人及行动不便者到此参观而提供的卫生间及楼梯升降设施，图 1-7 所示为宾馆电梯设置，梯厢空间可容纳轮椅，并内设附盲文的超大按钮。图 1-8 所示为博多地铁站无障碍设施设计，图 1-9 所示是福冈机场候机

图1-4　横滨街区广场通道（左）

图1-5　车站无障碍设施(右)

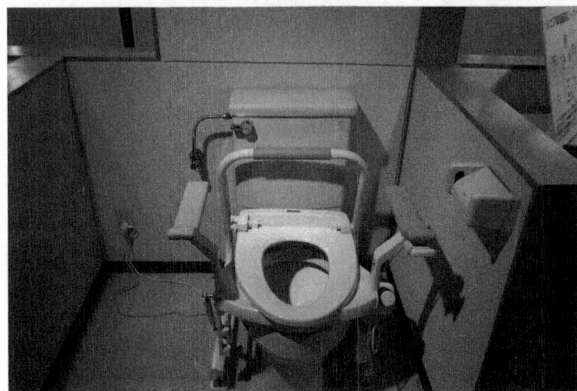 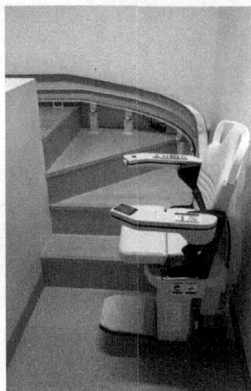

图1-6　展示住宅无障碍设施
(a) 卫生设施；(b) 楼梯升降设施

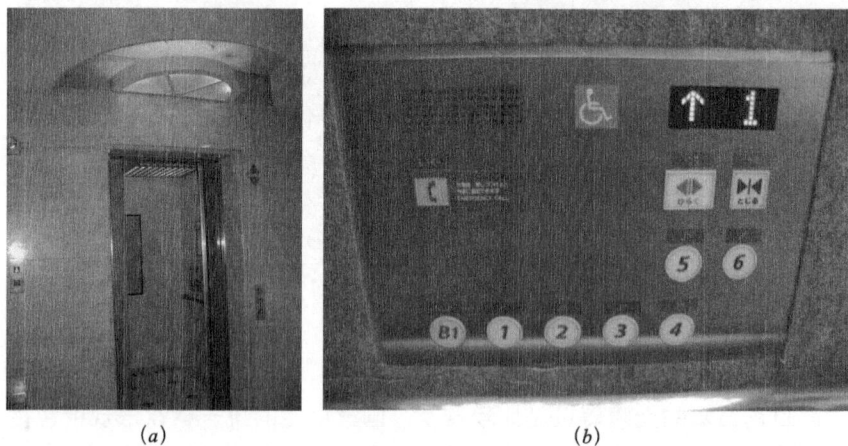

图1-7 通用电梯
(a) 通用电梯空间；(b) 电梯内按钮

(a)   (b)

图1-8 博多地铁站
(a) 楼梯；(b) 电梯厅

(a)   (b)

图1-9 福冈机场盲道设置
（左）
图1-10 某银行入口坡道
（右）

图1-11 平安神宫增设坡道

楼盲道设置，图1-10所示为银行入口处与台阶并行的坡道设计，运用绿化带隔离，浑然一体，自然而美观且无孤单的感觉。图1-11所示的平安神宫为古建筑旅游景点，为迎接残疾人融入社会活动，在原有台阶处增建了坡道，使得残疾人

(a)　　　　　　　　　　　　　　　　(b)

图1-12 澳大利亚地铁站
(a) 无障碍通道；(b) 行进盲道

也能够自由地进出旅游景点。

澳大利亚、新加坡等国家对城市人行道和人行通道进行了无障碍建设与改造，为盲人安装了过街听觉、触觉（盲文）信号和公共信息录音系统，同时还设置了大而明显的公共信号和标志，为弱智者的出行提供了便利

图1-13 街区指示图

的信号和指示，保障了残疾人的出行安全和方便。澳大利亚还在水路的渡口上设置了可供残疾人使用的自动扶梯和电梯。图1-12所示为澳大利亚地铁的无障碍通道及站台盲道设置。图1-13所示是为方便所有人设置的提供指示的位置图。

波音公司在1978年即开始考虑飞机的无障碍设计研究，其指导思想是使残疾人能在飞机上无障碍通行。由设计部门设计的可供残疾人使用的机舱厕所已用在新制造的飞机上。此外，近年来亚太地区的一些国家，如马来西亚、菲律宾、韩国等国家在无障碍设施建设方面也都有了全面的发展。

2）国内无障碍建设的现状

（1）软件方面：1990年《中华人民共和国残疾人保障法》的出台，使我国对残疾人的关怀和扶助成为法律的责任和义务。原建设部、民政部、原国家计委、中国残联联合发布《城市道路和建筑物无障碍设计规范》JGJ 50—2001（现已废止，应用《无障碍设计规范》GB 50763—2012）以及关于发布专业标准《方便残疾人使用的城市道路和建筑物设计规范》的通知（〔88〕建标字第204号），均规定：将执行《规范》纳入基本建设审批内容，制定相应规定，广泛宣传、逐步推广无障碍设施。推出并持续修订了1989年、2001年、2012年三版无障碍设计规范，由行业标准上升成为国家强制标准，为无障碍环境建设提供了技术法规依据。特别是2012年《无障碍环境建设条例》提出了无障碍设施不到位的惩罚性措施，进一步保障了残障群体的权利，但是落实的效果还有待提高。

无障碍设计是一门专业性很强的学科。与"十一五"版教材编写前的空白相比较，目前我国已出版无障碍设计教材并进行了修编工作，已有高校开始设置相关专门课程、课时的教学，或设置无障碍专题讲座、无障碍法规及无障碍设施调研、无障碍建筑方案设计等课程，逐步开始注重无障碍设计理念的植入，在一定程度上弥补了无障碍设计教育的缺位。

由于多种原因，目前我国的无障碍社会化程度还不够理想。一些公共设施的建设中没有充分注意到残疾人的需求，一些新修的盲道、坡道被车辆、杂物任意占用或遭毁坏，城市重要路口没有设置对盲人的语音提示等。实现行动和信息无障碍，不仅仅要有先进的硬件设施，还必须提高全民的无障碍意识。这需要一个长期的宣传、教育过程。这一工作应融入到提高全民素质和塑造"城市精神"之中去。随着整个社会文明程度的提高，无障碍软件建设也会得到加强。

（2）硬件方面：深圳是中国最早开展无障碍建设的城市之一，其无障碍环境建设历程始于1985年，至今已有了长足的发展，且随着经济的发展和社会的进步，全国的无障碍设施建设也取得了一定的成绩。城市道路中，为方便盲人行走，修建了盲道，为方便轮椅使用者，修建了缘石坡道。建筑物方面，大型公共建筑中修建了方便残疾人和老年人室内外通行的坡道及无障碍设施，如电梯、电话、卫生间、扶手、轮椅位、客房等。还有，我国已建成一批富有特色的无障碍设施，例如1998年4月30日，国内首座规模较大的集信息无障碍与环境无障碍于一体的盲人植物园在南京落成并对外开放，该园不仅在设计上独具匠心，为盲人提供绿色知识和美的享受，满足盲人的精神需求，而且还为盲人的安全通行设计了全方位的无障碍环境。图1-14所示为盲人植物园入口，图1-15所示为盲人在摸索盲文，阅读盲文标语："虽然我们什么都看不见，但我们希望世界充满绿色。"图1-16所示为盲人在感受"绿色"植物。紧随其后，苏州、济南等地也开设了盲人植物园。

随着2008年北京奥运会和2010年上海

图1-14 盲人植物园入口

图1-15 识读盲文标语

图1-16 感受"绿色"植物

世博会、广州亚运会的成功举办，我国加快了建设现代化国际大都市的步伐，城市建设规模进一步扩大，奥运场馆、大型文化设施等一批重点工程相继开工建设，以交通为重点的城市基础设施建设快速发展，为推进无障碍设施建设带来了难得的机遇。图1-17所示为残奥会上方便残疾人使用的电话设置，图1-18所示是方便残疾人上下的专用车，图1-19所示为方便残疾人行走的通道。图1-20所示是进入世博园后的无障碍电梯，图1-21所示是展馆中设置的轮椅专用入口，为方便残疾人、老年人观展，但因有人数、时间的限制，也需要稍事等候。图1-22所示是展会中问讯处入口门槛的处理，当有残疾人到来时，便使用临时"坡道"解决高差的

图1-17 残疾人用电话

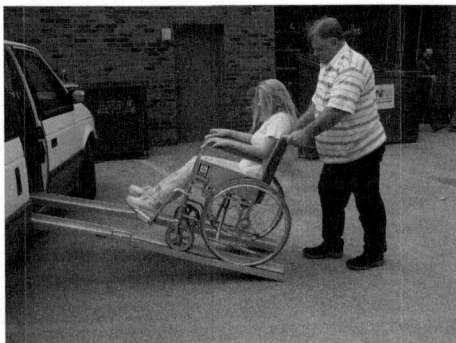

(a)

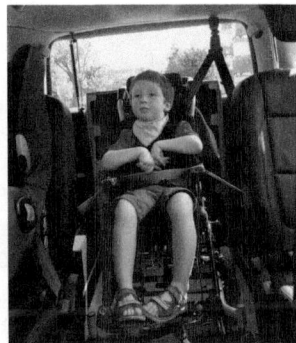

(b)

图1-18 残疾人汽车
(a) 汽车的坡道；(b) 汽车内部

图1-19 无障碍通道

(a)

(b)

图1-20 无障碍电梯
(a) 电梯外观；(b) 电梯标识

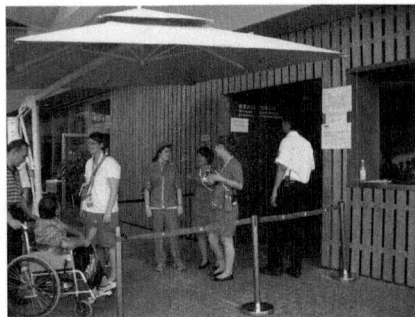

(a)

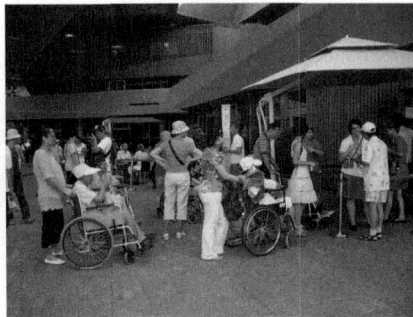

(b)

图1-21 轮椅专用入口
(a) 入口及服务人员；
(b) 等待进入的轮椅使用者

图 1-22 问讯处入口
(a) 入口门槛；
(b) 备用的临时"坡道"

(a)　　　　　　　　　　　　　(b)

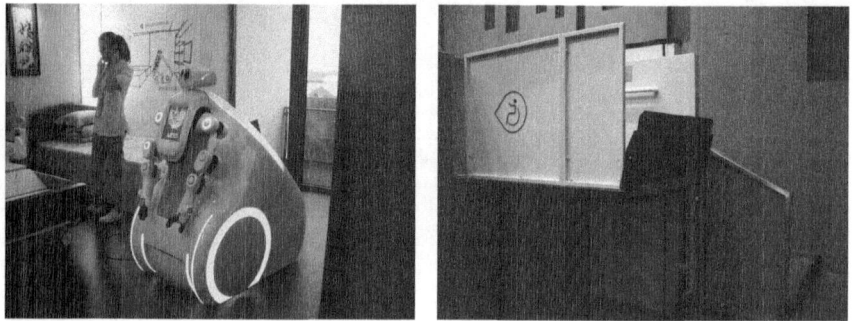

图 1-23 轮椅机器人（左）
图 1-24 轮椅升降台（右）

图 1-25 广东奥林匹克体
育中心坡道设置
(a) 新闻发布厅内坡道；
(b) 场馆出入口坡道

(a)　　　　　　　　　　　　　(b)

图 1-26 无障碍洗手间(左)
图 1-27 改造后的轮椅看
台位置（右）

问题。图 1-23 所示为示范绿色住宅中的轮椅机器人，图 1-24 所示是展览馆观众厅的轮椅升降台。广东奥林匹克体育中心是第 16 届广州亚运会中承接田径比赛的场馆，图 1-25 所示是场馆各部位坡道设置，图 1-26、图 1-27 所示为场馆无障碍设施设置。另外，央视网在奥运会期间建成了专门服务于残障人士的"央视网奥运无障碍频道"。根据中国通信标准化协会制定的《信息无障碍　身体机能差异人群　网站设计无障碍技术要求》，该频道在设计之初就将无障碍理念融入其中，从架构、色彩、导航、代码等方面进行实施，方便用户使用读屏工具及全键盘操作，在可感知性、可操作性、可理解性以及兼容性方面达到无障碍网站的要求，使各种人群都可以方便地浏览，尤其是方便盲人、肢体残疾人群、老年人群以及色盲色弱等轻微残障人士。

近期，北京、张家口成功申办了 2022 年冬奥会和冬残奥会，雄安新区、北京新机场等国家重大工程项目的建设也充分考虑了无障碍环境需求。借着这些良好契机，中国残联也联合设计部门参与到这些重大项目中来，我国的无障碍环境建设又掀起了一轮新高潮。

香港特区对规定道路的无障碍要求是较高的，乘轮椅者在规定的无障碍道路上要实现通行无阻。跨车行道的建筑物、交通信号与标志、地铁的无障碍设计十分完善和发达，有关建筑物也做到了无障碍设施齐全。图 1-28 所示为香港地铁站，踏步起始处设有提示盲道，站台设有行进盲道，另设有方便残疾人使用的车厢。

3）国内无障碍建设存在的主要问题

目前，国内虽然已经制定了相当数量的与无障碍相关的法律法规，但还存在很多欠缺的地方，同残疾人的需求及发达国家和地区的情况相

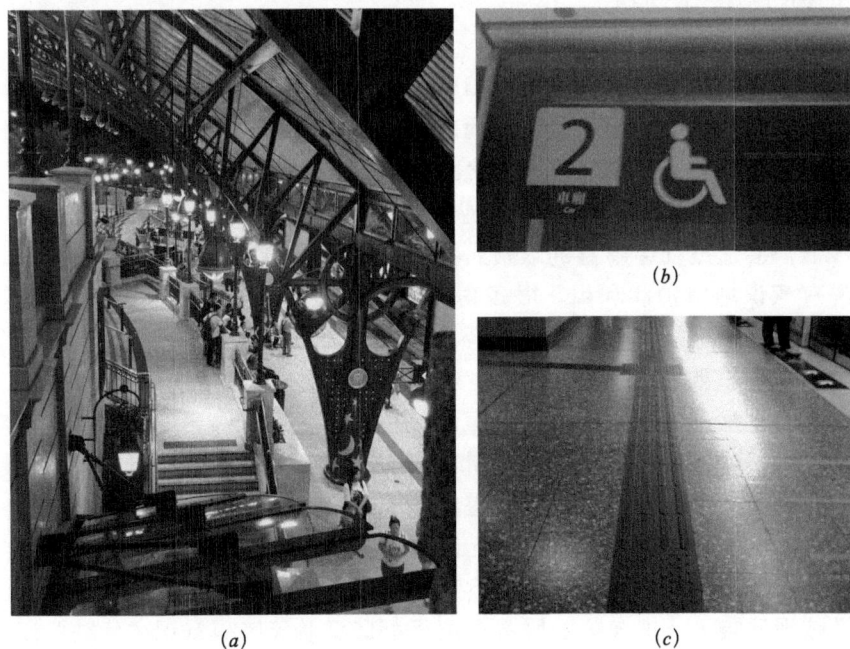

图 1-28　香港地铁站
(a) 踏步提示盲道；(b) 残疾人车厢标识；(c) 站台行进盲道

(a)　　　　　　　(c)

比，我国的无障碍设施建设距离理想环境还相差很远，缺乏细节上的深入及宏观控制层面上的明确指导。存在以下一些问题：

（1）无障碍法规的制定、实施与发达国家存在差距

虽然我国也颁布了多部无障碍设计规范，在法规的建设上有了长足的发展，但与发达国家、地区相比还是有很大的差距。

第一，在美国，每5年就要对相应的法律法规进行验证并修正，而我国对无障碍环境的设计标准却较少进行验证分析，无障碍设施建设缺乏针对性。

第二，对新技术运用与研究的支持力度不足，对现行规范缺乏辩证的理论实践支持。在我国的高校和科研机构中，专门针对无障碍环境研究的课题和实验室还是相对较少。而在美国，一些大专院校中拥有由政府拨给经费的无障碍技术及基础数据测试的专项研究机构，为制定标准规范提供依据，并修正现有法规。

第三，缺乏完善的无障碍环境建设评估监控管理机制，对无障碍环境建设的必要性理解不足。对不同地区、不同区域没有针对性的设计标准。虽然很多城市都在争建无障碍设施建设示范城市，但仍然有很多城市至今并未出台相关的技术标准。此外，对许多存在限制条件（地形高差，历史保护区域），无障碍设施建设较难实施的特殊区域缺乏指导和监控。美国联邦政府通过《建筑无障碍条例》，保障了残疾人的权益：残疾人在通行和使用设施时，如果遇到障碍和问题，可进行投诉，被投诉的部门会依法受到罚款处理。

第四，信息传播的无障碍仍是薄弱环节，还缺少相关的法律法规约束。信息标识、盲文标示在城市无障碍环境中的位置选择、数量控制、色泽尺度均乏章可循。

（2）无障碍意识淡薄

由于决策层和建设者对无障碍设计的认识不足，片面追求建筑容积率、追求一时性经济效益，而忽视对残障人群的关怀，忽视无障碍设施设计的例子很多，至今仍然是我国无障碍事业发展存在的障碍。很多人仍然认为无障碍设施只是为少数残疾人服务的，设施的利用率很低，会造成社会财富的浪费。甚至有些人不知盲道为何物，更不要说有意识地保护和利用。很多高等学府也没有设置无障碍设计课程，甚至根本不重视无障碍设计教育，认为："为极少数人做无障碍，就像是建筑要按照1000年一遇的地震标准来设计一样，没有必要，太浪费。而学生只要知道什么是无障碍就可以了，没有必要安排专门的课时。"也有人认为无障碍设计是市政部门的事，或者只是报纸上谈谈的事。因而，只设台阶、没有坡道的建筑入口，用围栏、护柱阻挡自行车进入的居住小区入口，缺少无障碍设施的公共服务空间，不设盲道和乱设盲道的交通环境，对感官残疾人出行缺少必要的提示，甚至包括歧视残疾人、老年人的服务态度等都印证着无障碍意识"残缺"所

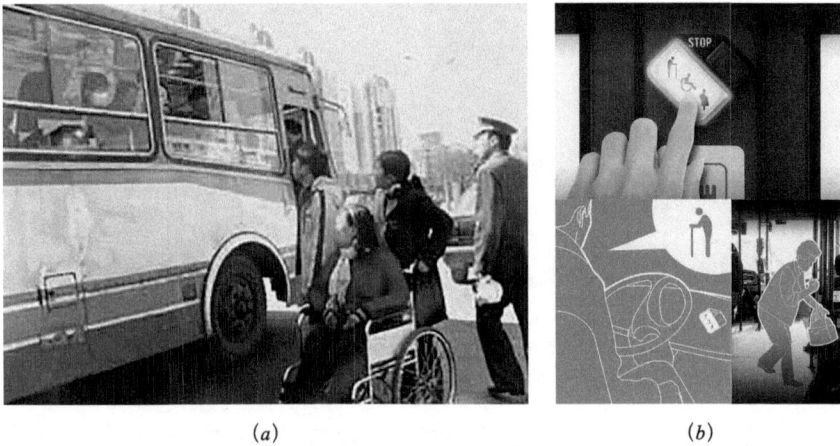

(a) (b)

图 1-29 无障碍公交车
(a) 等待无障碍公交的轮椅乘客；(b) 公交车上的特殊人群服务按钮

形成的后果。

（3）无障碍环境没有实现系统化

所谓的无障碍环境，是为公众提供无障碍生活与无障碍出行双方面的服务。从交通系统来看，目前国内较少见到可供轮椅使用者乘坐的无障碍公共汽车，但即使有了无障碍公交车，缺乏停靠无障碍公交车的低站台或坡道，也难以使用。图 1-29（a）所示为等待无障碍公交车的轮椅使用者，因车辆较少，等待时间没有定数。很多人行道并没有设置乘轮椅者能够自主使用的缘石坡道，使得人行道与行车路面无法衔接；有些较陡的坡道不利于轮椅使用者的行进。一些主要的交通换乘点、商业建筑、观演建筑也仅仅在平面交通上考虑设置无障碍交通设施，在竖向上设置残疾人电梯的区域却很少。无障碍环境较为成熟的国家，其公交车内不但可以通过语音报站进行车辆轨迹实时播报，车上还安装了特殊人群下车提示按钮，以便司机提供有针对性的服务（图 1-29b）。

此外，城市规划与建筑设计缺乏无障碍设计的连续性。以盲道为例，在城市环境建设中，应法规的规定，很多人行道设置了视觉残疾人可用的盲道，但往往终止于道路系统，与建筑入口、公共建筑空间缺乏连续性。在道路系统中也缺乏盲道设置的连续性，盲道设置经常出现无故中断的现象（图 1-30），人为造成视觉残疾者出行障碍。

因而，无障碍设施应系统化，使整个无障碍设施体系间相互贯通和连续，实现各路段交叉口、公交站点等系统节点无障碍，以及增设无障碍公交车、无障碍人行过街天桥、无障碍信息提示系统等。城市环境规划、建筑空间设计在"无障碍"的前提下保障延续性，从道路、绿化、空间、服务设施等方面全方位进行无障碍设计，制定针对整个无障碍流线的相关规定，完善、确保各个环节无障碍体系的畅通。

（4）规划、设计的监督、治理力度不够

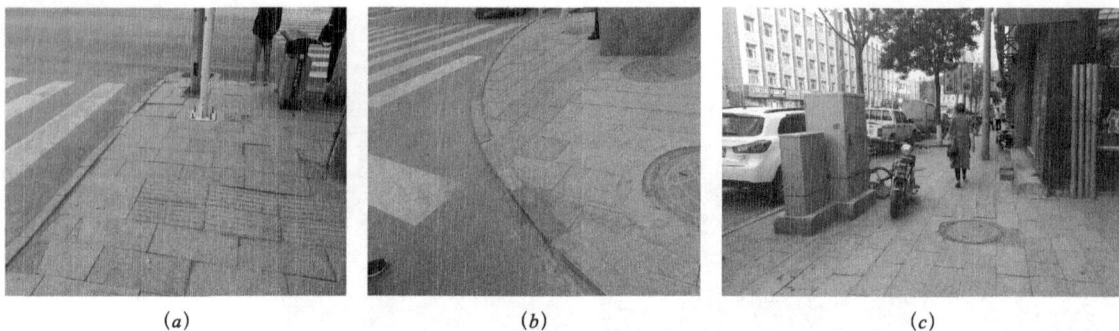

| (a) | (b) | (c) |

图1-30　被中断的盲道
(a) 以机刨石板顶替正规盲道砖；(b) 盲道失踪；(c) 盲道被拦阻

目前虽颁布了很多行业性无障碍设计标准，相应的法律法规已经出台，但实施起来还有相当的难度，体制机制障碍还需要破解。如与实际生活密不可分的服务型行业很多还缺乏完善的无障碍设施，广州肢残人协会于2003年在"广州市银行业无障碍情况的调查及思考"中对银行等窗口服务行业设置无障碍设施的数据统计显示：入口无障碍的占调查总数的12%，入口有障碍的占调查总数的88%，台阶数目最多达15级；设有通道和扶手的占调查总数的4%；入室盲道100%欠缺；低位柜台、低位自动取款机100%欠缺。此类情况该由哪个部门怎样来处理？还有些单位和部门认为无障碍设施相对占地较大，利用率低，增加投资，因而不予重视，甚至为了节省资金，省略无障碍设施，造成无障碍设施缺乏的局面，或者为应对标准设置了一些模棱两可、残疾人和健全人均无法使用的设施。

（5）无障碍设施的维护及管理不到位

由于维护和管理不当，国内现有的无障碍设施使用率较低，除设计上的不合理外，还有很多无障碍设施被人为设置了障碍，甚至因各种原因遭到了毁坏。以图1-31为例，公园内设置的无障碍公厕"被改造"成休息室，并有人在此销售饮品，只因为"平时很少有人使用"。另外，以最常见的盲道为例，一些街道虽然建设了盲道，但到位的盲道常常被圈进露天停车场之中，或被成堆的自行车侵占了位置，其周围有绳索相连；或停放了成排的汽车，成为或公或私的汽车存放处；有些井盖直接安装在盲道上，使完整的盲道被迫打开了缺口，或者直接被破坏而长久未予修复；延绵的盲道还会被公交站牌打断、被绿化要求的树木抢占、被旁边建筑的台阶破坏等，以致盲道根本无法使用（图1-32～图1-34）。

要改善目前这种无障碍设计的状况，首先要更加完善法律、法规，健全无障碍设计的实施与监督部门，加强审批及治理力度，提高各阶层人士对无障碍设计的认识，从根本观念上接受并自觉实施与保护无障碍设施。美国曾进行过测算：无障碍设施每投资1美元，国家可收益17.5美元。这是由于提高了残疾人就业机率，变被救济为创效益所致。因

图 1—31　无障碍公厕〝被改造〞（左）
图 1—32　汽车占据盲道（右）

图 1—33　大树占据盲道（左）
图 1—34　井盖占据盲道（右）

而，严守法规，从规划设计前期就开始考虑无障碍设施，科学规划、合理安排，增加全体民众的参与，加强信息反馈，是无障碍设施更加有效、方便、安全的保障，达到无障碍环境设计和建设过程的社会化、开放化。

1.2　意识认知

我们在分析国内无障碍建设存在的主要问题时发现，其中最重要的就是无障碍设计意识的淡薄，或者说是淡漠、漠视。在不得不遵照规范的硬性要求设置无障碍设施时，我们是否真正了解残疾人的行动方式？是否真正理解残疾人的心理状况？是否"以所有人为本"而不歧视残疾人的权利？

以盲道为例，盲道是最为常见的无障碍设施，盲道形同虚设的原因我们不再赘述，但盲道暴露的问题可以说是整个无障碍建设问题的缩影。实际上，盲道的不堪状况是人们心中的"盲点""盲区"的反映。对无障碍概念的无知造成了对侵占盲道的不觉；对无障碍设计规范的漠视造就了不合理的盲道设计；对残疾人权利的无视形成了弱势人群的心理隔阂。因而，无障碍设计出现的问题既不是技术难题，也不是资金匮乏，主要是思想认识问题。如果全社会都能够理解、尊重、关心、帮助残疾人，主动创造更宽容的条件、更舒适的环境，平等地对待残疾人，才能使残疾人真正"无障碍"地参与社会活动。

1.2.1 无障碍设计意识解析

随着时代的变迁，人们生活的需求不断发生变化，社会文明的进步也增进了对无障碍设施的了解，狭义的无障碍设施建设也正在向广义的无障碍设计理念转化。国际上关于无障碍设计的研究，发展到今天已有近90年的历史，人们对无障碍的认知也经过了意念、思路的逐步调整、转变、发展等多个过程。

1）认识的转换

随着时代的变迁，社会福利作为一种社会性制度，根据时代的需求也在不断改变其作用，人们对残疾人的生活权利及走入社会的认识也由"救济"转换为"救助"，并发展到今天的"服务"意识，从表面上看是用词用语的变化，但是对整个社会来说则是责任、权利、制度、人性化等内涵的转变，当然也是社会文明发展的必然结果。

"救济"是指用金钱或物资帮助生活困难的人，包括残疾人、无劳动能力人等，然而无论是民间救济还是政府救济都是一种施舍行为，一种慈善行为，居高临下地站在健全人的立场上，自愿地怜悯，主宰地表示。第二次世界大战之前，整体社会经济并不发达，很多残疾人因自身的缺陷，连基本生存都无法保障，更无法向社会要求任何权利。即便得到救济，获得的也仅仅是一时的生存权，因而生活没有质量，没有尊严，没有保护，也就无法像正常人一样地生活。一个时期，社会对残疾人的帮助、认识仅限于"救济"生存障碍。

第二次世界大战后，因战争出现了为数众多的生活贫困者、儿童、身体残疾者，随着对福利需求的增大及社会的进步，近代国家、政府以"救助"为宗旨，为残疾者等制定了福利法、保护法，相对古代存在的救济方法，救助所表达的意义是拯救和帮助、救护和援助，使被帮助者获得一定的物资上的支援或精神上的解脱。与救济相比，对残疾人来说，不再是施舍者的居高临下，社会开始接受残疾人群体，并设法帮助残疾人自立，提供一定的条件改善残疾人的生活质量，给予一些机会参加社会劳动。基于"救助"的理念，制定无障碍设计基准、无障碍设计法规等，为残疾人群体提供援助。

此后，随着社会经济的发展，人口比例的变化（如高龄、少子化），社会福利制度迎来了又一个变革时代。新型社会福利理念是指保持个人尊严，对培养健康的人和自理生活给予支援的服务总体。"服务"的概念是为他人做事，满足他人需要，并使他人从中受益的一种有偿或无偿的工作，并不以实物形式而以提供劳动的形式出现。这里清楚地表明了提供服务者和使用者的对等关系的确立，残疾人也可以像健全人一样参与社会生活、决策，平等地行使各种权利，将为残疾人"服务"的意识转化为社会成员的义务。随着无障碍设计理念、无障碍法规、无障碍设施、城市无障碍环境的逐步成熟，无障碍的需求已不仅仅局限于残疾人，老年人、妇女、儿童也纳入了"无障碍"对象范畴。福利服务、设施体系、社会福利法成为了所有人的权利。

　　基于认识、认知的转换，各国家的制度也发生了变迁。首先是将一般公共空间的残疾人设施配置制度化，其次考虑将住宅纳入义务范围。从考虑残疾人的视点出发，随着社会的老龄化，社会福利设施已从治疗设施转为介护设施。从瑞典的老年人设施可以看出：一方面，医疗和护理设施空间在逐渐家庭化；另一方面，普通住宅出现了附有护理服务功能的倾向。残疾人设施也由最初的康复援助设施阶段发展到社会环境无障碍的住宅保健阶段，从选择居住福利设施进展到选择居住在家中享受福利的方式。此外，居住设施更加贴近生活，公用设施种类也在不断增加，随着个人独立和参加社会活动的多样化，相关领域的政策及设施不断扩大，福利间的界限也逐渐模糊，不再限于设施的复合化和制度本身。

　　2）思路的变迁

　　首先，我们来分析一下由英国的詹姆斯·霍姆斯—西德尔等人为公共建筑的无障碍设计思路绘制的金字塔图（图1-35）。由下至上，第1层为健全的、行动敏捷的人群；第2层为身体健康的成年人；第3层以身体健康的妇女为主；第4层是不影响行动的老年人及携带婴儿的成年人；第5层是可以行走的残疾人（包括使用导盲犬的盲人）；第6层是独立轮椅使用者；第7层是需要别人帮助才能使用轮椅或电力滑板车的残疾人；第8层是需要两个人帮助才能使用卫生间的残疾人。

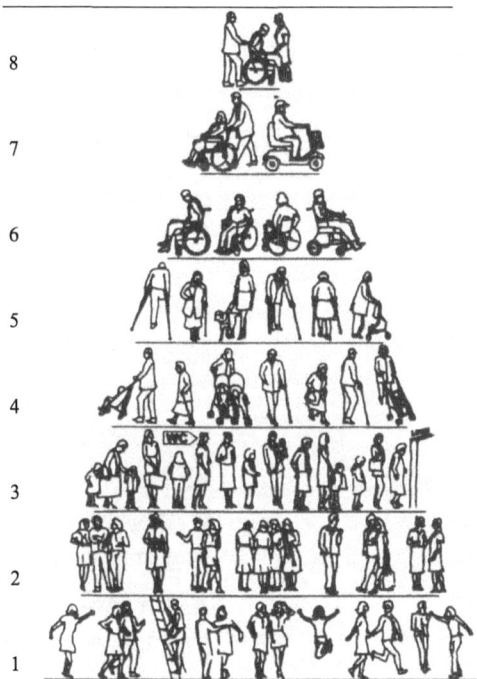

图1-35　无障碍设计金字塔

　　在上述的金字塔图中，对第4层（包括第4层）以下的使用者无需进行"特殊"设计，第5层的使用者仅需要"普通"的无障碍设计，如简单的扶手、盲道标示等，而从第6层开始，必须有为残疾人提供的"残疾人专用"设施。从此，每上升一层，都意味着行动状态更特殊，对设备要求更复杂。这就是"由一般到特殊"，由以健全人为对象的设计转向无障碍设计思路的变迁。然而，当一些无障碍设施在公共空间中被标上"残疾人专用"字样的时候，残疾者将会产生无法逾越的心理障碍。那么，尊重残疾人的隐私，采用一套"残疾人专用标准"，在普通设施的基础上加入"残疾人专用"设备，这种构思模式便是

"由特殊到一般"的思路变迁。

从无障碍设计认识分析，到无障碍设计思路变迁，实际上就是"由一般到特殊"，再"由特殊到一般"的发展过程，是由普通设计（以健全人为对象）到无障碍设计，再到通用设计的演变过程。采用"由一般到特殊"的无障碍设计思路，对待建筑设施的使用者，无论是健全人还是残疾人，无论是妇女还是儿童，都应该一视同仁。从残疾人的心理入手，认定残疾人是正常的、与大众一致的、完全平等的，尽管是"残疾人专用标准"，但完全适用于普通设备供正常人使用，则是采用了"由特殊到一般"的设计思路。简单的理解就是：普通设备就是建筑中的任何设备，而非那些仅仅为残疾人所使用的设备（包括第8层的残疾人），这也是避免歧视残疾人的思想。

3）广义无障碍设计理念

当初缘起于美国的无障碍设计，不仅制定了世界上最早的无障碍设计基准，而且制定了成为公民权法组成部分的禁止歧视残疾人法。在无障碍进展的同时，对所谓的无障碍设计只针对残疾人实行特殊化进行立法控制，因而公共服务禁止歧视残疾人的《美国残疾人法》，对世界多个国家的法律制定产生了很大的影响。目前对残疾人的无障碍设计发展到了广义的"由特殊到一般"的全方位设计模式，既扩大了目标人群，还有别于原来的差别化设计，不会给残疾人群体带来心理上的压力，提倡人人都应该受到尊重，人人平等的通用设计模式，不是针对残疾人的特别设计，而是"不受可能的限制，谁都能利用的设计"思路，即广义无障碍设计理念。

广义无障碍设计是无障碍发展到一定程度的高级设计理念。无障碍设计主要考虑的对象是特殊人群，按照特殊人群的等级划分确定不同的设计准则和要求，前提是以弱势群体的特性为主；而通用设计是在最大限度的可能范围内，不分性别、年龄与能力，提供适合所有人使用的环境或产品设计。广义无障碍设计包含了无障碍及通用设计等所有概念，是在无障碍设计基础上的扩展、延伸，使无障碍环境、空间的设计由专门面对残疾人、老年人等弱势群体扩展为面对所有人，以"能为最广大人群使用"为目标，既能够满足残障人士的特殊需求又能够方便健全民众使用，研究不同群体各自的行为特征，强调设计应将所有不同使用者的元素及需求考虑在内，所有产品与环境的设计能让所有人"无障碍"地使用，是将残疾人、老年人等弱势群体和健全的成年人作为一个整体来考虑的，不仅仅是完成行动上的无障碍，更是追寻精神层面上的"无障碍"。

4）符合通用设计的基本原则

通用设计理念包含在广义无障碍设计理念之中，不局限于特定的使用人群，不隔离使用者，强调产品和环境的设计能为所有人在所有情况下方便地使用，尽可能无需调整或特别设计。通用设计有7条基本原则：

（1）公平性：平等对待所有不同能力的使用者，尊重使用者的隐私权，对所有使用者提供相同的使用方法。在城市生活环境中，让残疾人、老年人等能够像健全人一样独立、无障碍地到达任何想去的地方，方便地使用目的空间中的任何设施而不受歧视，享受与健全人同等的出行、参与权利。在建筑空间环境的设计中，应关注特殊人群的心理感受，为所有使用者平等地提供隐私、保护及安全感，避免任何使用者产生隔离感及挫折感，给予弱势人群精神上的平等。

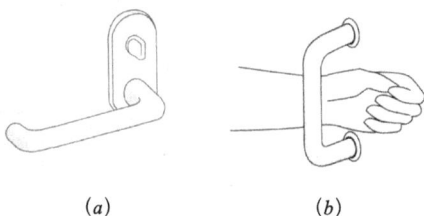

图 1-36　门把手的选择
(a) 杠杆式把手；(b) 圆棍式门把手

（2）灵活性：设计要适应广泛的个人喜好和能力，能够提供有不同选择的使用方法，如门的把手，应同时适应选择用手或肘开门的使用者（图 1-36），并考虑不同使用者的使用步调。

（3）单纯直观：简单易懂。不受使用者的经验、知识、语言能力及专注程度的影响，不拘地域、学历、习惯如何，设计使人能够一目了然。如城市环境的标识（图 1-37），建筑空间的交通系统，均应简洁明了、容易识别，操作方便、提示清晰，减少不必要的复杂程序（图 1-38）。

（4）易识别性：利用图片、语音、触觉等有效地传达信息，使信息的"可辨识性"最大化。尤其对感官功能残疾者应提供多元化设施协助其操作，帮助其了解、认识陌生的公共建筑空间（如综合信息导向系统设置）。图 1-39 所示与音响信息一体化的触摸式导向板示意。

（5）安全性（原文为"容错性"）：我们从空间、环境设计的角度可理解为安全性，即应尽量降低因意外或误操作所造成的负面影响或危险，追求最大限度的安全性。如容易发生意外的电路系统的自动报警、自动断电处理及醒目的提示或按钮保护等。

（6）舒适性（原文为"低体力消耗"）：设计应该尽可能让使用者保持自然的身体姿势，舒适地使用，减少不必要的体能消耗。如卫生间洁具与其他设施的位置关系，图 1-40 说明了放置在使用者身后的冲水装置使用起来是极其困难的。

（7）尺度适宜：提供足够的空间，考虑残疾人、老年人使用辅助器具的需求以及残障者护理员操作空间，满足不同使用者的需求。不受使用者的身材、姿势或行动能力的影响，保证适当的体积与使用空间，方

图 1-37　巴黎的城市环境标识（左）
图 1-38　日本垂直交通标识（右）

图 1-39 综合导向系统示
意（左）
图 1-40 冲水装置设置
（右）

便使用者操作，提供明确的视觉指引和合适的操作高度。图 1-41 所示
的是日本尼崎老人院中坐轮椅老人的下午餐（下午 3：00 左右），周围是
护理员及志愿者。图 1-42 是尼崎老人院的饭厅兼活动室，老人闲坐时
近身处放置助行器具，方便起身行走。重症老人则需要充足的护理空间
及护理器械（图 1-43）。

此外，可长久使用且具经济性、品质优良且美观、对人体及环境无
害也是通用设计的原则。通用设计理念表述的中心是：所有人是平等的，
享有一切物质（硬件）和精神（软件）环境的权利，与性别、能力、年
龄等差异无关，是人类全体的"无障碍"设计。它强调所有人的需求，
向社会提供任何人都能使用，并且任何人都能以自己的方式来使用的优
良设计。这种设计理念消除了人与人之间的差别，让生活中的一切产品、
设施、建筑、环境实现人人平等。

5）包容性设计与包容性思维

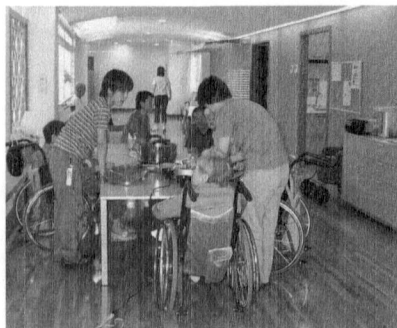

图 1-41 尼崎老人院中间餐

图 1-42 充足的活动空间

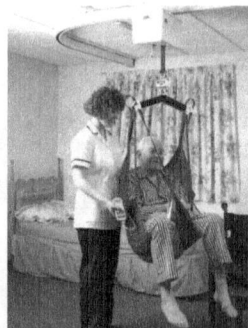

图 1-43 操作方便的护理器械

包容性设计（Inclusive Design）的核心理念是尽可能多地满足不同年龄、不同能力状况的人使用无障碍环境的一种设计方法。作为一种"为大众而设计"的态度与途径，包容性设计能够给大众以平等的参与机会与互动，并将这一理念贯穿从设计构思到无障碍环境落成的全生命周期。

虽然无障碍设计（Accessible Design）、通用设计（Universal Design）和包容性设计（Inclusive Design）最终的目标是充分认识和尊重不同人群的多样性，并让更多的人在无障碍环境中受益，但这三个理念也各有侧重：

（1）无障碍设计是一种自上而下的设计方法和过程，以满足残障群体的需求为出发点，再拓展到其他健全人群使用者，这会导致一些过度关注特殊残障群体的无障碍环境难以适应其他人群的需求，甚至成为其他群体的行动障碍。不合理的盲道设计对于老年人和轮椅使用者来说，就很容易成为行走中的人为障碍物。

（2）通用设计和包容性设计可以视为自下而上的设计方法和过程。通用设计以关注健全人群为出发点，并通过提升设计兼顾对于特殊残障群体的通用性。通用设计方法将老人、儿童、残疾人和健全人都纳入适用人群。但严格意义上，并非每一个设计都可以适用于每一个人，并非每一个通用设计理念指导下的无障碍建设都可以充分地考虑到特殊群体的极端要求。

（3）包容性设计并不要求设计能够满足所有使用者，它更注重以用户为中心的核心方法，充分了解不同使用者的多样性，以满足普适人群为出发点，逐步扩展，包含了老人、儿童、孕妇、残疾人和健全人，是一个不断完善和进化的过程，也是一个将个体需求转化为普遍行为需求的交互过程。

以上三个理论都试图解决多元化使用需求与设计适应性的矛盾问题，为了消除自上而下和自下而上的设计方法的弊端，更好地适应特定使用者的需求，剑桥大学的凯特和克莱森提出了"反设计排除理论"——一种包容性设计模块方法（图1-44）。该理论模型指出，包容性设计以用户作为设计中心的方法为核心，将目标用户的规模和构成界定为协调独立、可磋商的"最大化普适人群"，进而延伸到残疾人群和健全人群。包

特殊用途设计

模块化设计
协调最大化，普世大众

用户感知设计

严重残疾者

行动不便者

正常行动者

图1-44 反设计排除理论

图1-45 面向不同使用者的复合导向标识系统

图1-46 满足轮椅使用者和健全人群的地铁自助购票机

图1-47 可调节为台阶和坡道两种模式的无障碍设施

容性设计有5条基本原则：

a. 以"人"为中心：包容性设计强调平等权利和使用机会，为了更好地建设包容性的无障碍环境，必须在设计决策的每一个环节都尽可能多地考虑终端使用人群。图1-45所示为面向不同使用者的复合的导向标识系统。

b. 多样性与差异性：包容性设计强调发现不同使用人群对无障碍环境的需求的差异性与个性化，需要结合质的研究和量的研究，找出阻碍包容性设计的障碍并予以解决。图1-46展示了满足轮椅使用者和健全人群的地铁自助购票机。

c. 可选择性：作为一个不断发展和完善的设计方法，包容性设计试图通过不同适用人群的差异化需求，以"可变化设计"的方式为使用者提供不同的选择。图1-47所示为可调节为台阶和坡道两种模式的无障碍设施，供不同的使用者根据需求进行选择。

d. 灵活性：包容性设计在不同的使用对象和空间场所的设计中体现出良好的适应性、灵活性、易调整性。图1-48为根据不同使用者可灵活调整的洗手盆，通过形体的斜度设计化解了洗手池台面高度的问题。

e. 易用性：包容性设计作为一种民主意识的设计方法，为大众提供了平等参与的机会，充分调查探究用户需求的目的是找到最佳解决方案

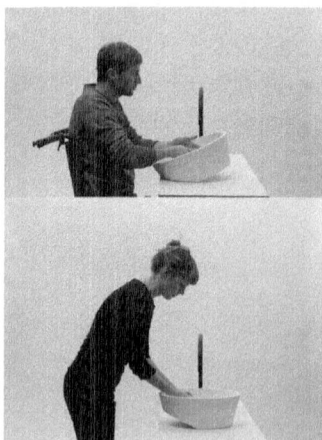

图1-48 根据不同使用者可灵活调整的洗手盆

图1-49 满足健全儿童和使用轮椅儿童的游乐设施

并让使用者乐在其中。图 1-49 体现了使用轮椅的儿童可以跟健全儿童一样享受游乐设施带来的乐趣。

　　此外，通用设计和包容性设计都体现了弹性的、包容性的思维方式。包容性的思维方式有利于避免设计过程中无意识地忽略特殊人群的重要需求，进而动态地协调多元使用者与无障碍环境建设方案适应性之间的矛盾。

1.2.2　无障碍设计意识实践

　　我们已经了解，"无障碍"不是残疾人的个人问题，而是社会性问题。残疾人在人格上、在精神上、在参与社会生活的权利上都是平等的。当残疾人进入社会角色，参与社会活动而不觉得与健全人在心理和行为上有何不同时，才可以说是实现了无障碍。日本是世界上较早实施无障碍设计研究的国家之一，也是民众无障碍设计认知程度较高的国家。日本无障碍环境的建设，从道路到交通、从建筑到通信，均配备了无障碍设施，使残疾人、老年人外出活动与办事既安全又方便，凡是健全人能够到达的地方和使用的设施，残疾人同样能够到达和使用，并且在使用设施的过程中尽可能提供更好的、包容性的建成环境。这种既满足残疾人需求，又适用于大众人群，以共同受益为出发点的广义无障碍设计意识在日本早已成为普遍的设计思想。我们在本章节以九州产业大学美术馆的实践为例进行分析。

　　日本九州产业大学是一所包含国际文化学、经济学、商学、经营学、情报科学、工学、艺术学的综合大学。学校美术馆（图 1-50）于 2002 年 4 月建成并投入使用，收藏有大量绘画、版画、雕刻、陶艺、染织工艺、

图 1-50　美术馆部分的外观

金属工艺、设计、摄影等多种体裁的艺术作品。作为九州最早的大学美术馆，不仅要提供本校艺术学部的教育研究，还是北九州地区面向儿童、老年人、残疾人等各类人士开办的艺术活动中心，与社会携手，提出了"人、作品、社会"互动的创造性教育计划，以振兴地域文化艺术活动为己任，成为"向地区开放的美术馆"。

　　除作品展示外，还公开举办各种讲座和研讨会，开展九州地区社会性艺术教育活动。例如：为幼儿开办艺术教室；以中、小学生为对象，开展培养小艺术家的活动（图 1-51）;开设残疾人摄影教室（图 1-52），为残疾人提供参加美术鉴赏和艺术活动的机会，由专业人员进行摄影指

图 1-51 小艺术家活动室

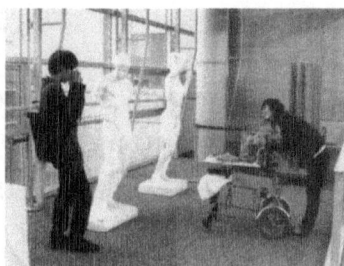
图 1-52 残疾人摄影教室

图 1-53 为老年人开办的艺术讲座

导和作品解说；在老人之家（老年院）为活跃老年人五官感触举办艺术欣赏讲座（图 1-53），观赏四季自然风景，采用"集体回忆描画法"，描绘老年人印象中的生活，并接受福冈县委托，成为福冈地区老年人大学运营委员会的指导，开设"老年人艺术研究所"，满足老年人大学梦的实现。

　　九州产业大学美术馆部分平面为长方形，图 1-54 所示为美术馆部分平面示意图。一、二层为展室，三层为开放空间展廊，上部设有回廊

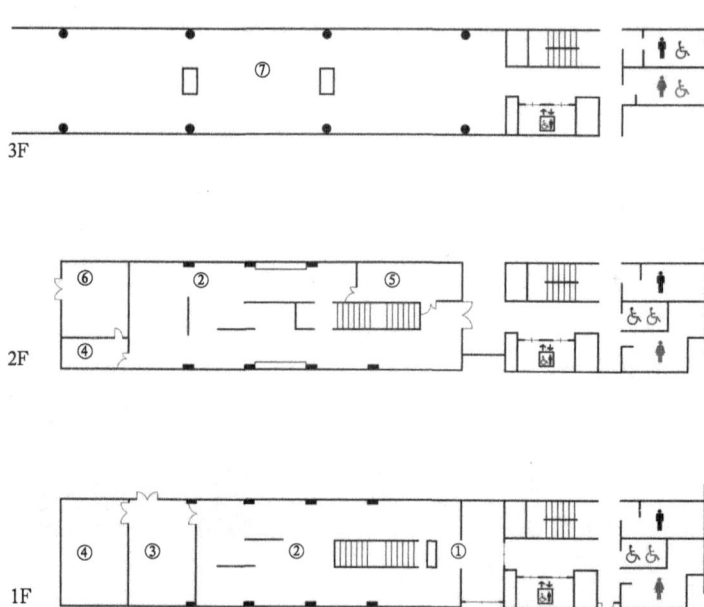

图 1-54 美术馆平面示意图
①—人口；②—作品展示；
③—管理；④—收藏；
⑤—馆长、办公；⑥—空调
机房；⑦—开放展廊

图 1-55 开放展廊
(a) 下部展示空间；
(b) 上部空间连廊

(a)　　　　　　　　　　　　　　(b)

连接艺术学部教学楼（图 1-55）。美术馆开馆时间为上午 10：00 至下午 5：30，每周一为展馆休息日，高中生以下免费，团体 20 名以上及 65 岁以上老年人、残障人士及其护理人员、福冈市文化艺术振兴财团会员等门票减免。

　　在进行作品展示时，其展品的布置有别于常规的布展方式，并非整齐划一、横平竖直，看上去很有规则的样子，而是一切以残疾人、老年人的行动方式为准，展品看似随意地摆放，是为了给行动不便的残疾人、老年人以充足的时间和空间，便于他们全身心地感受、体会艺术氛围。以第 11 次九州产业大学美术馆珍藏品展为例，其题目是"感受雕刻"，展出的是青铜制雕刻作品，展出时间为一个月。这次艺术品展示的特色是以"触摸"为主题，主办方希望所有参观者，不管是残疾人（尤其是视觉残疾人）还是健全人，共同伸出双手，平等地以触觉代替视觉，感受青铜艺术。"温暖的、冰冷的、坚硬的、柔软的、粗糙的、光滑的……请用手和肌肤去感知。日常的生活往往依靠眼睛来观察，而展览会的创意是让五官充分体验、感觉青铜制品。请围绕雕刻品的周边转一圈，试着伸出手，闭上眼睛，将意念集中在指尖上，相信那一刻给你的印象。请放心地去触摸，开发你原有的休眠的五官感觉，感知你的快乐，在时间允许的范围里，请悠闲地、慢慢而仔细地去品味。"这是为触摸式开放展览制作的海报背面的宣传内容（图 1-56），图 1-57 所示的是与普通海报看上去没有太大区别的盲文海报。不十分留意的话，在领取海报的瞬间难以区分盲人与健全人。这种尊重残疾人隐私，重视残疾人权利的

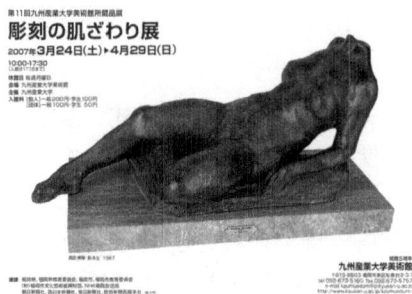

(a)

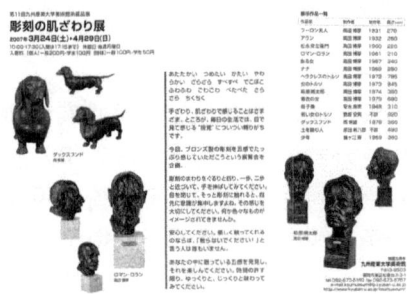

(b)

图 1-56　展览宣传海报
(a) 正面展览信息；
(b) 背面宣传及作品信息

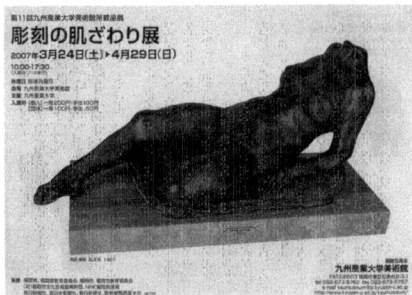

(a)

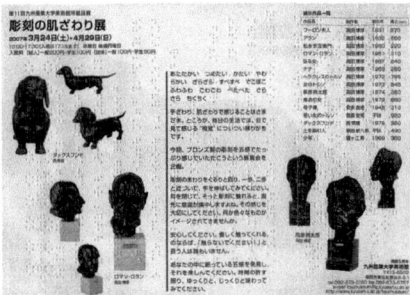

(b)

图 1-57　盲文宣传海报
(a) 正面；(b) 背面

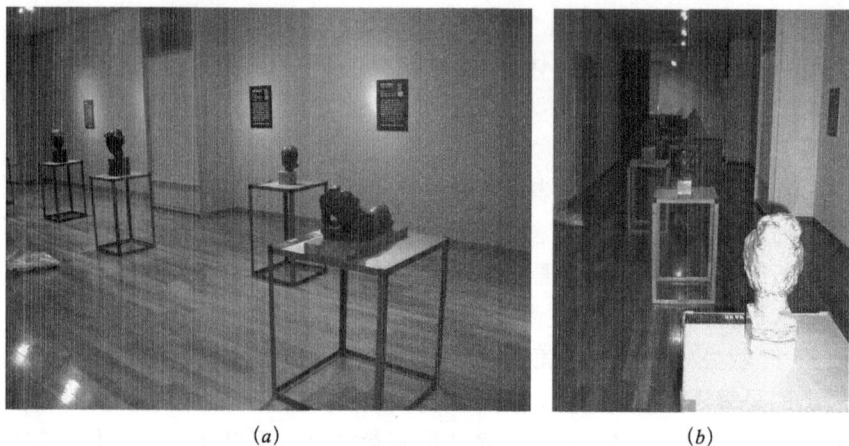

图 1-58 展台摆放空间设置
(a) 展台周围空间；(b) 展品错位摆放

(a)　　　　　　　(b)

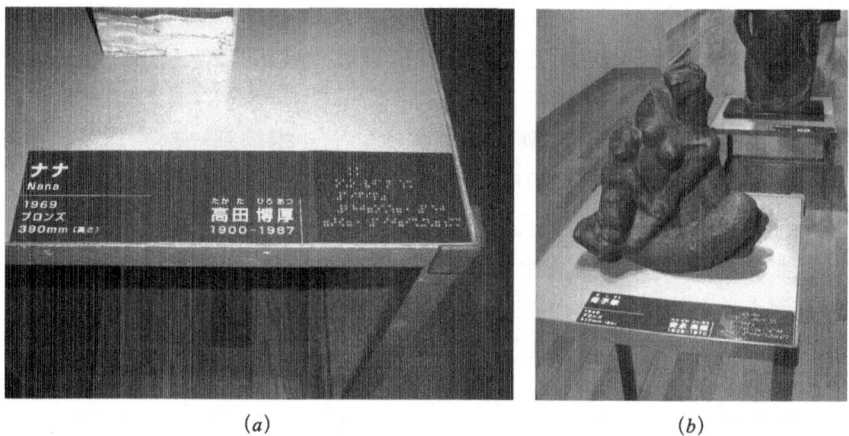

图 1-59 作品的盲文信息
(a) 盲文信息；(b) 盲文位置

(a)　　　　　　　(b)

无障碍设计意识形成了对残疾人细微的关怀，包括展出的形式、展品的摆放方式。为了残疾人、老年人能够方便地触摸展品，展示台居中布置且周围间距较大，便于轮椅使用者在展品周围缓慢循环。展品摆放不在一条直线上，一是便于轮椅使用者（视线较低）在坡道上能够看到更多的展品，二是在轮椅环绕展品时路线相对简单（图 1-58）。美术馆中的每一件作品的展示台上都附有盲文标注（图 1-59），作品说明设置在展品侧面的墙壁上（图 1-60），给轮椅的通过留下足够的空间，且可以在此空间中逗留，对比内容说明，欣赏并感受、触摸展品。另外，对残疾人、老年人到达美术馆的线路也作了充分的安排，不仅有无障碍车在固定的交通站点接送，而且可以打电话预约时间、地点接送（图 1-61）。在作品展示期间配有专人针对残疾人、老年人进行展

图 1-60 展品与说明的相对位置

馆、创意、展品的说明，当然这不仅仅是方便了残疾人、老年人等弱势人群。

　　实践广义的无障碍设计理念，使残疾人重返主流社会、有尊严地参与社会生活，是残疾人不可剥夺的权利。残疾人与健全人进行交往与互动，有助于残疾人健全心理与行为发展及形成正确接纳残疾人的社会氛围。日本九州产业大学美术馆的社会实践提示我们，尊重残疾人，加深对广义无障碍设计理念的认识，完善我们的无障碍环境，才能实现残疾人等弱势人群的"公平参与、享受平等的权利"，消除人与社会和人与人之间的障碍。

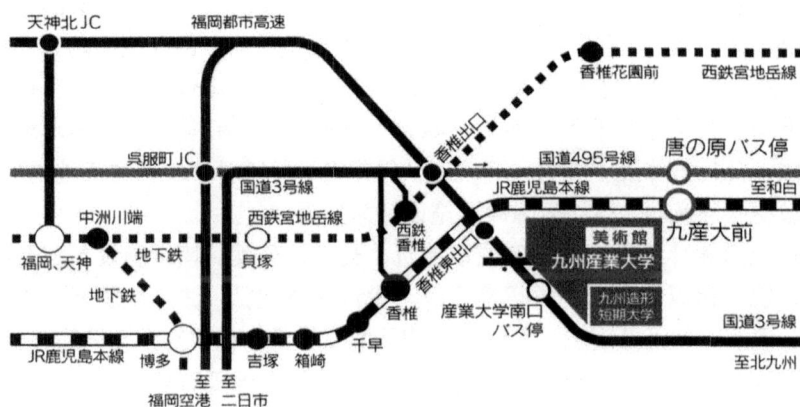

图 1—61　通往九州产业大学美术馆线路图

第**2**章 无障碍设计内容、对象及尺度

2.1 设计内容及范围

"无障碍"涵盖的领域、范围相当广泛，包括物理的无障碍（设施、产品等有形的物质元素）、制度的无障碍（法律、法规对平等权益的保障）、信息的无障碍（获取与交流的自由）、心理的无障碍（无形的意识形态认知）。我们通常谈到的无障碍设计主要是针对产品和设施两方面内容：其一，是人们在日常生活中使用的产品的无障碍设计；其二，是人们参与社会活动需要的设施与无障碍环境设计，而完美的无障碍环境则是由社会性实体设施等物质环境以及思想意识等精神环境两方面建构的。本教材所涉及的内容以无障碍设施设计为主要方向。

无障碍环境设计首先在城市建筑、交通、公共环境设施设备以及指示系统中得以体现。物质环境无障碍设计具体包括：城市环境无障碍设计、建筑空间无障碍设计、设备设施无障碍设计、信息交流无障碍设计。从建设部门的角度来看，无障碍设计主要是针对无障碍环境中的设施建设，要求城市道路、公共建筑和居住区的规划、设计及实施方便行动障碍者通行和使用。如城市道路应方便肢体不便者和视力残疾者通行，主要步行道上铺设盲道、触觉指示信号等；建筑空间应考虑在出入口、电梯、扶手、卫生间、服务台等处设置方便残障者使用的相应设施并方便其通行。

信息和交流的无障碍要求公共传媒应使听力、言语和视力残疾者能够无障碍地获得信息，进行交流，主要内容有：影视节目普及推广手语和字幕工程；推广手机短信息和屏幕可读电话；主要公共场所设立明显的信息标志牌；推广盲人计算机、互联网的应用，增加盲人有声读物的出版等。目前信息的无障碍建设侧重于在公共场所建立明显的信息标志牌和盲文地图、语音服务等，并对位置选择、数量控制、颜色、高度、大小进行具体规定。根据2012年9月1日起正式实施的《无障碍设计规范》GB 50763—2012（原《城市道路和建筑物无障碍设计规范》JGJ 50—2001废止）规定，无障碍设计涉及的范围应是城市道路、城市广场、城市绿地、居住区及居住建筑、公共建筑、历史文物保护建筑（详见第3章），其具体的实施范围、设施区域及设施内容见表2-1。

无障碍设计实施的范围与内容　　　　　　　　　　　　表 2-1

类型	实施范围	设施区域	设施内容
城市道路	城市各级道路；城镇主要道路；步行街；旅游景点、城市景观带的周边道路	人行道	缘石坡道；盲道；轮椅坡道
		人行道服务设施	触摸音响一体化；屏幕手语、字幕；低位服务；轮椅停留空间
		人行横道	过街音响提示
		人行天桥及地道	提示盲道；无障碍电梯；扶手；安全阻挡（防护设施）；盲文铭牌
		公交车站	提示盲道；盲文站牌，语音提示
城市广场	公共活动广场；交通集散广场	公共停车场	无障碍停车位
		广场地面	提示盲道；轮椅坡道；无障碍电梯或升降平台
		服务设施	低位服务、无障碍厕所、无障碍标识
城市绿地	城市中的各类公园（包括街旁绿地）；附属绿地中的开放式绿地；对公众开放的其他绿地	公园绿地、园路	无障碍停车位；低位售票口；提示盲道；无障碍出入口；轮椅坡道；护栏；轮椅席位；无障碍厕所；低位服务设施；无障碍标识
		专类公园	盲人植物区语音服务、盲文铭牌；低位观赏窗口
居 住 区、居住建筑	道路；居住绿地；配套公共设施；居住性建筑	居住区各级道路人行道	同"城市道路"规定
		绿地出入口、游步道、休憩设施、儿童游乐场、休闲广场、健身运动场、公共厕所等	提示盲道；轮椅坡道、轮椅席位；低位服务设施；无障碍标识
		公共设施、住宅及公寓、宿舍等	无障碍出入口；无障碍电梯；无障碍停车位；无障碍住房（宿舍）；无障碍厕所
公共建筑	办公、科研、司法建筑；教育建筑；医疗康复建筑；福利及特殊服务建筑；体育建筑；文化建筑；商业服务建筑；汽车客运站；公共停车场（库）；汽车加油加气站；高速公路服务区；城市公共厕所	建筑出入口、集散厅堂（休息厅）、走道、楼梯、公共厕所、会议报告厅、教学用房等公共空间	无障碍出入口；轮椅坡道；轮椅停留空间；无障碍通道；无障碍楼梯、电梯；轮椅席位；无障碍厕所；轮椅回转空间；扶手；低位服务设施；无障碍停车位；无障碍标识
		医院挂号、收费、取药处等	文字显示器、语言广播装置、低位服务台
		福利、特殊服务居室等	语音提示装置
		图书馆、文化馆、展览馆等	低位目录检索台；提示盲道；语音导览机、助听器；盲人阅览室
		旅馆、宾馆、饭店等	无障碍客房；导盲犬休息空间

续表

类型	实施范围	设施区域	设施内容
历史文物保护建筑	开放参观的历史名园、古建博物馆、近现代重要史迹、复建古建筑；使用中的庙宇及纪念性建筑	出入口	无障碍出入口；可拆卸坡道、升降平台
		院落	轮椅坡道；可拆卸坡道、升降平台；轮椅停留空间
		服务设施	无障碍出入口；无障碍厕所；低位服务设施；低位柜台；轮椅席位；无障碍停车位

此外，所有公共空间的公共设施均应为无障碍设施，并设置清晰、系统的无障碍标识；可供参观的历史文物保护建筑中，还需设置无障碍游览路线。

目前，城市环境的无障碍化，已是当今城市环境建设的重要内容之一，设计人员在进行城市规划设计及改造时，应在理念上向广义无障碍转化，优先考虑残障者群体的行动方式，通过全方位以所有人为本并能够"为少数人负责"的构思意识进行环境建设。落实无障碍建筑物和无障碍道路系统的建设与完善；注重对二者的功能性整合，完善无障碍设施的连续性；在信息传播方式上，增强建设无障碍提示设施的系统性和统一规划，真正全面贯彻落实国家对于残障者相关法律法规的实践。

"逢棱必圆、逢沟必平、逢台必坡、逢高必低、逢陡必缓、逢滑必涩、逢隙必衔、逢碍必除、逢山开路、逢水搭桥、逢险化吉、逢源左右"，这是全国无障碍建设专家吕世明几十年来持续追踪我国无障碍设计设施改造后的形象化总结，简明扼要、高度概括地说出了目前我国城市环境无障碍改造的重点。

2.2　涉及对象及特征

2.2.1　无障碍涉及对象类型

如图 2-1 所示，以健全人的一生进行分析，行为能力其实是一个由弱变强，再由强变弱的过程。婴幼儿时期，身体各器官发育不够成熟，语言、肢体能力、智力都处于羸弱状态，需要提供帮助；青壮年时期，身心健全但可能会因疾病、受伤等造成短期行动障碍，也需要帮助；老年阶段，因身体机能衰退、体弱，造成行为能力退化，仍需要帮助。因此，无论是健全人还是残疾人都存在行为障碍，只是障碍存在于不同的人生发展阶段的时间长短不同，形成障碍的范围不同，障碍所造成的困难程度不同。我们强调一切设计以人为本、为人服务，无障碍设计当然要以有行动障碍的人为研究对象，须针对障碍的不同类型、不同特性进行具体分析，才能因人而异地方便各类残障人士使用社会环境设施。

图 2-1　健全人出生至衰老行动示意

　　按照存在障碍的人群发展阶段的时间段落、障碍程度，本教材将残疾人、老年人划为长期障碍者，孕妇、幼儿、伤病等划为短期障碍者。

　　1）残疾人

　　（1）残疾人的定义：最初残疾人的定义是根据联合国《残疾人权利宣言》，指那些身体功能或精神方面能力不健全，对日常生活或社会活动完全不能或是部分不能自理的人。印度等国定义的残疾人包括肢体残疾者、智力缺陷者、精神病患者、盲人（包括视力低下者）、聋人、已经治愈的麻风病人，还有抑郁症、血友病、侏儒、早老性痴呆症等患者；日本对残疾人的定义范围除了视觉残疾者、听觉残疾者、智力残疾者、精神残疾者、肢体残疾者（包括脊椎损伤、脑血管损伤、脑瘫、慢性关节炎）外，还有语言残疾者、内部残疾（包括心脏疾病、肾脏疾病、安装人工器官）和多重残疾者；美国对残疾者的定义还包括重度情感紊乱者及特殊学习困难者等。由于不同国家对于残疾者的调查统计、残疾程度的划分在确认范围和定义标准上有所不同，影响着残疾率的调查结果，从而也使得对各国的障碍与无障碍构成因素难以进行客观的比较研究。

　　因而，根据国际社会的提法，结合我国的实际状况，全国人大常委会在 1990 年 12 月颁布了《中华人民共和国残疾人保障法》，首次以法律的形式确定了残疾人的定义："残疾人是指在心理、生理、人体结构上，某种组织、功能丧失或者不正常，全部或者部分丧失以正常方式从事某种活动能力的人。"这个定义是以社会功能障碍和身体功能障碍为特征，包括了精神、心理功能障碍，从功能障碍、能力障碍、社会性障碍三个层面入手，从而比较全面地概括了残疾人的基本特征。

　　（2）残疾人的分类：前面已经介绍，由于各国对于残疾人的定残标准、尺度把握不同，其划分残疾的类别也不完全一致。美国根据本国的划分标准，将残疾人分为 11 类，日本残疾人分为 8 类，而我国则把残疾人分为 5 类，多重残疾者另列为综合残疾。病弱者、内脏问题、麻风病人、精神薄弱症等，目前在我国尚未归入残疾人之列。然而，就主要的分类来说，基本上与国际社会的分类是一致的。

　　我国的残疾人主要是肢体残疾及感官残疾，残疾人的类别为：视力残疾、听力和言语残疾、肢体残疾、智力残疾、精神残疾，共 5 类。

　　视力残疾包括全盲和低视力两类：由于各种原因导致双眼视力障碍且无法矫正或视野缩小到一定的程度，无法辨识物体形状，视野狭窄，光感应能力异常及不易分辨颜色，以致影响正常工作、学习和生活的一群人，形成了视觉信息障碍和移动障碍。

听力残疾包括聋和重听，即听力完全丧失或有残留听力但辨音不清，听觉麻痹，听野狭窄，不能进行听说交往者，构成了永久性听觉障碍、声音信息障碍。言语残疾包括言语能力完全丧失和部分丧失，不能进行正常言语交往，形成交流障碍。

肢体残疾是指下肢、上肢、躯干因残缺、畸形、麻痹所致人体运动功能障碍者，类型繁多且因人而异，较为复杂。单纯性下肢残疾为步行缺陷，使用拐杖、轮椅者居多；上肢残疾为手或臂无法自由支配者；躯干麻痹如高位截瘫等，存在着动作障碍、移动障碍。

智力残疾是指人的智力明显低于一般人的水平，显示出适应行为障碍，对讯息的辨识、认知能力不足，运动技能及行为反应迟缓。包括在智力发育期间，由于各种原因导致的智力低下、脑瘫，智力发育成熟后，由于各种原因引起的智力损伤和老年期的智力明显衰退导致的痴呆，成为阿兹海默症及认知症患者。

精神残疾是指患精神疾病持续一年以上未痊愈，同时导致其对家庭、社会应尽职能出现一定程度的障碍。其认识、情感、意志、动作、行为等均可出现持久、明显的异常，不能正常学习、工作、生活，动作行为难以被常人理解，是由脑功能紊乱导致的心理障碍。

同时存在视力残疾、听力残疾、言语残疾、肢体残疾、智力残疾、精神残疾中的两种或两种以上视为多重残疾。

单纯性智力残疾和精神残疾两类患者，其障碍主要存在于心理健康和神经系统方面，而城市环境障碍的改善对其动作行为是否有影响力很难做出明确的判断。我国为方便残障者制定的一系列规范、措施，也主要是以行动障碍者和视力残疾者为对象的，因而本教材以移动障碍及视觉障碍的无障碍环境设计为主要阐述范围。

2）老年人

（1）老年人的界定：老年是每个人生命历程中的一个阶段，鉴于生命的渐变过程，人们从壮年到老年的身体变化是含蓄的，其分界线也是模糊的。不同文化区域对老年人有着不同的定义，西方一些发达国家将65岁划为分界点，确定65岁以上的人群为老年人，而我国称60岁为"花甲"，界定60岁以上的公民为老年人。我国《老年人权益保障法》第二条规定："本法所称老年人是指60周岁以上的公民。"因此，我国现阶段以60岁以上为划分老年人的通用标准，符合目前亚太地区的规定。

由于全世界的年龄呈普遍增高趋势，人类寿命的延长、老年资源的需求，为年龄的重新界定提供了主客观的可能性。1995年世界卫生组织对老年人的划分提出了新的标准：44岁以下的人群称为青年人，45~59岁的人群称为中年人，60~74岁的人群称为年轻的老年人，75以上人群称为老年人，90岁以上人群称为长寿老人。这一标准将逐步成为老年人的通用标准。

（2）老年人的特点：老年人随着年龄的增加，身体状况开始下滑，生理上会表现出新陈代谢放缓、抵抗力降低、生理机能下降等特征，并会逐步出现综合性的障碍，如视力模糊、听力下降、注意力涣散，记忆力减退、动作迟缓，至步履蹒跚等，给日常生活带来一定的影响。

在运动机能上，迎合了"人老腿先老"的说法，腿是人体的重要支柱，随着年龄的增长而出现的肢体动作缓慢、协调不灵活、关节僵硬等可能会导致难以长时间站立，易摔倒，而且对危险运动的反射及平衡能力降低，容易出现碰撞等危险。

在感觉机能上，老年人大多是按照视觉、听觉、嗅觉和触觉的顺序下降的。当对颜色的识别及亮度的辨识能力开始衰退，便会影响日常生活，形成视觉障碍；当冷热等触觉敏感度降低时，便易导致皮肤受到伤害；听力下降，会干扰到人与人之间的交流，心理上容易对社会生活产生孤独感。

在心理机能上，由于记忆力、判断力的下降，会影响到自我认知和对社会环境的认识，导致安全感下降，缺乏方向性，会出现对导游图、说明书内容难以理解等障碍。

（3）老年人的类型：

依据老年人身体机能、行为能力的差异，可分为健康活跃、自立自理、介护照料几大类。活力老年人不仅身体健康且能管理家务、照料子孙；自理老年人仅指个人生活可以自主解决、无需照料；而须借助照护的老年人又可分为半失能及失能两类，按照国际通行标准，包括吃饭、穿衣、上下床、上厕所、室内走动、洗澡共 6 项指标，其中仅能够完成 2~4 项、需要帮助的可称为半失能，完全丧失生活自理能力、完全依赖他人的称为"失能老人"。虽说个体因人而异，但大部分老年人会感到身体容易疲劳、上下楼梯困难，难以适应社会环境的急剧变化。

依据家庭结构的组成，我国目前还存在着大量的空巢老人以及失独老人，其精神空虚导致的"适应障碍"，极大地影响了老年人的身心健康。

老年人在心理和生理上的变化使得他们迅速地转化为弱势群体，处于社会的边缘地位，成为了肢体健全的"残疾人"。因而，为了保证老年人的身心健康，一个非常重要的因素就是要提高其参与社会活动的能力，实现联合国倡导的"建立不分年龄，人人共享的社会"已成为十分紧迫的工作。

3）其他

除了上述的残疾人和老年人，还有一些无障碍设施的短期利用者。所谓"短期"是指在生命成长过程中的一段时间或者生活过程中的一个时期成为弱势人群，需要使用无障碍设施或无障碍信息的人群。

首先是幼儿，当然也包括发育较快、蹒跚学步的婴儿在内。进入幼儿期的儿童在骨骼、体能以及心理和智能的发育上，都有着日新月异的发展。在动作发育上，周岁的孩子大多已能够直立行走，喜欢尝试自己做事情，并开始建立独立意识，但还不能很好地掌控自己，由于好玩好动、注意力分散，很难避开环境变化所带来的危险。因其不懂得文字及较难的语言，缺乏生活经验，不能进行推断，无法理解、使用为成年人生产的东西，这一阶段也会被包含到"有困难者"之中。

其次是孕产妇。由于孕产妇的特殊身体状况，如凸起腹部造成的行动不便、小心翼翼的步伐、孕期的身体变化、产后的虚弱无力，在一段时间里也被认为是"行动障碍者"。

此外，我国经济的快速发展吸引了很多外国人来中国自助旅游，留学工作，安家落户。由于文化的差异、语言交流的障碍，他们难以充分理解中国文字的意义，无法解释文字、语言所表达的内容，日常生活、工作中会遇到各种烦恼、困惑和无奈，甚至无助，因而有些国家将其列为信息使用的"残疾人"。

平常状态下，只有健康的青壮年阶段可以忽略环境障碍的存在。但健全人面对复杂的交通状况，陌生的生活设施、设备和全新的生活环境，有时也会感到茫然不知所措；身体的疲劳、不适，也会使平时看起来正常的设施成为意想不到的障碍；健全人由于伤病，也存在一时性依靠轮椅生活的状态，成为短期"残疾人"。

然而，据 2006 年第二次全国残疾人抽样调查结果显示，肢体残疾占全国各类残疾人总数的 29.06%，致残原因见表 2-2，约 75% 的残疾人是由于后天获得性因素致残，其中超过 80% 是因病致残。

第二次全国残疾人抽样调查中肢体残疾分年龄前五位致残原因表　表 2-2

年龄（岁）	主要致残原因（占所有原因的百分比）（含多重残疾）					前五位致残原因所占百分比
	第一位（%）	第二位（%）	第三位（%）	第四位（%）	第五位（%）	
0~14	脑瘫 30.8	发育畸形 20.1	外伤 11.09	先天性或发育障碍 10.3	其他 7.71	80%
15~24	脑瘫 15.17	外伤 14.91	发育畸形 14.18	脊髓灰质炎 11.76	其他 8.7	64.72%
25~34	外伤 18.47	脊髓灰质炎 17.5	发育畸形 8.99	交通事故 8.51	工伤 7.54	61.01%
35~44	脊髓灰质炎 19.74	外伤 17.55	骨关节 8.98	交通事故 8.67	工伤 8.36	63.3%
45~54	外伤 17.86	骨关节 13.86	脑血管 13.77	脊髓灰质炎 11.35	工伤 9.02	65.86%

续表

年龄（岁）	主要致残原因（占所有原因的百分比）（含多重残疾）					前五位致残原因所占百分比
	第一位（%）	第二位（%）	第三位（%）	第四位（%）	第五位（%）	
55~64	脑血管 26.21	骨关节 20.95	外伤 14.84	其他 7.04	工伤 6.68	75.72%
65 及以上	脑血管 30.72	骨关节 27.08	外伤 16.24	其他 7.85	不明 4.6	86.49%

综上所述，无障碍所涉及的对象绝不只是少数"残疾人"，在人的一生中可能会面临各种各样的致残因素，未雨绸缪、有备无患。每个人都会有衰老的一天，都有可能出现行动不便的时刻，所以，无障碍设计是惠及全体民众自身的人性化设计。

2.2.2　无障碍对象特征分析

遵循"以人为本"的理念，城市规划及建筑设计在研究正常人的心理及行为规律的同时，也应充分理解弱势人群的心理及行动特性，有的放矢地创造条件，使其能正常生活、参与社会活动，消除人为环境中的各种障碍，让全体公民都有平等的机会共享社会发展成果。

1）心理特征

本节以分析长期行动障碍者（残疾人、老年人）的心理需求为主。

（1）残疾人心理状况：残疾人因其自身异于健全人的生理状况，有着更为复杂的心理情绪，具有孤独、自卑、敏感、自尊心强等特征。

孤独：由于生理或心理上的缺陷以及无障碍设施提供的缺失或不合理，使得残疾人能够在社会上参与的活动及场所很少，出行意愿被动消失，难以有机会在社会上体验、展现自身价值，不得已将自己孤立在"社会"之外，生活的压力、对环境的恐惧感、弱势群体的防备意识，都会使其孤独感日益增强，甚至还会遭到社会强势群体主动、被动或无意识的疏远，造成心态失衡，陷入恶性循环。心理上难以摆脱现实状况，对于自我弱势身份的认知日益清晰、强化，孤独是残疾人心理的主要特征之一。

自卑：残疾人在学习、生活和就业方面困难重重，很多时候甚至连基本的出行都难以独立完成。如乘轮椅者大多难以坐公交车，难以上下楼梯，甚至难以独立上下床等，这种情况下，如果得不到他人或亲人足够的帮助，便会强化自身的无能为力，感到无助、不被承认、受到健全人歧视，形成主客观双方面的厌弃，产生严重的自卑情绪。从婚恋问题上看，与健全人组成家庭的残疾人为数不多，而残疾人自身的相互结合则会造成残疾家庭，使其整体自卑感更强。

敏感、自尊心强：由于身体的残缺，残疾人更加看重健全人对他们的评价，更希望得到别人的重视与承认，唯恐被人忽略自己是精神上的健全人，一旦给予机会，他们会更加努力地证实自己。但是，过度的自尊使他们非常敏感，过分看重他人的评价，任何负面的评论都会导致内心的激烈冲击，甚至扭曲人们的善意。如果有人做出不利于他们的事情，即会心生怨恨，认为全社会瞧不起他们，社会对他们不公平，平时极度压抑的情绪爆发，甚至产生过激言行。他们缺少对复杂生活的应对能力，心理压力较大，过于自尊易导致物极必反。

（2）老年人心理问题：许多老年人在退休后由于生活习惯突然改变，失去了日常工作的节律，生活圈子发生很大变化，角色也从社会转回家庭，社交范围缩小，不知如何适应新的生活环境，产生自卑、焦虑、恐惧等心理问题。

失落自卑：离开了工作岗位，位置发生变化，对退休后的生活难以适应，加上经济收入减少，会产生被单位抛弃、成为家庭累赘的无用之人的自卑感，尤其是与工作时相比较，不再受单位的尊敬和重视，产生的心理落差更是难以平衡。

焦虑恐惧：退休后的老年人（尤其是男性老年人）对未来生活的不可预见、对自己的应变能力的怀疑、对身体未来走向的担忧，导致心烦意乱，情绪紧张、焦虑，对疾病和死亡的恐惧让很多老年人怀疑自己患上了重大疾病，并不断地为身体保健就医购药，忧心忡忡，甚至成为骗子眼中的"唐僧肉"。

孤独空虚：亲子关系是一种相互依赖的关系，一旦父母离开了子女的依赖，便会产生完成任务的空虚感，并随着子女的成家立业、对父母关注度的降低，感到孤独寂寞。随着年龄的增加，逐步与社会脱节，很多事情不懂，也弄不明白，而子女们却忙着工作、家庭，不能经常回家，会使老年人更加孤独无助。

抑郁自闭：抑郁是以显著而持久的心境低落为主要特征的，对身体康复产生绝望，对未来缺少希望，生活需求得不到满足，生活中的困难无力克服等，都容易形成抑郁，甚至悲观厌世，企图自杀。有些老年人害怕外面不断变化的社会，不愿出门、不愿与人交往，从而封闭自己，严重影响了老年人的生活质量。

需要强调的是，身边无子女或永久失去子女的"空巢老人"及"失独老人"，其上述心理特征更加强烈，其孤独、空虚、脆弱、恐惧等心理问题更加严重，甚至会失去生活的信心，更加需要社会的认可与关注。

为了老年人的"无障碍"生活，心理学家将老年人的普遍心理需求概括为以下6个方面：

a. 生理需求：良好的睡眠和休息对于保持精力是很重要的，老年人的身体状况直接影响其心理健康。

b. 安全需求："老有所养"是晚年幸福的基础。家庭的和睦，子女的照顾，社会的关心，身体的健康，财物的富足，都是关乎老年人内心安全的关键因素。

c. 情感需求：对于老年人来说，最渴望得到的就是亲情和友情。

d. 适应需求：老年人应积极地调整自身，具备良好的心态，以适应变化了的和正在变化的身体状况、人际关系和生活环境。

e. 独立需求：只要经济独立，身体条件许可，大多数老人希望有独立空间。独立要求和独立意识越强，老人心理越健康。

f. 自我实现的需求：老年人退休后需要充分调动自己的潜能，发挥自己的特长和优势，创造机遇设法实现自身的价值，充分享受退休后的快乐。

此外，生活环境的私密性、熟悉性、无障碍、社会性、挑战性、选择性以及尺度、声光环境、标志系统、安全性能，成为衡量老年人晚年生活是否舒适的心理尺度。

2）行动特征

不同的人群会有不同的行动特性。残疾人因为身体的缺陷，老年人因为体能衰退，同样具有行动不便的弱点，却又有着不同的行动特色。健全人在正常情况下（负重、酒醉者例外）一般是以直达目的地为主，而腿脚不便的老年人、靠拄拐杖行动的人群及下肢残疾者在奔赴目的地的过程中，需要观察路途情况辅助行动，视距离的远近和路面的状态中途进行休息。视觉残疾人则需依靠盲杖探索路径，凭借记忆或在已知的盲道可及范围内行动。

下肢障碍的行动方式分为轮椅乘坐者和需要助行设施的行动困难者（如拄拐者），其中有些人可以自我独立行动，而有些则需要借助别人的帮助完成。表 2-3 列出了不同障碍类型如下肢残疾者、视力障碍者、老年人等的行动特征以及辅助出行、活动的必要方式。

各类障碍人群的行为特征及辅助方式   表 2-3

人员类别	身体机能状况	行动特征	辅助方式
上肢残疾	关节强直，肌肉损伤，上肢无力	1. 手活动范围小于普通人 2. 难以承担各种精巧动作，持续力差 3. 难以完成双手并用的动作	照护人员 智能设施 升降机
偏瘫者	同一侧上下肢、面肌和舌肌下部的运动障碍	半侧身体功能不全，兼有上下肢残疾特点，虽可拄杖独立跛行，但动作总有方向性，依靠 "优势侧"	
下肢残疾独立乘坐轮椅者	大部分或全部关节肌肉受损，基本失去运动功能	1. 各项设施的高度、宽度均受轮椅尺寸约束 2. 轮椅行动快速灵活，但占用空间较大 3. 无法适应台阶和地面高差，无法使用楼梯 4. 卫生间需设安全抓杆，以利位移和安全、稳定	轮椅

续表

人员类别	身体机能状况	行动特征	辅助方式
下肢障碍拄拐杖者	部分关节或肌肉受损，失去部分运动功能	1. 攀登动作困难，水平推力差，行动缓慢，不适应常规运动节奏 2. 上下台阶或陡坡困难，易摔跤 3. 拄双拐者，行动时难以使用双手 4. 拄双拐者行走时幅宽可达950mm 5. 使用卫生设备常需安全抓杆	拐杖 助行器
全盲者	白内障，青光眼，视神经萎缩，黄斑病变等	1. 不能利用视觉信息定向、定位从事活动，需借助其他感官功能了解环境并行动 2. 需借助盲杖行进，行动速度缓慢，在生疏的环境中易产生意外损伤	导盲犬 盲杖 盲文图 语音提示
低视力		1. 形象大小、色彩反差及光照强弱直接影响视觉辨认 2. 行为动作借助其他感官功能	
听力及语言障碍者	听力低下，可听音域狭窄失语，发声困难，声带异常等	1. 言语交流有一定困难，但一般无行动困难 2. 在与外界交往中，常借助增音设备 3. 重听及耳聋者需借助视觉及振动信号	助听设施 手语辅助 振动提示 文字图示
老年人	肌肉萎缩，脚力、腰力变弱，平衡能力变差，运动神经传输速度低下	1. 行动迟缓，应变能力差，动作幅度缩小；握力差；易疲劳，上下楼梯困难；易摔倒 2. 色彩辨识能力衰退，方向感降低 3. 卫生间设施需设安全抓杆，以利稳定	辅助人员 助听设施 轮椅 助行器
伤病人、幼儿、孕妇		1. 幼儿注意力分散，紧急状况识别判断迟缓 2. 孕妇行动迟缓，易疲劳 3. 临时伤病者活动受限，行动易产生疲劳感	照护人员

对于轮椅乘坐者来说，其身体的移动完全是靠上肢来实现的，下坡时靠加大双手对手轮的摩擦力来控制轮椅的下滑速度，因而行动时以平整地面为主或限于缓坡通行。乘轮椅时，直行比较容易，转弯时需要一定的转弯半径。轮椅乘坐者因无法适应台阶和地面间高差而需要坡道，因无法使用楼梯而必须设置电梯，因受轮椅尺寸制约，在使用各种设施时，设施的宽度、高度设计均应在轮椅可控制范围内。此外，轮椅乘坐者因上下轮椅移动不便，活动空间内需设安全抓杆，以利残疾人安全移位和保持稳定。

需要辅助工具的行动困难者，例如拄拐者，其下肢无力或无法承担远距离行走，行动缓慢，水平推进的力度较差，不适应常规运行节奏。不论是有高差路面还是平坦路面，由于体重是压在较细的拐杖尖部的，走路时容易摔跤。运用双拐者要使双拐分开行走，因而行走时所占空间较大，且由于拄拐者行动较慢，横穿道路时所需信号时间延长。因使用拐杖者开关门不方便，应确保出入口的宽度与活动空间。拄拐者攀登动作困难，难以使用高架子，拄双杖者行动时难以使用双手。另外，行走困难者动作缓慢，需要楼梯扶手及卫生设备安全抓杆等支撑，应尽量为行动不便者安设扶手。

视觉残疾人因难以利用视觉信息，对方向和位置很难辨别，因而喜欢直行，其行动速度缓慢，需借助其他感觉器官获取信息、了解环境，盲杖、盲道、声音信号都是视觉残疾人行动的信息来源，行走时需要更多的参照物。也有利用导盲犬等来领路的情况，此时则应考虑导盲犬所需空间、环境。视觉残疾人在行走过程中，因注意力集中在盲杖上和脚下，很难顾及来自上方及两边的障碍，在生疏环境中易产生意外损伤（如撞到开敞的门，或伤及头脸等），应确保盲道空间范围内的安全。在上下楼梯时，如果楼梯尺度发生改变或者为多方向楼梯，则会使其迷茫，不辨方向。而在熟悉的空间环境中活动，视觉残疾人依靠的则是记忆，应设置容易记住的排放顺序。此外，弱视者识别明暗、颜色等的能力直接影响着视觉辨认，因而对文字的尺寸、色彩的对比、照明的使用等应加以注意（如盲道的亮度与彩度等）。

2.2.3　环境障碍的形式及位置

进行无障碍设计首先要研究环境中存在着的对残疾人、老年人等行动不便者的各种障碍因素，然后针对不同的因素进行具体分析，在设计中采取相应的对策，从而满足他们的正常使用要求。长期以来，城市环境的建设以适合健全人的尺度和活动空间进行设计，许多设施设计也以健全人的活动模式和使用需求确定，不符合残疾人的尺度标准，造成残疾人的活动、出行障碍。本教材中以下肢残疾者和视觉残疾者为主要群体进行分析，因为他们的要求能够代表行动障碍者的全部典型问题，无障碍设施的使用，如果他们满意，则其他人也会认可。

1）下肢残疾环境障碍

通过对下肢残疾者所遇障碍的调查得知，妨碍他们参与社会生活的障碍主要有城市通行环境障碍与建筑内部空间障碍。

（1）城市通行环境障碍：人行道路口及人行横道两端的路缘石（图 2-2）、缺少垂直交通设施的过街天桥（或地道）、没有坡化的安全岛、街心花园的台阶、路障（图 2-3）、建筑前广场的阶梯、公共厕所入口的台阶、公用电话亭以及地面上的凸出物、占用人行道的设施、角度较大的坡道等，还有汽车上下车的踏步，车厢狭窄的通道，地铁的台阶、站台与车厢间的空隙，火车站的月台通道等以及摩擦力过大、凹凸不平、断裂的地面，都会形成轮椅通行的障碍。此外，游乐场所、名胜古迹也很少设置无障碍设施。图 2-4 所示的是一个公园的入口，旨在限制游人

图 2-2 轮椅无法使用的人行横道（左）
图 2-3 地面凸出物的危险（右）

图 2-4 进不去的公园入口（左）
图 2-5 难以使用的电话亭（右）

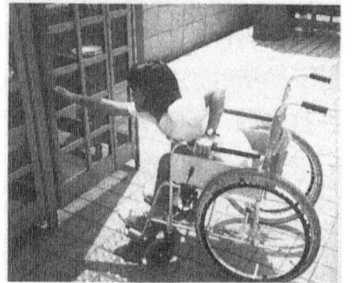

图 2-6 无法上去的台阶（左）
图 2-7 深度不够的过厅（右）

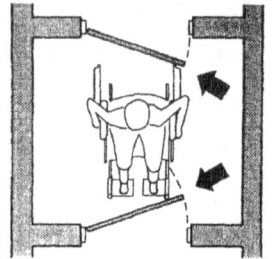

自行车出入的同时残疾人也被挡在了公园的门外。图 2-5 是一个公共电话亭，乘坐轮椅的残疾人开门非常困难。

对于使用助行器帮助行走的残疾人、老年人来说，凹凸不平或光滑积水的地面、宽度大于 15mm 的地面缝隙和大于 15mm×15mm 的孔洞都是拐杖及其他助行设施的杀手，宜导致绊倒、滑倒及摔伤。

（2）建筑及内部空间障碍：建筑入口处的台阶（图 2-6），坡度较大的坡道，高于 15mm 的门槛，旋转门、弹簧门，宽度不够的门洞，深度不够的过厅（图 2-7），比较狭窄的通道，轮椅无法进入的小型电梯，公共建筑服务台和邮局、银行的营业台无低位设施，缺少无障碍专用卫生间，难以改造的过于狭小的卫生间（图 2-8）以及观演建筑缺乏轮椅席位，服务建筑（旅馆、餐馆等）缺乏轮椅安置空间等。对于拄拐杖者来

图 2-8　过于窄小的卫生间
（左）
图 2-9　陡峭无法行走的坡
道（右）

说，没有扶手的台阶及陡坡，不设踢板、陡且扶手不连贯的楼梯，扇形踏步以及踏步深入走道，没有安全扶手的卫生器具，难以识别的标志信息等，这些都会对下肢残疾者形成使用和通行障碍。图 2-9 为某地银行入口，不仅坡度过陡而且坡面不平，轮椅平台过于狭窄无法停留，使用轮椅的人士根本无法上去，设施的"有"与"无"没有任何区别。

2）视觉残疾环境障碍

视觉残疾人是出行最为困难的群体，他们对城市空间、环境信息的感知，通常都是通过手（盲杖）和脚（盲道）的触觉、耳的听觉以及味觉反应进行的。通过对视觉残疾人的环境障碍调查得知，存在的主要障碍有：

（1）城市环境障碍：复杂的地形、不规则的地表环境；人行道上设计不合理的盲道、被市政设施及交通工具等占据的盲道（电杆拉线、灯杆、井盖、树木、电话亭、汽车、自行车等）。如图 2-10 所示，首先，盲道围绕井盖设置，其次，盲道砖杂乱无章；图 2-11 是被共享单车占据的盲道。另外，还有步道上的意外凸出物（广告牌、窗扇、树梢等），如图 2-12 所示，树梢距地面的高度仅为 1m；无音响信号的人行横道，人行横道线两端的路缘石，图 2-13 所示为路边常见的情景，人行横道线一端设有缘石坡道及提示盲道，而另一端却无相应的设施衔接；无提示盲道和盲文标识的建筑物出入口，无扶手的台阶踏步；城市广场、街心花园、过街天桥（地道）、公交站等设施缺乏提示盲道、音响装置以及触摸站牌、触摸位置牌、触摸式地图和盲文说明；不完善的其他感官信息系统等，将造成视觉残疾人信息获取障碍，形成出行困难。

（2）室内环境障碍：入室旋转门、弹簧门、无记号的透明玻璃门等；较为复杂的通道、走道空间凸出物（消火栓、标识牌等），见图 2-14；室内高差及凸出物（踏步、门槛、栏杆等）、室内各房间光滑的地面；光

图 2-10　不知所以的盲道设计（左）
图 2-11　被交通工具占据的盲道（右）

图 2-12　树梢障碍（左）
图 2-13　横道线一端路缘石（右）

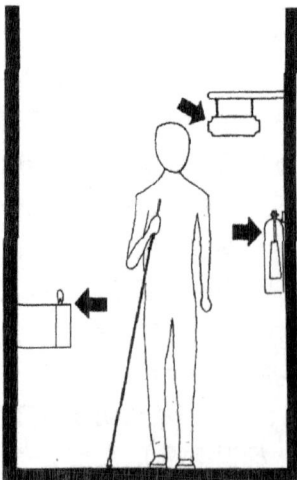

图 2-14　走道凸出物（左）
图 2-15　衔接不上的楼梯扶手（右）

线不足、扶手不连贯的走道和楼梯（图 2-15）；拉线式开关和位置不合理的电器插座等；模糊的提示盲道（感觉弱，位置不当），环境图文标志不清（导向、文字、图形、形状、亮度、色彩的可见度），室内光照较弱，设施设置与界面衔接的色彩反差小，光滑且反光的地面。这些都将给视觉残疾人的通行和使用带来不便和危险。

2.3 尺度控制范围

2.3.1 行动障碍者人体尺度

人体尺度及其活动范围，是城市环境系统优化与建筑空间设计的主要依据。然而，以健全人尺度为参数进行的设施设计，往往不适合残疾人使用，甚至给他们参与社会活动造成了障碍。因此，全方位考虑人体尺度、活动范围及其行为特征，包括残疾人、老年人等弱势群体的尺度、空间，成为迈向通用设计最为重要的一步。

1）健全人的尺度

健全人在其一生的成长过程中，人体尺寸也是不断发生变化的，或由衰老、饮食引起，或由运动环境所致。成年人自然站立时的身高比立正时低 20~30mm，而老年人因存在驼背现象，所测身高比成年人低 50~100mm。1988 年底我国完成的第一本国家标准《中国成年人人体尺寸》GB 10000—1988 包括了人体主要尺寸（表 2-4）、立姿人体尺寸、坐姿人体尺寸、水平尺寸及跪卧爬姿人体尺寸。其中百分位数是指按高低顺序排列的每 100 人中抽取的第 N 位人，以增加对平均身高测算的准确性。

中国人体主要尺寸　　　　　　　　　　　表 2-4

年龄分组	18～60 岁男子							18～55 岁女子						
百分位数	1	5	10	50	90	95	99	1	5	10	50	90	95	99
身高	1543	1583	1604	1678	1754	1775	1814	1449	1484	1503	1570	1640	1659	1679
上臂长	279	289	294	313	333	338	349	252	262	267	284	303	308	319
前臂长	206	216	220	237	253	258	268	185	195	198	213	229	234	242
大腿长	413	428	436	465	496	505	523	387	402	410	438	467	476	494
小腿长	324	338	344	369	396	403	419	300	313	319	344	370	376	390
体重（kg）	44	48	50	59	71	75	83	39	42	44	57	63	66	74

注：表中所列人体尺寸，除标注外，单位均为 mm。

但是，GB 10000—1988 距今已有 30 年，人们的体形已经发生了很大变化。根据中国标准化研究院数据：成年人平均身高增长 2cm、胸围增长 5cm，比 30 年前人体要胖一些。即将出台的新的"中国成年人人体尺寸"运用国际上先进的非接触式人体三维扫描技术，测量数据更加准确，以解决我国数据缺失、陈旧的问题。

2）残疾人与健全人尺度比较

健全人正面宽 450mm，行进时侧面幅度为 500mm；乘轮椅者正面宽 650mm，行进时侧面幅度为 700mm（包括操作双手），约为健全人的 1.5 倍；拄双拐者正面宽 900mm，行进时侧面幅度为 1200mm，约为健全人的 2.4 倍；使用盲杖者行进时侧面幅度为 900mm，约为健全人的 2 倍。

健全人侧面宽 300mm；乘轮椅者侧面宽 1100~1200mm，约为健全人的 4 倍；拄双拐者及使用盲杖者，其侧面宽 600~700mm，约为健全人的 2 倍。

健全人眼高 1600mm；乘轮椅者眼高 1100mm，为健全人的 0.7 倍；拄双拐者眼位稍低，约 1500mm，为健全人的 0.9 倍。

健全人作 180° 旋转，所需圆面积直径约为 600mm；乘轮椅者以中心为轴，所需圆面积直径约为 1500mm；拄双拐者所需圆面积直径约为 1200mm；使用盲杖者则需圆面积直径为 1500mm。

健全人平移速度约为 1.0m/s；乘轮椅者速度稍快，为 1.5~2.0m/s；拄双拐者及拄盲杖者速度稍慢，为 0.7~1.0m/s。

健全人可跨越高 150~200mm 的台阶，而乘轮椅者勉强可跨越的地面高差不超过 25mm（应在 20mm 以下，斜面连接）；对于拄双拐者，竖向高差不宜超过 120mm。

分析上述人体尺寸，可以总结出健全人与残疾人的基本尺度差别，见表 2-5。

残疾人与健全人体尺度比较　　　　　　　　　　表 2-5

类别	身高	正面宽	侧面宽	眼高	平移速度（m/s）	旋转 180°空间	竖向高差
健全成人	1700	450	300	1600	1	φ600	150~200
乘轮椅人	1200	650 ~ 700	1100 ~ 1200	1100	1.5~2.0	φ1500	20 以下
拄双拐人	1600	900 ~ 1200	600 ~ 700	1500	0.7~1.0	φ1200	100~150
持盲杖人	—	600 ~ 1000	700 ~ 900	—	0.7~1.0	φ1500	150~200

注：表中所列人体尺度均取平均值。除标注外，单位均为 mm。

3）轮椅使用者活动尺度

　　轮椅使用者的行动规律不同于健全人，受身体残障程度、活动空间形状、辅助工具尺寸等环境条件的影响和制约，需要更多的活动空间。图 2-16~图 2-18 所示乘轮椅者的活动范围数据主要来源于 2017 年底出版发行的《建筑设计资料集》（第三版）中的无障碍设计专题。一般情况下，成年男性乘轮椅者的视线高度约为 1190mm，而女性为 1120mm；男性上举高度约为 1590mm，而女性则为 1460mm；男性手的触摸高度，侧面为 1480mm，正面为 13000mm，女性则分别是 1320mm 和 1190mm。因身材、残疾程度等因素的差别，具体尺寸因人而异，上述尺寸系按照通用四轮轮椅及一般人尺度推算的结果。

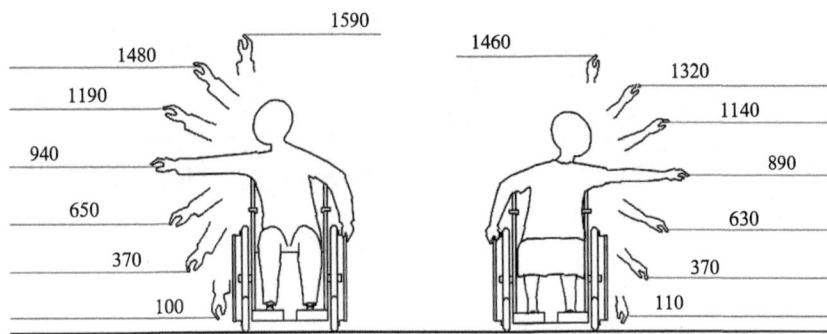

图 2-16 轮椅使用者手臂
摆动尺寸
（左为男性，右为女性）

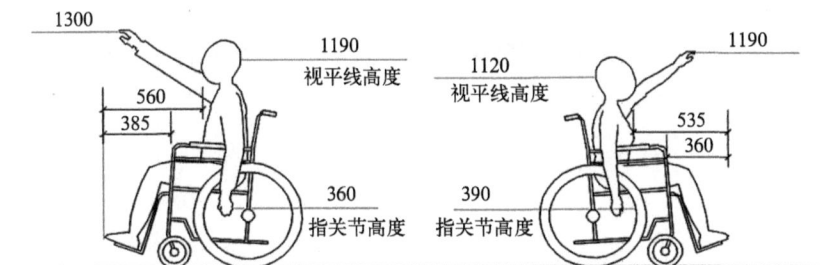

图 2-17 轮椅使用者下垂
与抬高的手臂
（左为男性，右为女性）

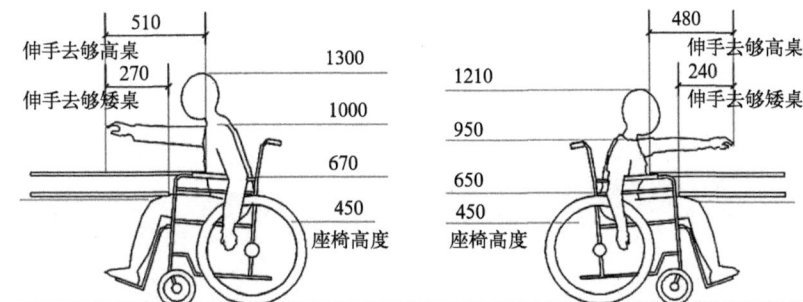

图 2-18 轮椅使用者使用
桌面的尺度
（左为男性，右为女性）

　　乘轮椅者行动时，考虑到握住两侧手轮时肘部的活动空间，其通行宽度应在 800mm 以上。转动轮椅时，因转动方式、身体情况不同而各异，但平坦地面上转动时所需的最小尺寸为直径 1500mm 的圆。轮椅代步能够"迈过"的地面高差很小，通常情况下，即使是 10mm 的小高差也很困难。图 2-19 系日本于 1999 年设立的以学生、专家、市民为对象的健全人轮椅体验学习空间"荒川福利体验广场"。调查结果显示，当高差达到 20mm 时，绝大多数人表示有困难；还有人表示网格砖块路面的细微振动使其产生眩晕；此外，下降坡道的色彩分区也会造成行走不适。

图 2-19　轮椅对地面高差的验证
(a) 体验不同路面状况；
(b) 体验轮椅越过高差

(a)　　　　　　　　　　(b)

4）拄拐者的尺度

　　拄拐杖或使用助行器的移动困难者因其所借助工具不同，个人移动的困难程度不同，所影响到的活动空间范围也有所不同。图 2-20 所示的是在使用各类助行工具时，他们正面所需的空间尺度及动作幅度。此外，适于乘坐轮椅者使用的空间同样也适于拄拐者。图 2-21、图 2-22 所示为轮椅乘坐者与腋下拐使用者及拄拐者与行人的并行空间尺寸。

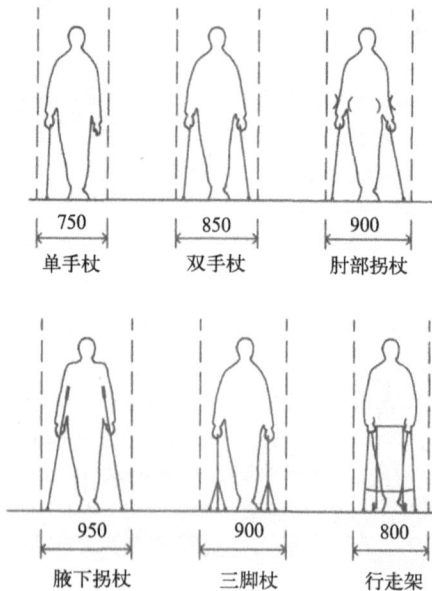

| 750 | 850 | 900 |
| 单手杖 | 双手杖 | 肘部拐杖 |

| 950 | 900 | 800 |
| 腋下拐杖 | 三脚杖 | 行走架 |

图 2-20　拐杖使用者正面行走所需空间

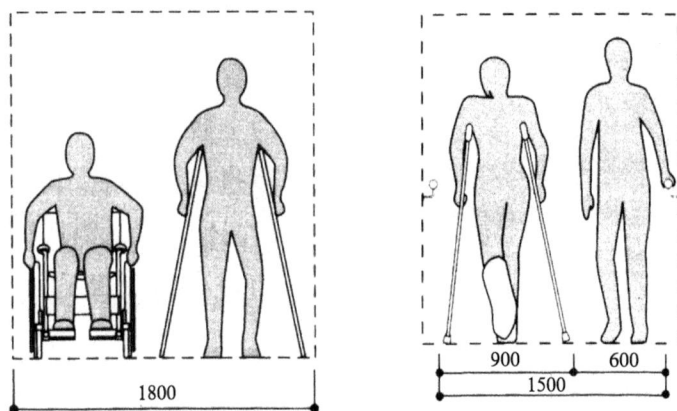

图 2-21　轮椅及拐杖使用者的并行尺寸（左）
图 2-22　拄拐者与行人的并行尺寸（右）

5）视觉残疾人行动尺度

对视觉残疾人外出情况调查的研究数据（日本）表明，其出行方式仍然是以徒步为主。从人体尺度上分析，盲杖等导向用具的使用受其行动方式的影响，也会占用一定的活动空间。盲杖敲击地面行走的幅度为900~1200mm（图 2-23），当视觉残疾人沿墙根、马路边等跟踪行走时，一般与参照物保持 200~250mm 的距离。

此外，导盲犬的投入使用愈加广泛，在分析视觉残疾人人体尺度时，应同步考虑导盲犬所占用的活动空间，如图 2-24 所示。还应包括导盲犬的休息、停留、出入等的宽度。

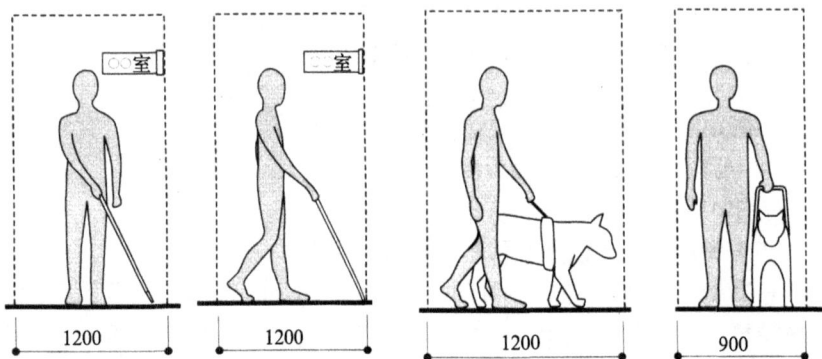

图 2-23　盲杖触及范围（左）
图 2-24　视觉残疾人与导盲犬空间（右）

2.3.2　移动助行设施类型

在日本，残疾人辅助器具在法律上定义为"为身心机能低下、在日常生活中存在障碍的高龄者与残疾人提供生活便利、功能训练的用具及辅助器具"。按其用途分为：作为身体的一部分使用的器具（如假肢等）；作为工具使用的器具（如步行器、盲杖等）；供护理、看护者使用的器具（吊挂升降机等）。我国《残疾人辅助器具分类和术语》中将残疾人辅助器具分为：个人医疗辅助器具；技能训练辅助器具；矫形器和假肢；生活自理和防护辅助器具；个人移动辅助器具；家务辅助器具；家庭和其他场所使用的家具及其配件；通信、信息和信号辅助器具；产品和物品管理辅助器具；用于环境改善的辅助器具和设备，工具和机器；休闲娱乐辅助器具。共 11 个主类。

通俗地说，凡是能够有效减轻残疾的影响，提高残疾人的生活质量和社会参与能力的器具都是辅助器具。在日常生活中，残疾人最为常用的就是移动辅助设施，以使他们能够最大限度地提高自理能力，改善生存质量，融入社会生活。我们常见的个人移动辅助器具有：轮椅、拐杖、助行器、助力车、盲杖、导盲犬等辅助设施。

1）轮椅

目前最为常见的代步工具，由许多可调节和能拆卸的部件构成，是失去行走功能的残疾人、老年人首选的重要助行设施之一。借助于轮椅，他们可以在室内外一定距离内活动，也可以用于生活自理、料理家务或进行其他作业。轮椅样式很多，生产轮椅的厂家也很多，大致可分为手动轮椅和电动轮椅。图 2-25 是标准轮椅各部位的名称。

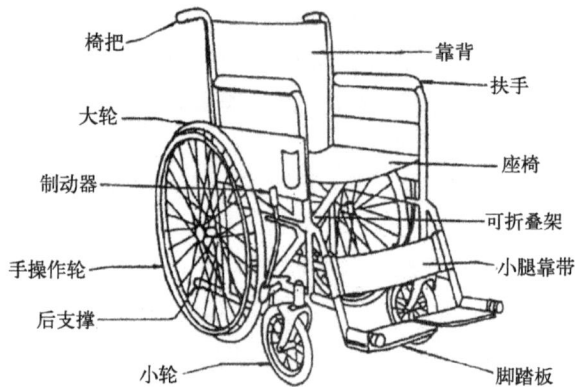

图 2-25 轮椅各部位名称

（1）手动轮椅有以下几种基本类型：

普通轮椅（图 2-26）：目前应用最为广泛的一种是可折叠的手动式标准轮椅，由充气式轮胎，可拆卸的扶手，可转动方向、可拆卸、可调节高度的脚踏等组成。分为供成人和儿童使用的两种。

低位轮椅（图 2-27）：特点是座椅高度相对较低，双脚可以着地挪蹭行走，靠自己的脚辅助，单手单脚即可操作。

护理型轮椅（图 2-28）：这是由他人推动的轮椅。主要作护理使用，有固定的脚踏，其扶手可为固定式、开放式或拆卸式，靠背在需要时可以折下去。

单侧手动型轮椅（图 2-29）：在轮椅的一侧装有双重操作轮，分别连接左、右大轮。可以单手操纵、控制轮椅的直行与转向。

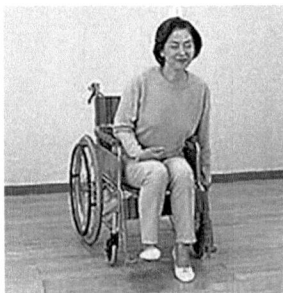

图2—26　普通轮椅（左）
图2—27　低位轮椅（中）
图2—28　护理型轮椅（右）

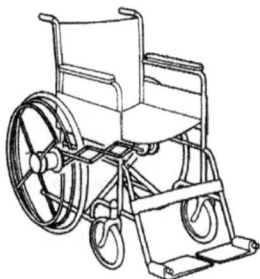

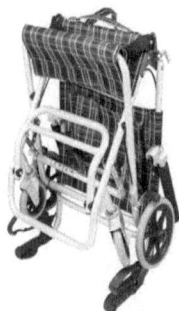

图2—29　单侧手动轮椅（左）
图2—30　便携式轮椅（中、右）

便携式轮椅（图2-30）：轻便可折叠，方便携带出行，适合上下飞机等宽度有限的场合，供有家人陪同外出旅行的人士使用。

（2）电动轮椅是目前生活条件允许的前提下，大部分残障人士会选择的轮椅，毕竟省力且使用方便。

一般电动轮椅（图2-31）：以能够充电的蓄电池为动力，具有多种操控方式，如手或前臂操纵、下颚操纵以及呼吸和眼睛控制等，满足手动轮椅使用困难的残疾人。

可站立轮椅（图2-32）：需要时操控按钮能使座椅缓慢升至站立起来的高度，以满足从事某些活动的要求。

可调节轮椅（图2-33）：具有位置被提升了的脚踏和完全倾斜的靠背。靠背能够向后倾斜30°，用于高位颈髓损伤患者。

ks1智能职业重建电动轮椅：ks1智能职业重建电动轮椅属于平台式电动轮椅系列，由动力平台部分与座椅部分构成，应具有强大的室内外环境适应功能，对脊髓损伤者的功能障碍具有代偿和补偿功能。

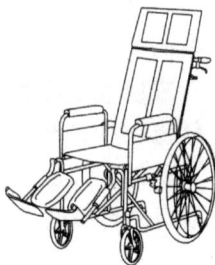

图2—31　电动轮椅（左）
图2—32　可站立轮椅（中）
图2—33　可调节轮椅（右）

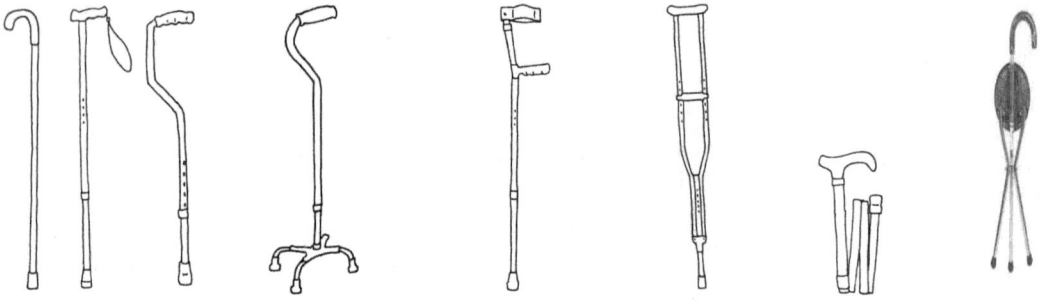

图 2-34 拐杖类型示意

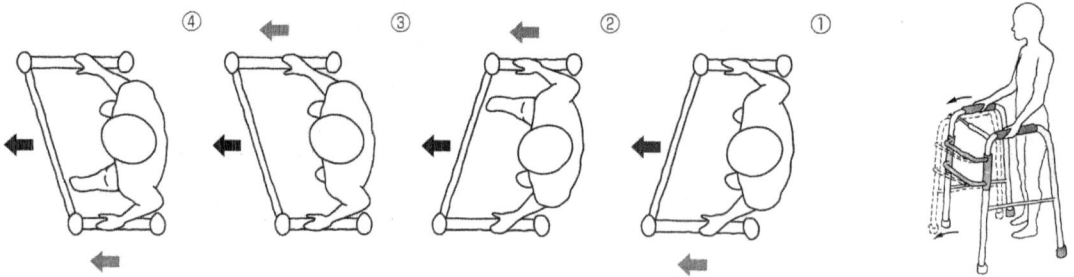

图 2-35 交互性助行器的移动方式

2）助行器与拐杖

助行器与拐杖均属于帮助步行的支具，帮助使用者增加站立和步行时的稳定性。

拐杖分为手杖、肘杖、腋杖、前臂拐杖、多脚拐杖、带座拐杖、折叠拐杖（图 2-34）。手杖适合腕力较好的人使用；肘杖适合握力和腕力较弱，但有足够上躯力及平衡较佳的人使用；腋杖以腋窝为受力点，适合单脚承受体重者；前臂拐杖适合不能以手部、手腕承受体重的人；多脚拐杖适合步履不稳定的人使用。

普通助行架通常有三个或四个与地面接触的支点，十分稳固。但因使用时需占用双手，因此造成取物困难，移动方式如图 2-35 所示，①为左手前移，②为右脚前移，③为右手前移，④为左脚前移，循环往复，向前移动。移动助行器有固定的助行架、可折合的助行架、三角助行架等形式（图 2-36）。

活动助行器附有轮子，适合提起助行架困难的人使用，但稳固性弱于普通助行架。其形式分为双轮助行、四轮助行、前轮助行。

三脚或四脚助行器可供中风患者和平衡力欠佳的人使用，但不能用于楼梯和狭窄的走道。

此外，购物车、手推车等也可成为部分行动困难者外出的助行工具。它既有助行器的功能，还可以用来购物、放置座椅，随时休息，图 2-37 所示为遮篷式婴儿手推车，图 2-38 所示为老年人常用购物车。

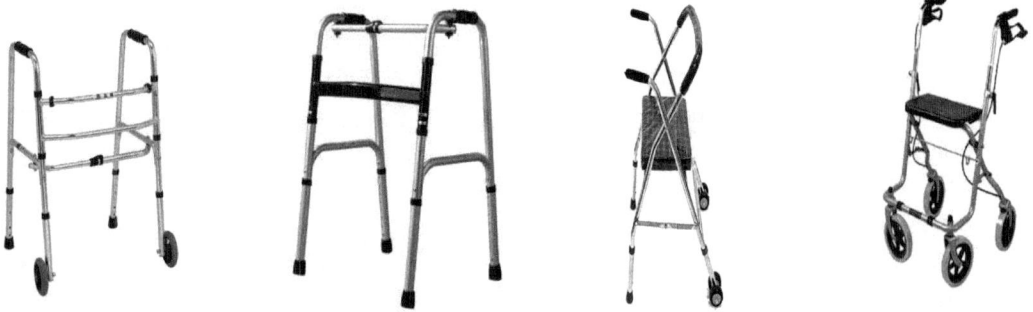

图 2-36 助行器类型示意

图 2-37 婴儿手推车（左）
图 2-38 老年购物车（右）

3）汽车与助力车

需要一定的技能，符合国家《机动车驾驶证申领和使用规定》。

（1）汽车也可以归为助力车的一种，都是帮助残障人士出行的工具。我国《机动车驾驶证申领和使用规定》业已实施："允许右下肢、双下肢缺失或者丧失运动功能但能够自主坐立的残疾人驾驶专用小型自动挡载客汽车，允许佩戴助听设备后能够达到规定条件的和手指末节残缺或右手拇指缺失的残疾人驾驶小型汽车、小型自动挡汽车。"驾驶经过改装的供残疾人使用的汽车远距离出行已成现实，残疾人驾驶员已经走入以车代腿的生活。图 2-39 所示为残疾人汽车驾驶方式及汽车内部设施。

图 2-39 残疾人汽车驾驶及内部设施

　　另外，目前公共交通工具装备有方便的轮椅升降装置和轮椅专用车厢及席位，也是解决残疾人交通出行问题的重要手段之一。

　　（2）电动代步车是有一定科技含量、供残障人士使用的交通工具，有三轮电动车、四轮电动车（图2-40），方便出行、购物等，只要遵守

图2-40　电动代步车类型示意

交通管理局正式发布的《机动车驾驶证申领和使用规定》，就可以大大减轻残疾人、老年人长距离移动的负担。图2-41所示为国外残疾人使用的代步车，可将轮椅直接当成驾驶座位。

　　此外，国外使用电动滑板车作为移动工具的行动障碍者也很多。可以使用电动滑板车上街、购物甚至拜访朋友。

　　4）视力残障人士出行的助手：盲杖与导盲犬

　　（1）盲杖：视力残疾人出行的专用工具，其长度根据使用者的身高确定。视力残疾人在使用盲杖的同时通过对盲道的感触和周围声音的反射判断行进。其类型除了标准盲杖外，还有折叠盲杖、电子盲杖和超声波盲杖，现在还有研发的智能盲杖（图2-42），具有检测障碍物、语音提示、夜间发光等功能。

图2-41　国外残疾人代步车
（左）
图2-42　智能盲杖功能示意
（右）

　　（2）导盲犬：导盲犬是经过严格训练的工作犬，可以帮助视力障碍者避开路途中的障碍，引导他们安全地到达想去的地方。还有经过训练的导聋犬、助残犬，帮助失聪者和肢体障碍者减少生活中的不便，统称为服务犬。

　　2006年5月，由中国残联及中国盲人协会批准，在大连成立了中国大陆首家导盲犬培训基地；2011年5月，第一导聋犬训练基地在北京

顺义区正式落成；2018 年 5 月，中国残联发布国家标准《导盲犬》GB/T 36186—2018，标志着我国无障碍环境建设得到进一步发展。

　　需要注意的是，不论哪种服务犬，在工作中都需避免干扰，不可随意触摸，不能当作宠物对待，以免对正在服务的对象形成威胁（图 2-43）。

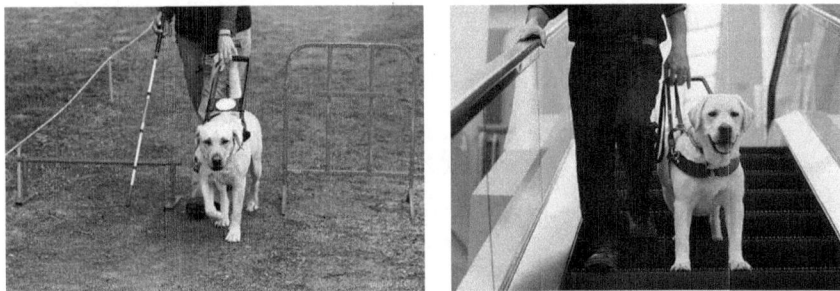

图 2-43　工作中的导盲犬

　　此外，随着科学技术的不断进步，"智能机器人"的创新发展也已经纳入国家重点研发计划，智能护理机器人已成为研发的重点，必将在社会的不懈努力下，让智能机器人更好地为弱势人群服务，让人们的生活更加无障碍化。

2.3.3　移动助行设施的基本尺寸

　　当行走困难的人群需借助拐杖或轮椅等帮助行动时，辅助工具已然成为残疾人生活中不可分离的一部分，其活动空间的设计自然要考虑辅助工具的影响。了解辅助工具的尺度参数，才能更好地进行空间设计，满足各类残疾人活动的需求。因轮椅是移动辅助工具中所占空间最大的，故教材以介绍标准轮椅尺寸为主。

　　标准轮椅：正面宽 620~650mm，折叠后 320mm，侧面长 1050~1100mm，从地面到座位中心的高度为 450~470mm，从地面到轮椅背把手的高度为 920~980mm，到扶手上表面的高度为 670~750mm，见图 2-44 所示。其靠背倾斜度为 5° ~ 6°，大轮直径为 580~620mm，小轮直径为 180~200mm。原地旋转 90°，所需最小空间是 1350mm×1350mm；以轮轴中心为轴旋转 180°，所需最小空间是 1700mm×1400mm；以轮轴中心为轴旋转 360°，所需最小空间是 1700mm×1700mm；原地小回转 360°，所需最小直径是 1500mm。其旋转的移动面积参数如图 2-45 所示：（a）为转身所需要的最小尺寸，（b）为 90°方向转身所需要的最小尺寸，（c）为 90°角通过所需要的最小尺寸，（d）为 180°方向转身所需要的最小尺寸，（e）表示以轮椅为中心 180°、360°转身所需要的最小尺寸，（f）是以单面车轮为中心 360°转身所需要的最小尺寸。

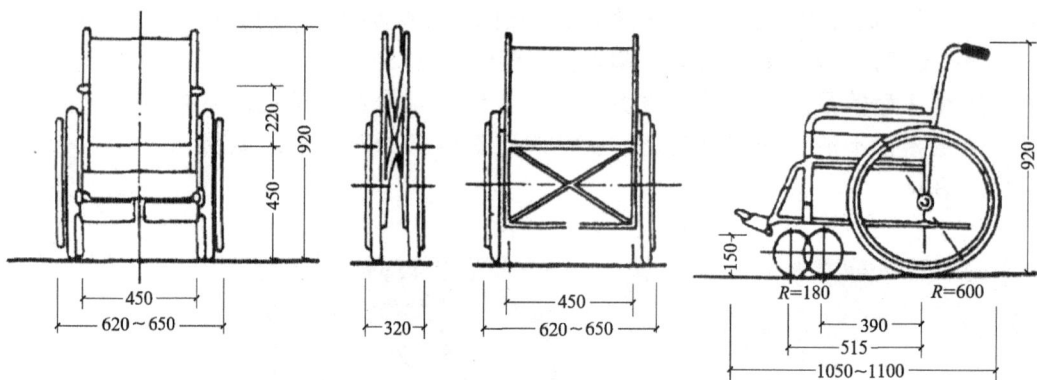

图 2-44 手动轮椅主要参数

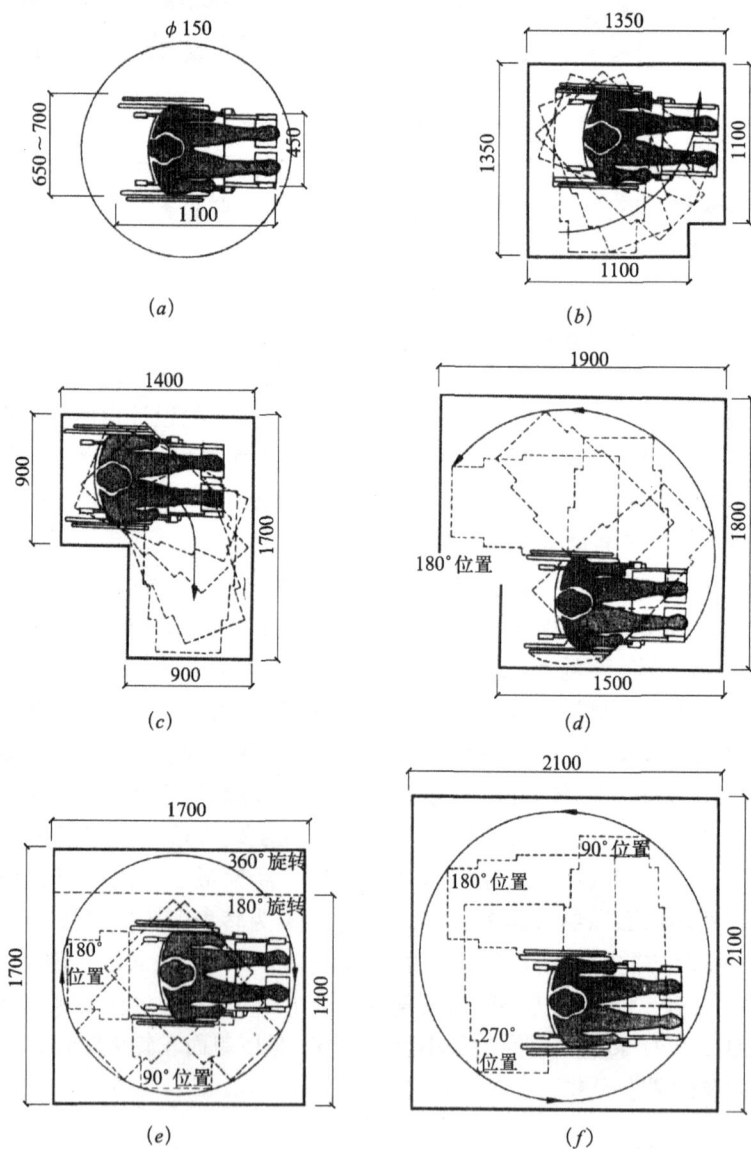

图 2-45 轮椅转身所需空间
(a) ~ (f) 见文中说明

电动轮椅：小型电动轮椅长 890mm，宽 630mm；大型电动轮椅长 1110mm，宽 670mm。旋转时的移动面积参数为：原地旋转 90°，所需最小空间是 1800mm×1500mm；原地旋转 180°，所需最小空间是 1900mm×1800mm；原地旋转 360°，所需最小空间是 2100mm×2100mm。

护理轮椅：充气式后轮直径 310mm，实心前轮直径 205mm。正面宽 635mm，侧面长 790mm。

电动代步车：三轮电动滑板车长 1250mm，宽 650mm；四轮电动滑板车长 1390mm，宽 645mm（图 2-46）。大型电动滑板车长 1650mm。

手推车：婴儿手推车长 1060mm，宽 590mm；购物小推车侧面长 600~650mm，面宽 500mm，扶手高 820~920mm（图 2-47）。

助行器：因类型不同，尺寸不同，使用者状况也不同。正面宽为 500~720mm，侧面宽为 450~600mm，高 790~960mm（图 2-48）。

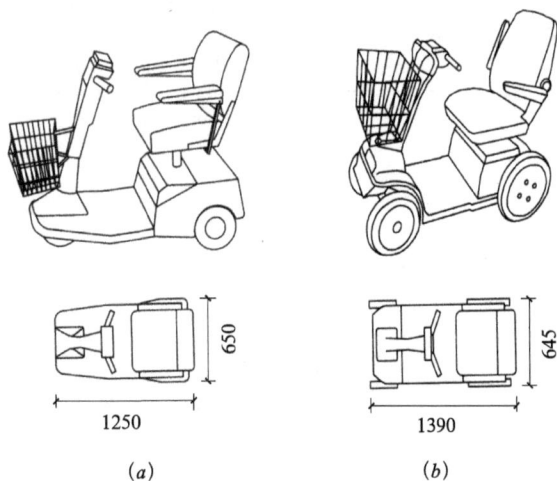

图 2-46　电动滑板车
(a) 三轮滑板车；(b) 四轮滑板车

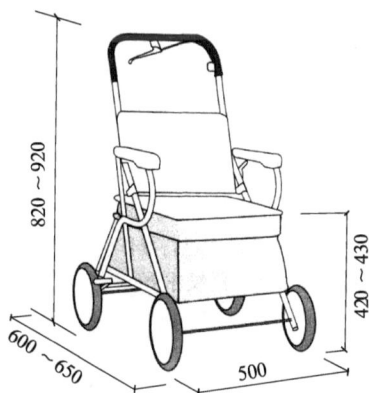

图 2-47　购物车

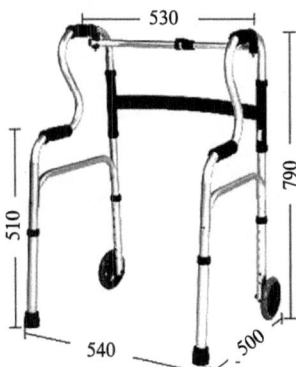

图 2-48　助行器之一

　　此外，拄拐者与持盲杖者的助行工具在使用过程中也会占用一定的空间，其具体尺寸见表2-6。

手动轮椅及杖类空间尺寸　　　　　　　　　表2-6

残疾人类型	行动方式	助行器类型	具体尺寸、范围（mm）	
肢体残疾人	乘轮椅者	普通轮椅	空车尺寸	载人后尺寸
			长度应≤1100 宽度应≤650	长约1200 宽约700
	拄杖者	单手杖 双拐杖 助行器	水平宽度	上楼梯时宽度
			约750 约950 约500~720	— 约1200 —
视力残疾人	用导盲杖者	导盲杖	水平行进时宽度	导盲杖摆动波长
			约900	900~1500
	用导盲犬者	导盲犬	水平行进时宽度	侧面所需长度
			900	1200

注：尺寸单位均为mm。

第**3**章 无障碍设计法规

3.1 法规的基本理念与历史发展

3.1.1 法规的基本理念

世界上许多国家和地区都制定了有关残疾人的法律法规与技术标准。最初对残疾人所采取的措施多是将其自正常社会生活中孤立、隔离出来，收容在大规模的集中设施中，即所谓的"设施福利"。20世纪50年代以后，由北欧高福利诸国开始的主张让残障者也能像普通人一样过正常生活，强调"只以健康的人为中心的社会并不是正常的社会"，残障者应在社区中生活"正常化"的观念，逐步向欧洲本土延伸并扩及美国。这种思潮将"设施福利"的旧有观念转变为"居家福利"的新理念。

美国无障碍法规的根本宗旨是消除歧视，使残疾人具备参与社会政治和文化生活的平等地位。美国的无障碍法规追求"确保平等、社会参与权益"的价值观，强调确保残疾人对公共建筑的使用权利和包含雇佣、公共服务、交通、通信等社会中所有领域的机会均等原则。

日本的无障碍建设称为"福利城镇建设"，其指导思想是："无论是身体残疾者还是健全者，无论是老年人还是年轻人、儿童都能安心方便地生活。"法规将全体公民都能利用作为设计的标准，使老年人和残疾人也能同健全人一道共享社会物质文明成果，目的是提高残障人士日常生活的自主程度，扩大他们的生活圈和活动范围。

我国于1982年将"国家和社会帮助安排盲、聋、哑和其他有残疾的公民的劳动、生活和教育"写入《宪法》，并且在1990年起草的《残疾人保障法》中提出了"维护残疾人的合法权益，发展残疾人事业，保障残疾人平等地充分参与社会生活，共享社会物质文化成果"的基本理念。

综上所述，目前世界各国制定的无障碍法规理念已从对残疾人提供无障碍设施需求的关注，扩展为对残障人士平等参与社会权力的确立。

3.1.2 法规的历史发展

1）无障碍法规的起源

人类社会在20世纪经历了三大动乱时期，即第一次世界大战、1929年世界经济危机和第二次世界大战，不仅给人们的生活带来了极大的灾难，同时也导致了大量残疾人的出现，产生了严重的社会问题。为了保持社会稳定，保障社会发展，各国政府采取了一系列措施，推动了社会保健和康复技术的进步。

20世纪初开始，由于人道主义的呼唤，有识之士提出了有关无障碍设施的问题，使得建筑界萌发了一种新的设计方向——无障碍设计。对于无障碍设计的研究可以追溯到20世纪30年代，当时在瑞典、丹麦等国家已建有专供残疾人使用的设施。联合国成立后，曾先后发布《残疾人权利宣言》、《关于残疾人的世界行动纲领》等，均强调建设无障碍设施、保障残疾人权利问题。

20世纪50年代末，西方社会进入高速发展时期，而劳动力的短缺对经济发展产生了不利影响，一些工厂、机关开始雇用残疾人，认同残疾人也有为社会做出贡献的潜能，开始以新的目光评价残疾人的价值。20世纪60年代美国民权运动的影响促使残疾人联合起来，为争取其基本权利而斗争，抗议社会对他们的歧视态度、不平等待遇以及环境中的各种障碍给残疾人造成的通行上的困难，"无障碍"的概念开始形成，无障碍设施的需求及大规模的建设也促进了无障碍法律、规范、标准的研究制定。

2）无障碍法规的发展进程

1950年日本实施《公共住宅法》，为残疾人家庭提供更大的空间，瑞典在1959年颁布了《残疾人住宅建设规定》，这些可能是世界上最早的有关无障碍设计的法规。1961年美国制定了世界上第一个无障碍标准《肢体残疾人可达、可用的建筑设施标准》，为世界无障碍设计标准树立了模型。

我国的无障碍事业起步较晚，自20世纪80年代初，从宪法关注、无障碍设计规范的制定开始起步，经历了从无到有，从点到面，在实践中不断摸索、逐步规范、不断提高的过程。

美国、英国、北欧及日本、中国等一些国家关于无障碍法规的历史发展进程见表3-1。

3）无障碍法规的发展趋势

随着社会经济的发展和社会文明的进步，人们对残障者的认知和残疾人对社会的特殊需求也发生了众多变化，既存的无障碍法规反映出了一定的局限性。社会对残疾人权利的进一步认识以及现代科技的发展可以更好地满足残疾人的需要，使得无障碍法规建设的方法和原则都发生了一些变化。

（1）适用对象更加广泛，即由无障碍设计向通用设计转化。通用设计的对象是"所有人"，不局限于弱势群体，这个概念在第1章已有所论述。

通用设计并不是推翻原有的无障碍设计标准，而是针对现有的无障碍设计出现的问题提出解决方法，是对无障碍设计的补充和深入。现在通用设计还没有形成具有明确指导价值的规范，在无障碍环境的建设中只是一种设计手段。因而，通用设计还需要具体的法规支持，需要在法律上进一步完善并得到更广泛的认可。

国内外（部分国家）无障碍法规发展简表　　　　　表3-1

时间	联合国、国际组织	美国	北欧（瑞典、芬兰、丹麦、挪威）	英国	欧美其他国家、澳洲	日本	中国
1950	设立"国际残疾人康复协会"					日本《身体残疾者福利法》、《公共住宅法》	
1959			瑞典颁布《残疾人住宅建设规定》		欧洲议会决定"考虑残疾人，方便残疾人使用的公共建筑物设计及建设"		
1961		美国颁布世界第一个无障碍标准《肢体残疾人可达、可用的建筑设施标准》					
1963	挪威奥斯陆会议，提倡无障碍设计正常化理念			英国制定《残疾人无障碍建筑的规范》		日本制订残疾人雇佣促进法律	
1965					加拿大"残疾人建筑物规范"；议会列建筑法		
1968		美国制定《建筑障碍法》			意大利制订无障碍设计相关规范；奥地利制订《AS-CA52身体残障者的接近性设计》		
1969	联合国"禁止因残疾造成的社会条件差别"决议；康复协会制订残疾人国际符号标志	美国颁布《建筑障碍法》	瑞典《身心残疾人的建筑规范》；芬兰制定无障碍设计规范				
1970	联合国发布精神薄弱者宣言			英国《慢性病人和残疾人法案》	瑞士《残疾人的建筑规范》；西德"康复计划"		

续表

时间	联合国、国际组织	美国	北欧（瑞典、芬兰、丹麦、挪威）	英国	欧美其他国家、澳洲	日本	中国
1972			瑞典修订建筑法关于工作场所的无障碍设计内容		西德制定 DIN 18025-1《重度残障者用住宅、规划规范》		
1973		美国"康复法 504条"、住宅与城市发展局制定建筑最低标准			西德制定 DIN 18024-1 身体残障者的公共设施、B2 高龄者的公共设施	日本实施"福利城市政策"（厚生省）	
1974	联合国召开残疾人生活环境专家会议	美国修订康复法、设置改造建筑物的交通委员会		英国"考虑移动性的住宅"	西德制定 DIN 18025-2 重度残疾者用住宅、视觉残疾者用住宅		
1975	国际标准化机构 ISO 提出"考虑残疾人需要的一般规格标准化系列"的设计指导纲领；联合国"残疾人权利宣言"		瑞典颁布《建筑标准法》				
1976	日内瓦专家会议，去除残疾人社会障碍 国际标准机构成立残疾者设计小组	美国修订康复法，禁止残疾人差别待遇					香港的《残疾人通道守则》
1977			瑞典修订建筑标准法，所有住宅达到无障碍基准；丹麦修订建筑基本法，除独立住宅，所有建筑务必达到无障碍标准		澳大利亚制定 身体残障者及高龄者的建筑标准、规划基础 ONORM·B·1600		

续表

时间	联合国、国际组织	美国	北欧（瑞典、芬兰、丹麦、挪威）	英国	欧美其他国家、澳洲	日本	中国
1978				英国制定《身体残疾人的建筑规则》、《英国方便残疾人房屋设计标准行业法规》			
1979	ISO制定残疾者设计小组大纲			英国制定《身体残疾人的住宅设计规范》、《英国建筑残疾人通道标准行业法规》			
1980		美国修订《肢体残疾人无障碍和易用的建筑与设施标准说明》					台湾《残障福利法》
1981	国际残疾人年	美国制订残疾人的建筑设备上的最低必要条件					
1982	联合国通过《关于残疾人的世界行动纲领》				加拿大出版《无障碍设计，有生理缺陷者进入和使用的建筑》	日本建设省发布《无障碍化建筑设计标准》	中国将"国家和社会帮助安排盲、聋、哑和其他有残疾的公民的劳动、生活和教育"写入《宪法》
1983	制定1983~1992年为联合国残疾人十年					日本运输省制定交通工具无障碍措施	香港通过实践法规
1984							中国残疾人福利基金会成立，着手改善残疾人平等、参与社会环境的工作

续表

时间	联合国、国际组织	美国	北欧(瑞典、芬兰、丹麦、挪威)	英国	欧美其他国家、澳洲	日本	中国
1985					新西兰"NZS·4121·残障者建筑物使用与接近性设计"		中国在北京召开"残疾人与社会环境研讨会",发出"为残疾人创造便利的生活环境"的倡议;
1986						日本内阁会议提出《长寿社会对策大纲》,提出了"社区老年人住宅计划"	中国编制《方便残疾人使用的城市道路和建筑物设计规范(试行)》
1987			丹麦制定《残疾人住宅法》(关于老年人和残疾人的住宅)	英国《建筑规则:M部分:残疾人通道》			
1988		美国修订《公共住宅法》,禁止差别对待残疾人		英国制定残疾人疏散方法标准行业规定	荷兰实验《适应性住宅法》	颁布《精神保健法》	
1989		美国通过《美国残疾人法案》					中国颁布实施《方便残疾人使用的城市道路和建筑物设计规范》
1990		美国《肢体残疾人无障碍建筑易用和设计标准说明》更新版本;发布ADAAG《美国残疾人法案无障碍纲要》		英国修订《建筑规则》M部分,包括了感官残疾者			中国颁布《中华人民共和国残疾人保障法》,规定逐步实行规范,采取无障碍措施;台湾修订《残障福利法》
1991	制定1993~2002年为亚太残疾人十年						

续表

时间	联合国、国际组织	美国	北欧（瑞典、芬兰、丹麦、挪威）	英国	欧美其他国家、澳洲	日本	中国
1992					澳大利亚《反歧视残疾人法》		
1993	联合国《残疾人平等机会标准准则条例》		瑞典实施《关于对某些残疾人的支持和服务法》			日本颁布了《残疾人基本法》，规定国家、地方团体及相关部门应采取的公共设施无障碍化措施	
1994	ISO 出版《身体残障的建筑需求》设计指南		瑞典《残疾人事务督察官法》			日本颁布《爱心建筑法》	《城市居住区规划设计规范》规定居住区公共活动中心设计无障碍通道
1995				英国通过《禁止歧视残疾人法案》	奥地利制定《AS-1428接近性和移动性的设计》	日本制订《与长寿社会相适应的住宅设计标准》颁布《精神保健福利法》	
1996		美国通过《通讯法案》，促进信息通讯无障碍					《中国残疾人事业"九五"计划纲要（1996-2000年）》，将无障碍建设执行规范纳入基础建设审批内容；《中华人民共和国老年人权益保障法》颁布实施
1997	日内瓦成立"国际残疾人中心"						台湾修订《残障福利法》为《身心障碍者保护法》

续表

时间	联合国、国际组织	美国	北欧（瑞典、芬兰、丹麦、挪威）	英国	欧美其他国家、澳洲	日本	中国
1998		《康复法》修订，规定政府机关在通信设备及技术上必须满足残疾人使用要求			德国颁布实施残疾人政策法案（OPNV）		中国建设部发出《关于做好城市无障碍设施建设的通知》；建设部、民政部、中国残疾人联合会联合发布《关于贯彻实施城市道路和建筑物设计规范的若干补充规定的通知》
1999							中国建设部和民政部联合发布了《老年人建筑设计规范》
2000			瑞典议会批准政府《从病人到公民》的全国行动计划			《交通无障碍法》	
2001			挪威《从用户到公民：消除障碍策略》		德国新《再就业法》		建设部、民政部、中国残联、全国老龄协等十部门联合制定"无障碍设施建设工作'十五'实施方案"，发布《城市道路和建筑物无障碍设计规范》

续表

时间	联合国、国际组织	美国	北欧（瑞典、芬兰、丹麦、挪威）	英国	欧美其他国家、澳洲	日本	中国
2002					德国《残疾人平等条例》（BGG）		建设部、民政部、全国老龄委办公室和中国残疾人联合会联合发布了《关于开展全国无障碍设施建设示范城（区）工作的通知》
2003			瑞典全新的《禁止歧视法》生效				上海市实施了国内第一部地方性无障碍设计标准《无障碍设施设计标准》
2004		2004版《美国残疾人法案无障碍纲要》					建设部、民政部、全国老龄委、中国残联制定《全国无障碍设施建设示范城实施方案》《全国无障碍设施建设示范城标准（试行）》；中国第一部无障碍地方性法律《北京市无障碍设施建设和管理条例》
2005	国际残疾人奥委会首次制定了《国际残疾人奥林匹克运动会场馆技术手册》			颁布《英国通用设计管理标准》2005版《禁止歧视残疾人法案》	爱尔兰《障碍法案》	修订爱心建筑法与交通障碍法为《无障碍新法》	
2006	召开信息无障碍大会				德国实施《公平对待法案》		

续表

时间	联合国、国际组织	美国	北欧(瑞典、芬兰、丹麦、挪威)	英国	欧美其他国家、澳洲	日本	中国
2008						《关于构建无障碍基本理念的指南》	中国修订《中华人民共和国残疾人保障法》，提出信息交流无障碍和保护残疾人的选举权
2009			挪威《反歧视与障碍法》	2009版英国标准《建筑物及其通道无障碍设计守则》			公共信息图形国家标准发布《第9部分：无障碍设施符号》
2010	欧洲设置"无障碍城市"奖；联合国新版《残疾人权利公约》	颁布《美国残疾人法案无障碍设计标准》		修订《公平法案》			
2011	ISO推出无障碍设计标准《建筑施工——建筑环境的无障碍和易用性》						《无障碍设施施工验收及维护规范》
2012							新版《无障碍设计规范》颁布实施，增加园林、文物保护建筑等内容；国务院颁布《无障碍环境建设条例》，首次对侵犯无障碍权益的处罚
2018							《老年人照料设施建筑设计标准》

（2）全方位发展无障碍设施，信息无障碍的立法。网络的出现，彻底改变了人类的交流模式，未来社会是全球互联网的信息社会，信息的无障碍将融为整个社会的一部分，无障碍设施向智能化、网络化方向发展。

美国政府1996年通过的通信法案已经涉及信息无障碍，其目的在于促进信息通信范畴的无障碍设计，以便所有人都能享受各种信息通信服务及平等地使用各类机器设备。我国目前出台的一些法规，主要是关于建筑物和道路无障碍设施建设，信息无障碍是近几年发展起来的。

（3）从以经验指导立法到以科研支撑设计标准，法规的形成更加科学、严谨。以经验指导无障碍立法，其优点是在实践中积累经验，保持和发扬正确的做法，改进有缺陷的设计。这种方式在立法过程中是不可或缺的，然而这种方式有一定的缺点，如立法时间较长、社会成本太大、过程可能反复。

以科研指导立法，在实验室通过局部试点，反馈、改进从而决定该项设计标准是否具有推广的价值，既可以极大地节约成本，也令法规的出台有据可依。目前，发达国家和地区都建立了无障碍设计研究机构，如德国柏林工业大学无障碍设计中心、日本东京大学先端科学技术研究所、美国北卡罗来纳州立大学通用设计研究中心等。我国的无障碍设计法规多为借鉴国外经验而成，还需要有针对性的科研作为支撑。

（4）从对象型立法到参与型立法，法规的制定过程更加透明及人性化。从为使用对象单向提供法律保障到使用对象参与无障碍设计与法律建设过程，在每一个环节、每一个细微之处都有使用者的参与，真正满足使用者的实际需求。如日本在科研、设计、施工、验收过程中都有残疾人和健全人的参与，使无障碍环境建设切实为所有的使用者服务。

3.2　我国无障碍法规的基本内容

3.2.1　相关法律的内容

目前我国主要的无障碍法律包括1990年颁布、2008年修订的《中华人民共和国残疾人保障法》，1996年颁布的《中华人民共和国老年人权益保障法》和2012年国务院公布的《无障碍环境建设条例》。

《中华人民共和国残疾人保障法》在康复、教育、劳动就业、文化生活、社会保障、无障碍环境、法律责任等方面全面保护残疾人的权益。其中确立："国家和社会逐步实行设计规范，采取无障碍措施。"该法对无障碍环境建设的规定："新建、改建和扩建建筑物、道路、交通设施等，应当符合国家有关无障碍设施工程建设标准。""公共交通工具应当逐步达到无障碍设施的要求。""有条件的公共停车场应当为残疾人设置专用停车位。"该法参考国际无障碍法规理念的发展，在重新修订时，在第七章"无障碍环境"中提出"推进信息交流无障碍"，"为残疾人信息交流无障碍创造条件"，"组织选举的部门应当为残疾人参加选举提供便利；有条件的，应当为盲人提供盲文选票"等残疾人权力问题。

《中华人民共和国老年人权益保障法》规定："新建或者改造城镇公共设施、居民区和住宅，应当考虑老年人的特殊需要。建设适合老年人生活和活动的配套设施。"以上法律规定，保证了我国众多的残疾人、老年人以"平等"、"参与"、"共享"为宗旨，享有与其他公民平等的权利，并保护其不受侵害。

2012 年国务院通过的《无障碍环境建设条例》中也首次出现了有关无障碍设施的处罚规定，可以说是一项创举，这表明残疾人从此可以向受到权利侵害的行为依法提出赔偿和处罚。如条例规定："城镇新建、改建、扩建道路、公共建筑、公共交通设施、居住建筑、居住区，不符合无障碍设施工程建设标准的，由住房和城乡建设主管部门责令改正，依法给予处罚。""肢体残疾人驾驶或者乘坐的机动车以外的机动车占用无障碍停车位，影响肢体残疾人使用的，由公安机关交通管理部门责令改正，依法给予处罚。""无障碍设施的所有权人或者管理人对无障碍设施未进行保护或者及时维修，导致无法正常使用的，由有关主管部门责令限期维修；造成使用人人身、财产损害的，无障碍设施的所有权人或者管理人应当承担赔偿责任。"

3.2.2 相关政策的内容

党中央国务院还制定了中国残疾人事业的五年工作纲要，从《中国残疾人事业"八五"计划纲要》直至"十三五"计划纲要以及很多其他相关政策，也都规定了建设无障碍设施的任务与措施。在本书修订的"十三五"期间，我国更是密集出台了众多无障碍相关政策，显示了国家领导人和全社会对无障碍事业的关注。

1996 年制定《中国残疾人事业"九五"计划纲要（1996-2000年）》，将执行规范纳入基本建设审批内容，逐步推进无障碍设施建设力度。从此，无障碍设计和防火设计方案的审查成为当时建设领域仅有的两项须强制审批的内容。

2014 年中共中央、国务院《国家新型城镇化规划（2014-2020年）》中明确部署"加强无障碍环境建设"。2016 年中共中央、国务院《关于进一步加强城市规划建设管理工作的若干意见》中提出要"大力推进无障碍设施建设"。2016 年《国民经济和社会发展"十三五"纲要》中提出"全面推进无障碍设施建设"、"加强无障碍设施建设和维护"、"推进老年宜居环境建设"。

2014 年 7 月，住房和城乡建设部、民政部、财政部、中国残联、全国老龄办下发《关于加强老年人家庭及居住区公共设施无障碍改造工作的通知》，要求各地加强老年人家庭及居住区无障碍改造工作，为老年人提供安全、便利的无障碍设施。

2015 年 1 月，国务院《关于加快推进残疾人小康进程的指导意见》中明确提出："各地要按照无障碍设施工程建设相关标准和规范要求，对新建、改建设施的规划、设计、施工、验收严格监管，加快推进政府机关、学校、社区、社会福利、公共交通等公共场所和设施的无障碍改造，逐步推进农村地区无障碍环境建设。有条件的地方要对贫困残疾人家庭无障碍改造给予补贴。完善信息无障碍标准体系，逐步推进政务信息以无障碍方式发布、影像制品加配字幕，鼓励食品药品添加无障碍识别标识。鼓励电视台开办手语栏目，主要新闻栏目加配手语解说和字幕。研究制定聋人、盲人特定信息消费支持政策。"2016 年 8 月，国务院《"十三五"加快残疾人小康进程规划纲要》提出"贯彻落实《无障碍环境建设条例》，完善无障碍环境建设政策和标准，加强无障碍通用产品和技术的研发应用"等内容。

2016 年 9 月《国家人权行动计划（2016-2020 年）》中明确提出："全面推进无障碍环境建设。确保新（改、扩）建道路、建筑物和居住区配套建设无障碍设施，推进已建设施无障碍改造。加强政府和公共服务机构网站无障碍改造，推动食品药品信息识别无障碍和影视节目加配字幕、手语，促进电信业务经营者、电子商务企业等为残疾人提供信息无障碍服务。进一步完善残疾人驾车服务措施。加大贫困重度残疾人家庭无障碍改造工作力度。"

2016 年 12 月，全国人大常委会通过《公共文化服务保障法》，规定："公共文化设施配置无障碍设施设备。"

2016 年 12 月，国务院《"十三五"旅游业发展规划》提出："完善景区无障碍旅游设施"，"推进厕所无障碍化"，"推进残疾人、老年人旅游公共服务体系建设"。

2016 年 12 月，国务院《"十三五"国家信息化规划》提出"统筹构建国家特殊人群信息服务体系，提供精准优质高效的公共服务"，构建面向特殊人群的信息服务体系。2016 年 7 月，中央办公厅、国务院办公厅《国家信息化发展战略纲要》提出："加强政府网站信息无障碍建设，鼓励社会力量为残疾人提供个性化信息服务。"

2017 年 1 月，国务院印发《"十三五"推进基本公共服务均等化规划》，将残疾人基本公共服务作为专门一章予以强调，提出了"十三五"时期残疾人基本公共服务的重点任务和保障措施，并明确了 10 项残疾人基本公共服务项目清单。

2017 年 2 月，国务院公布修订后的《残疾人教育条例》，规定："新建、改建、扩建各级各类学校应当符合《无障碍环境建设条例》的要求。县级以上地方人民政府及其教育行政部门应当逐步推进各级各类学校无障碍校园环境建设。""残疾人参加国家教育考试，需要提供必要支持条件和合理便利的，可以提出申请。教育考试机构、学校应当按照国家有关规定予以提供。"

综上所述，我国的无障碍相关法规政策已经细化深入到建设、信息、教育、公共服务等各个领域，也正在迈向"通用设计"和"包容性设计"阶段。

3.2.3　无障碍设计规范

目前，我国已经批准发布的有关无障碍设施建设的规范和标准主要有住建部的《无障碍　设计规范》GB 50763—2012 和《老年人照料设施建筑设计标准》JGJ450—2018。其他包括《无障碍设施施工验收及维护规范》GB 50642—2011、民航总局的《民用机场旅客航站区无障碍设施设备配置标准》MH5062—2000、原铁道部的《铁路旅客车站无障碍设计规范》TBI0083—2005（已并入《铁路旅客车站设计规范》TB 10100—2018），以及《银行无障碍环境建设标准》T/CBA_202—2018 等。这一系列法律法规的颁布实行，从制度上赋予了残疾人平等融入和参与社会的权利，对无障碍环境建设作出了强制性的技术规定，确保了无障碍环境建设的实施。随着我国对无障碍环境建设的日益重视，在设计过程中通过法律的保障和规范的推行，无障碍设计已经成为建筑设计中越来越受到重视的组成部分。

我国现行的无障碍设计标准为 2012 年颁布的《无障碍设计规范》，曾历经两个版本的修订，即 1989 年《方便残疾人使用的城市道路和建筑物设计规范》和 2001 年《城市道路和建筑物无障碍设计规范》，均由原建设部、民政部、中国残疾人联合会联合发布。前者适用于城市道路和建筑物的新建、扩建和改建设计，后者适用于全国城市各类新建、扩建和改建的城市道路、房屋建筑和居住小区以及有残疾人生活与工作场所的无障碍设计。

2012 年颁布《无障碍设计规范》，由住房和城乡建设部与国家质量监督检验检疫总局联合发布，是在全国范围内实施的强制性建筑工程行业标准。本规范适用于全国城市新建、改建和扩建的城市道路、城市广场、城市绿地、居住区、居住建筑、公共建筑及历史文物保护建筑等。规范要求城市道路的人行步道、人行横道、人行天桥、人行地道以及城市广场、街心花园、各种公园、旅游景点等的通路，应能全方位地为乘轮椅者、残疾人及挂拐杖者提供通行上的便利，并要求坡道的宽度、坡度、长度、休息平台、地面及扶手等在形式及规格上符合乘轮椅者使用上的方便。公共建筑中，凡是为公众安排和服务的设施项目，均应方便行动不便者通行、到达和使用，如建筑基地的通路、入口台阶、坡道、平台、门、楼梯、电梯、电话、扶手、洗手间、服务台、饮水器、公共厕所、浴室、轮椅座席、轮椅客房及卫生间、停车车位、标志等，在形式及规格上，应符合乘轮椅者、挂拐杖者及视残者的通行安全和使用便利的要求。

2018 年颁布的《老年人照料设施建筑设计标准》的前身是国家标准

《养老设施建筑设计规范》GB 50867—2013 和《老年人居住建筑设计规范》GB 50340—2016，由两者整合而来；这两者的前身分别是《老年人建筑设计规范》JGJ 122—1999 和《老年人居住建筑设计标准》GB/T 50340—2003。《老年人照料设施建筑设计标准》是为适应我国老年人照料设施的需要，提高老年人照料设施建筑设计质量，符合安全、健康、卫生、使用、经济、环保等基本要求而制定的。该标准适用于新建、改建和扩建的设计总床位数或老年人总数不少于 20 床（人）的老年人照料设施建筑设计。老年人照料设施建筑设计应符合老年人生理、心理特点，保护老年人隐私和尊严，保证老年人基本生活质量；适应运营模式，保证照料服务有效开展。

我国无障碍设施建设的法规规章和技术标准的不断完善，为开展无障碍设施建设工作奠定了基础。无障碍环境建设不单纯是课题研究、规范编制和落实的问题，更重要的是通过实际的工作和贯彻政府对残疾人事业的政策，保护残疾人的权益和尊严，使他们在平等参与社会生活和工作的同时共享社会物质和文化成果。

3.3 国外无障碍设计法规与实践

3.3.1 美国无障碍法规与实践

美国现今的无障碍法规包括了三个层次：法律、规定和标准。

法律：核心的无障碍法律包括 1968 年《建筑障碍法》、1973 年《康复法案》、1990 年《美国残疾人法案》。

规定：法律需要众多规定细则的补充完善。如 1990 年《美国残疾人法案》促使美国建筑和运输部门制定了强制执行的无障碍设计规定，1991 年通过了《残疾人法案无障碍纲要》。

标准：它是一种具有法律效力的技术规程。

1）无障碍法规的历史实践

美国无障碍设计的发展，从身体残疾扩展到老年人和身心残疾，从仅涉及政府资助建筑扩展到各种类型的建筑与设施，乃至社会制度，也就是从面向残疾人的设计走向"通用设计"。

（1）"通用设计"出现前无障碍设计法规的发展

1961 年美国颁布了世界上最早的无障碍标准，即《肢体残疾人可达、可用的建筑设施标准》，使无障碍设计具有了某种强制性。该标准只涉及身体残障人士及建筑标准，而同年开始制定的《残疾人职业雇用法案》涉及残疾人的教育、就业问题。

1968 年美国国会通过了《建筑障碍法》，这是美国公共建筑或设施的无障碍设计基本法，美国国民由此开始认识"无障碍设计"。《建筑障碍法》规定：凡是美国政府兴建的建筑物或受联邦政府融资补助的新建筑及改建建筑至少应有一个出入口方便残疾人进出，并对一切公用厕所的使用面积有严格的规定，要求必须保证残疾人的轮椅在内部空间能够周转行驶；所有的停车场，都应用蓝色图标显示专供残疾人的汽车停车位，不准其他车辆占用；在较大型的商场门口，必须配备四至五部供残障者使用的小型电动轮椅；火车车厢应提供残疾人轮椅停靠的空间，并有固定轮椅不使摇动的安全装置。美国的重要建筑如最高法院、林肯纪念堂都进行了无障碍设计改造。

1973年《康复法案》将无障碍设计扩展到改扩建的建筑。《康复法案》504条规定，凡是受联邦政府补助的项目，不得对残疾人造成差别待遇，并需提供必要服务；还规定现有建筑改建或翻建时也要考虑满足残疾人的需求。1974年美国修订了《康复法》，并设置建筑、交通障碍改善委员会（ATBCB），监督《建筑障碍法》的实施。在此法案中明确定义老年人相当于残疾人，并扩充了残疾人的认定标准，给予更多残障人士以就业的机会。

1973年美国住宅与城市发展局（HUD）也发布了"建筑最低标准"，此标准规定老年人住宅的10%需设计为无障碍的住户，凡政府补助兴建的住宅必须有一定比例设计给残疾人使用。

1982年出台了《建筑障碍法》配套设计规范《无障碍设计最低需求指南》（Minimum Guidelines and Requirements for Accessible Design，缩写为MGRAD）。

1988年修订后的《美国公平住宅补充法案》，扩大了残疾人的公民权，要求民间建筑物也必须考虑无障碍环境，规定四户以上的新建集合住宅，必须在出入口、通道、按钮、厕所、浴室等处装设安全扶手，考量残疾人的需求。

（2）"通用设计"时代无障碍设计法规的发展

1990年美国国会通过的《美国残疾人法案》全面规定，不管是否接受联邦政府补助，只要是对公众开放的公共建筑物、交通设施、一般营业设施，都必须符合无障碍环境标准，至少有二分之一以上的主要出入口要方便残疾人进出，其范围更扩大到考虑视觉及听觉残疾者需要的通信系统设置。法案除了提出使用、设计的指导方针，还详细规定了残疾人用停车位的数量、会议室中固定座椅数、餐厅座椅数、医疗设施的病房数、商业设施的柜台数、图书馆阅览室的座椅数、短期住宿的客房数等各种配备标准。1991年还颁布了相应的设计规范《残疾人法案无障碍纲要》。

1996年美国政府通过《通信法案》，目的在于促进信息通信范畴等多方面的无障碍设计，让包含身心障碍者等弱势人群的所有人都拥有享受各种信息通信服务及平等操作使用各类机器设备的权利。

2010年，原《残疾人法案无障碍纲要》修订为《残疾人法案无障碍设计标准》，仍然主要针对公共建筑，修订的主要规定有：至少有60%以上的出入口要方便残疾人进出，所有从基地入口至公共空间的路线都必须实施无障碍设计；无障碍厕位的设置要求由 100% 降低至 50%，但必须设无障碍标识；增加了洗衣设备、桑拿房、拘留所、审判庭、住宅单元、游艇和钓鱼码头、健身器械、高尔夫、泳池、射击场的无障碍设计要求。

此外，美国各州的地方当局，根据国家统一标准和本州的情况，制定了适用于本州的无障碍技术规程。如华盛顿州规定：在公寓建筑中，每 20 套住宅中必须设一套无障碍住宅等。美国标准协会还规定，无障碍技术标准和法规，每 5 年修改 1 次。

2）美国无障碍设计法规的特征

（1）残疾人运动和民间组织大大推动了无障碍设计的发展：20 世纪 50 年代北欧残疾人发起了要求回归主流社会的"正常化"运动，波及美国；二战和朝鲜战争后，美国伤残军人因为受到不公平待遇，开展了反对歧视残疾人的运动，从而促使总统于 1959 年任命委员会，研究设立世界上第一部无障碍标准。20 世纪 70 年代，美国高速公路和汽车的大发展造成交通事故频发，导致残疾人口增加，他们发起"自立生活运动"，在 1972 年成立了"自立生活中心"，促进了《康复法案》的修订。

（2）无障碍法规体系完善，技术标准与法律相配套：《无障碍设计最低需求指南》是《建筑障碍法》的配套设计规范；原《残疾人法案无障碍纲要》以及修订成的《残疾人法案无障碍设计标准》与《美国残疾人法案》相配套。

（3）专家科研和教育促进了无障碍设计标准和通用设计发展：北卡罗莱纳大学教授郎·麦思（Ronald L. Mace）提出"通用设计"理念，并影响到残疾人法案。1989 年，该大学成立通用设计中心，研究成果推动了无障碍设计标准及理念的发展。此外，如美国教育部建立了"国家障碍与康复研究院"（NIDRR）；水牛城大学建立了"无障碍环境包容性设计研究中心"。

（4）专门的法规管理机构和残疾人组织参与监督：1974 年成立的美国建筑交通障碍改善委员会负责监督《建筑障碍法》的实施，后更名为美国无障碍委员会，是专门的无障碍设计法规管理机构。民间残疾人组织如"自立生活中心"、"无障碍环境"等团体能够在政府行为的各个层面参与到无障碍设计中。

（5）无障碍设计的实施以强制惩罚为主、鼓励措施为辅：美国法律重视公民权利，对侵犯残疾人权利的事件将采取强制手段和严格的制裁惩罚措施。如法律规定残疾人在通行和使用设施时如果遇到障碍和问题可进行投诉，被投诉的部门会受到罚款处理；公共建筑厕所不够规定面积的，不准开业加罚款处理；华盛顿州实践无障碍设计法规，由城市规划管理部门负责审查，强制执行，如果设计图纸上未予考虑，不准许施工；已建成的建筑物，不符合无障碍设计要求不发给许可证；对于无使用证而使用的，可以通过起诉进行处罚。

当然，美国的法规中也有一些鼓励无障碍建设的措施，如《税收调整法案》规定，用于无障碍技术改造的费用可替代部分税收以鼓励无障碍设计的实施。

3.3.2 日本无障碍法规与实践

1）日本无障碍法规的发展

日本无障碍法规的发展具有以下特点：从起初的收容中心到福利城市政策，直至无障碍法制化；地方首先制定无障碍法规和政策，在一部分城市和地区施行，随着法制的深化，无障碍法规逐渐在全国展开。

（1）无障碍法规的初步发展

1950 年日本公布的《身体残疾者福利法》提出，将身体残疾者收容到有关设施中，对他们加以训练，使之能够重返社会。1965 年残疾人开始要求"在本地区生活"，福利设施由收容中心向福利住宅过渡。由于各个地方自治团体的福利设施都有其各自的配备标准、适应对象，缺乏国家统一制定的相关标准，缺少法律的约束力，因而在福利设施的转换过程中，人们逐渐认识到仅靠制度与纲要是不能从根本上改变无障碍设施配备混乱状况的。从 1973 年始，经过三年的努力，日本实施了"身体残疾者福利典型城市制度"，即"福利城市政策"。政策建议 20 万以上人口的城市实施无障碍改造，内容包括：交通路口应配置安全设施；公共场所为残疾人开放；公共场所配备轮椅；修建残疾人专用厕所；老年人、残疾人使用的浴缸周围墙上应装扶手，有特殊要求的地方配备滑轨升降机；为残疾人住宅装电话，建立电话服务网。

在福利城市政策的基础之上，1982 年建设省发布《无障碍化建筑设计标准》，制定了公共设施的设计指导原则。1986 年内阁会议提出《长寿社会对策大纲》，提出了"社区老年人住宅计划"。1993 年日本颁布了《残疾人基本法》，规定了国家、地方团体及相关部门应采取的公共设施无障碍化措施。

（2）《爱心建筑法》

1994 年建设省颁布了《创建福利生活大纲》和《关于无障碍化特定建筑物的有关规定》，通称《爱心建筑法》，以确保无障碍环境设施配备的实效性。《爱心建筑法》在确保福利环境设施配备的实效性、统一技术标准等基本问题的解决方面，具有重要意义。

《爱心建筑法》的宗旨及设施配备标准：推广《爱心建筑法》是为了"向国民明确建筑物无障碍化设施配备的具体形象"，"将配备的标准调整、修订成国际化标准"。希望人们对生活中所熟悉的建筑物加以重新认识，"并从过去那种以经济活动和成人为中心的效率第一的观念，转向创建一个便于老年人、婴幼儿等所有人都能生活的环境上来"，这是《爱心建筑法》制定的宗旨。

《爱心建筑法》标准分为两种：一种是为满足市民最基本的生活需求，

而必须配备的无障碍化设施的基本标准；另一种是根据设施规模与用途的不同，寻求更为理想的配备的推荐标准。基本标准是指为使建筑物能安全、便利地供老年人和残疾人使用，而将必不可少的基本内容标准化。推荐标准是指为使建筑物安全、舒适地供老年人、残疾人使用，配置设施尽量全面并以努力提高市民生活质量为目标而提出的标准，是为将来社会生活标准的提高而增加的准备设施的内容。

虽然标准是针对残障人士制定的，但是也希望设计人员能够立足于市民生活，适应不同市民的需要，包括设计人、使用者，通过与社区社会的联系，提出一个保障残疾人、老年人并与之相适应的设计理念，从而发挥更大的作用。

《爱心建筑法》的内容概要见表3-2。

《爱心建筑法》概要　　　　　　　　　　　　表 3-2

1. 特定建筑物

（1）医院或诊所	（9）博物馆、美术馆或图书馆
（2）剧场、展览馆、电影院或曲艺馆	（10）公共浴池
（3）会场或集会厅	（11）饮食店
（4）展馆	（12）理发馆、洗染店、当铺、租衣店、银行等服务业店铺
（5）百货商场、超市等商业店铺	（13）停车场或码头、机场、旅客候机（船）楼等
（6）饭店或旅馆	（14）普通公用汽车库
（7）老年人福利中心、儿童福利院、残疾人福利中心等设施	（15）公共厕所
（8）体育馆、游泳场、保龄球场或游乐场	（16）邮局、保健所、税务局等必要的公益性建筑物

2. 特定设施（应努力加以配备的设施）

①出入口；②走廊及其他类似场所；③楼梯；④电梯；⑤厕所；⑥停车场；⑦建筑用地内通道

3. 判断标准（特定业主与都道郡府县知事的指导、建议、指示等的判断依据）

在特定设施中应加以配备的判断标准是基本标准和推荐标准

4. 都道府县知事指导、建议、指示的对象——特定建筑物的规模

对象：建筑面积 2000m² 以上，不足 2000m² 的仍有义务，但不是接收指示的对象
　　　指示的判断标准只限于遵守基本标准

5. 建筑物的认定（为适合推荐标准的建筑物和知事已认定的建筑物）

制定认定建筑物执行申请书 → 但当认定的建筑物未按计划施工时，可发出改进、取消认定或罚款 20 万日元的通知

注：特定业主是指《爱心建筑法》的设施对象、特定建筑物的业主。

（3）《无障碍新法》

1995 年日本成立"通用设计协会"，政府制定了《与长寿社会相适

应的住宅设计标准》，完善了老龄化住宅与环境设施规划制度。2000年，日本颁布《交通无障碍法》。

2005年，日本政府将《爱心建筑法》和《交通无障碍法》进行合并，修订为《关于促进高龄者、残疾者等的移动无障碍化的法律》，简称《无障碍新法》，并在2006年实施。《无障碍新法》增加了五个方面的内容，全面体现了通用设计理念，包括：法律保障对象扩展到智障、精神障碍、发育不良等所有残障人员；设施在原建筑物、公共交通工具及道路之上，增加了道路以外的停车场、城市公园及福利出租车；重点推行无障碍的区域扩展到不包含旅客设施的地区；无障碍设施的公众参与，将协商制度法定化，创立居民提案制度；充实"软政策"，促进国民对老年人及残疾人的困难感同身受来认识的"内心无障碍化"。

2）日本无障碍设计法规的特点

（1）体现"通用设计"理念的无障碍法规体系：日本的无障碍法规深受美国"通用设计"理念的影响，无论是核心无障碍法规《无障碍新法》，还是保障法律"福利六法"（残疾人基本法、身体残疾人福利法、智力残疾人福利法、精神残疾人福利法、残疾儿童福利法、寡妇福利法），都反映了"通用设计"理念，涉及的设施与保障对象广泛而全面。2008年，日本颁布《无障碍·通用设计推进纲要》，明确了全面推进通用设计的理念。

（2）无障碍设计的公众参与：无障碍立法过程和项目设计过程中，居民、残疾人、老年人及其互助组织大量参与，这在《无障碍新法》中有制度保障。日本福祉无障碍和通用设计学会是其中一个具有代表性的组织，它集中考虑人居、环境、交通、生活等各方面，并且集合了法律、社会福祉、工学等各领域专家，以各种各样无障碍和通用设计的研究和开发为目标。

（3）科研指导无障碍设计：摄南大学建筑学科田中直人教授研究室，不但出版了《标识环境通用设计》等著作，也是"国际残疾人交流中心"的主要设计者之一；日本东洋大学人间环境研究所由高桥仪平教授领衔，参与了无障碍设计法规的制定。

（4）无障碍设计标准宽泛而严谨，并按等级划分：如《爱心建筑法》制定的标准是以"性能标准"作为主要依据的。性能标准无法完全用数值描述指标，可采用描述性语言进行说明。例如走廊的宽度和电梯的尺寸用实际数值表示，"便于轮椅乘坐者利用"的地面材料材质、盲道地砖的色彩和材质等主要是采用性能表示。

日本是按公共建筑面积的大小实施不同等级的无障碍设计的。例如在商业建筑中，按商业建筑面积的大小进行不同等级的无障碍设计，当建筑面积大于1500m² 时，必须为残疾人等提供专用停车场、厕所、电梯等设施；而面积为300~1500m² 的商业建筑只需提供能进入室内的无障碍通道。

（5）以奖励制度为主的无障碍法规：与美国的强制性法规政策不同，日本政府制定奖励措施，采用补助金、减免税、低利融资等奖励办法促进无障碍建设。例如1996年建立住宅金融公库，由国家建设省掌握，促使房地产商考虑无障碍设施建设，符合政府"节能和适合老年人居住"这两个条件，就能获得国家的低息贷款，并把这种奖励措施称为"爱心奖励法"，优惠政策中的补助制度和融资制度使规范的无障碍设施建设可获得开放银行低息贷款，且特定设施扩建免征企业所得税。另外，对容积率也有奖励政策。

3.3.3 英国无障碍法规与实践

1）英国无障碍法规的发展

20世纪60年代初，英国建筑家协会即提出"为残疾人设计"的理念，借鉴当时欧美的标准，实证性地整理出了设计导则，与1967年美国标准研究所推出的基本规格相配合，制定了集行政与设计为一体的指导性手册范本。

从整体涉及的内容分析英国的无障碍设计理念及法规，其大体发展历程经过了以下阶段：建设残疾人通道和设施—从行动残疾到感官残疾—无障碍交流和就业—公众参与无障碍设计。

（1）"包容性设计"以前的法规发展

英国有关残疾人通道或残疾人权利的法律和标准的发展，根据詹姆斯·霍姆斯-西德尔和塞尔温·戈德史密斯所著《建筑设计师和建筑经理手册——无障碍设计》一书进行摘录总结，内容介绍如下：

1970年的《慢性病人和残疾人法案》中第四部分规定，任何公共建筑或场所经营者，无论这些建筑是否为消费场所，都应在切实可行的情况下，为进入的残疾人提供室内外残疾人通道及方便残疾人的停车设施和卫生设施；第六部分规定在住宿、休闲、娱乐场所都应有同样的设备；第八部分提到在大学和其他各类学校的建筑中应有残疾人通道和设施。1976年，将法案的要求扩大到工作场所。

1978年的《英国方便残疾人房屋设计标准行业法规》与1979年的《英国建筑残疾人通道标准行业法规》是一种行业自律法规，规定在建筑内安装必要的设施以确保残疾人使用方便。

1982年环境部通告建议，在地方规划主管部门颁发规划许可证时附上一份说明，使开发商们意识到《慢性病人和残疾人法案》规定的义务，地方主管部门应指定工作人员作为"残疾人通道管理人员"，就残疾人通道问题与开发商随时沟通、联系。通告中认为：建筑物通道设计既是规划问题又是公众（包括残疾人）使用适宜性的问题，公众的满意态度，是规划申请书中的重要内容；通道问题可适当作为颁发规划许可证的条件。

1987年《建筑规范 M部分：残疾人通道》要求在办公室、商店、工厂的主要楼层、教学楼及公众经营场所提供残疾人通道和残疾人设施。已通过的条款为弯道、楼梯、扶手、门、大厅、电梯和旅馆卧室、卫生设备和观众席的设计提供了技术指导。1991年《建筑规范》M部分进行修改，第一次将感官残疾者包括在内，涉及电子封闭电路和障碍物清除等方面，因障碍物的存在将会给视觉残疾者带来危险。

1988年英国关于残疾人疏散方法的标准行业规定尽管不是一个法律文件，但这项行业规定对于建筑物的设计和管理提供了权威性的指导，使残疾人在火灾发生时易于安全疏散。《建筑规范》M部分把残疾人严格限定为移动困难者，而上述规定包括了失聪者和失明者，并修正了《建筑规范　M部分：残疾人通道》增补条款中不包括现存通道设备维修的问题，为既存建筑应用行业法规提供了指导。

《禁止歧视残疾人法案》是一份政府提出的白皮书，以保障残疾人在申请工作和录用后不受歧视的权利。如果雇主没有采取合理措施消除残疾人工作中遇到的人身障碍，或因没有调整自己的行业规范而使残疾人不能就业，即被视为侵犯这项权利。法案首次引入："残疾人在购物、使用设施和享受服务时享受方便的权利。这就要求提供服务者修改它们的政策、程序和行业规范，以便消除给残疾人带来的人身障碍和交流障碍。"1995年通过了《禁止歧视残疾人法案》，明确了新建筑的无障碍环境要求，是英国无障碍建设的一个里程碑式的法律文件。其中还提出了允许公众参与单项工程的无障碍设计标准的讨论。

上述所列的法令中最重要的一个是1991年《建筑规范》的M部分，它要求建筑师和建筑设计人员在为新建筑进行原始设计或重大改动时把残疾人通道包括进去。实际上，建筑管理和规划部门也鼓励人们在改建既存建筑时遵循"M部分"规定。

（2）包容性设计理念及法规的发展

1994年英国学术界提出了"包容性设计"的理念，2000年英国政府定义了"包容性设计"的概念，即"包容最广泛消费者需求的产品、服务与环境"。

2005年颁布了《英国通用设计管理标准》，为公众介绍包容性设计方法。

2009年修订的《建筑物及其通道无障碍设计守则》，强调了包容性设计理念，增加了无障碍标识的设计原则。

2）英国无障碍法规发展的特色

（1）鲜明的包容性设计理念以及行业协会与专家学者的突出作用："包容性设计"相对于通用设计更强调多学科产品无障碍设计及其商业价值。塞尔温·戈德史密斯的"普遍适用性设计"理论阐述了"包容性设计"概念；剑桥大学的西米恩·基茨教授提出了设计包容模型；2005年英国建筑师学会和标准协会正式提出了《英国通用设计管理标准》。

（2）强制处罚与政府补贴并重：英国企业或政府，一旦在法律规定的场所、区域不能给予残疾人通行或使用的便利，将可能被法院判处强制改造，甚至巨额罚金；各地方政府也应在无障碍设施和信息交流方面提供足够的立法保障和财政补贴，以完善无障碍设施的建设。

（3）法律保障公众参与无障碍设计工程：1995年《禁止歧视残疾人法案》赋予了英国公民此项权利。

第**4**章 无障碍标识与环境

"醒目清晰，通俗易懂，一目了然"，让国际与地区的交流无障碍，并且容易被各种文化程度的人所认知，是设置标识的意义和目的。

1983 年我国制定了第一个公共信息图形符号国家标准《公共信息图形符号》GB 3818—1983，当时仅规定了电话、出租车、卫生间、公共汽车、等候室等 15 个常用的图形符号；1988 年制定了第一个 GB 10001 的国家标准《公共信息标志用图形符号》GB 10001—1988，制定了电梯、紧急出口、飞机场、码头、问询处、垃圾箱等 25 个图形符号；1994 年 GB10001 首次修订，GB 10001—1994 将 GB 3818—1983 和 GB 10001—1988 合并，并增加了酒吧、舞厅、保龄球、游泳、乒乓球等图形符号，当时共有图形符号 79 个。2000 年我国对 GB 10001 进行了第二次修订，确定了新的标准名称《标志用公共信息志图形符号》，并将 GB/T 10001 分为多个篇章，依照不同类型分别颁布。

为了适应城市建设快速发展和国际化的更高要求，2006 年我国对《标志用公共信息图形符号》系列标准再次修订，完善了《标志用公共信息图形符号　第 1 部分：通用符号》和《标志用公共信息图形符号　第 2 部分：旅游休闲符号》两项国家标准的修订工作，并制定了两项新的国家标准《标志用公共信息图形符号　第 5 部分：购物符号》和《标志用公共信息图形符号　第 6 部分：医疗保健符号》。2008 年借助北京举办残疾人奥运会的契机，发布了《标志用公共信息图形符号　第 9 部分：无障碍设施符号》，从此我国有了关于无障碍标识的第一部国家标准，成为了推动无障碍标识环境建设的第一个里程碑。2007 年颁布的《公共信息导向系统》GB/T 15566.1 着眼于整体标识环境，规定了标识系统的规划设计原则；2017 年我国颁布了《公共建筑标识系统技术规范》GB/T 51223—2017，以通用设计的视角规定了众多类型标识和标识系统的设计要求，这些标准都为我国城市完善无障碍标识环境或者说公共信息导向系统奠定了良好的基础。

4.1 标识符号

4.1.1 标识与标识系统

所谓标识，通常是指设计成文字或图形的视觉展示"记号"、"符号"、"信号"等，用来传递信息或吸引注意力，是帮助理解环境和行动信息的手段。标识系统，是指以标识系统化设计为导向，综合信息传递、识别、辨别和形象传递等功能的整体解决方案。对标识进行系统性的规划和设置被称为标识规划。

由美国建筑师凯文·林奇（Kevin Lynch）提出的"空间引导系统"，其目的是在现代社会越来越复杂的空间和信息环境中，使陌生访客能够在最短的时间内获得所需要的信息。由于空间引导系统需要标识系统技术和理念的支撑，因此，在建筑环境中，两者会在很大程度上融合起来。

随着城市基础设施建设水平的不断提升和城市国际交往的不断增加，城市标识系统的重要性愈来愈突出，标识系统也愈来愈多样化、复杂化。所以，科学合理地规划城市的标识系统，对建设国际化城市是必不可少的。尤其是面对残障人士，城市中的道路、交通和房屋建筑，应尽可能提供多种标志和信息源，以满足各种残疾人的不同要求。例如以各种图形文字符号帮助肢体障碍者寻找行动路线和指示目的地，以触觉和发声装置引导视力障碍者判断行进方向和位置，使各类人群尽可能准确地了解、把握所处空间环境的状况，减少各种潜在的心理不安因素。同时，无障碍标识也要考虑普通人的需要，不但要向他们提示场所具备无障碍设施方便残疾人使用，还要避免对普通人造成障碍，并且为他们提供有用的信息。广义的无障碍标识涵盖了导向标识系统，符合"广义无障碍设计"的理念。

4.1.2　标识的国际化与标准化

1）制定、研究和发布标志标准的组织机构

国际标准化组织图形符号技术委员会（ISO/TC 145）负责图形符号以及符号要素（颜色、形状）的国际标准化工作。它建立图形符号的编制、协调和应用原则，负责现存的、正在研究中的和已经标准化的图形符号的复审和协调工作，还负责新图形符号的标准化工作。该技术委员会不涉及字母、数字、标点符号、数学标志和符号以及量和单位符号的标准化，但是这些符号可作为图形符号要素使用。目前该技术委员会下设三个分技术委员会，分别负责公共信息图形符号，包括标识、形状、符号和颜色，安全标志和安全色以及设备用图形符号，成员国包括中国、日本、韩国、英国、美国、德国、法国、荷兰、挪威等国家。ISO/TC 145 推出了标识图形系列标准，包括 ISO7000《设备用图形标志》、ISO7001《图形符号——公共信息符号》、ISO7010《图形符号——安全色和安全标志》。

中国对口国际标准化组织图形符号技术委员会的组织是全国图形符号标准化技术委员会，简称图形符号标委会，秘书处设在中国标准化研究院。我国发布标识标准的机构是国家质量监督检验检疫总局和国家标准化管理委员会。ISO 推出的图形符号在我国并不够用，因此我国图形符号标委会还依据自身国情推出了大量图形符号。

2）推行标识标准化

建设现代化和国际化的城市，其中一项重要内容就是标识的标准化和国际化。为推动我国的信息标准化工作，规范图形标志的使用，国家技术监督局、国家旅游局、劳动部和中国民用航空总局曾于 1993 年 5 月联合发文，在全国组织图形标志国家标准的实施监督工作。目前，图形标识已在全国各大城市的旅游涉外宾馆、饭店、机场、车站等公共场所大量投入使用，加快了公共标识统一标准的宣传力度，逐步推进公共标识的标准化进程。

（1）推动标识标准化，政府部门应当采取的措施：将公共信息标识包括无障碍标识的设置列入建筑工程设计必须审查的项目和工程竣工必须验收的项目；定期检查无障碍标识的维护管理和使用情况；无障碍标识的生产制作应严格按国家、行业有关标准规定进行；加大无障碍标识统一标准的宣传力度，让全社会都关心和了解无障碍标识，共同促进无障碍标识的标准化。

（2）推行标准化的过程中要遵循的原则：在对标识进行标准化的过程中，注意保持各元素之间的一致性；要从系统化的角度考虑问题，将标识系统甚至整个城市作为一个整体考虑；标识设计首先要具备国际化特色，跨越语言和文化的障碍，要具有中国本土特色。

4.1.3 标准无障碍标识

这里的"标准无障碍标识"指的是狭义上的无障碍标识，主要是无障碍设计法规标准中关于各类残疾人专用图形符号标识的设置，其中最常见的是国际通用的无障碍标识。

1）国际通用无障碍标志牌

国际通用的无障碍标志牌（the International Symbol of Access）是用来帮助残疾人在视觉上确认与其有关的环境特性和引导其行动的符号，标志牌为白底深色轮椅图形或深底白色轮椅图形（图 4-1a）。无障碍通用标志的轮椅人形象最早是 1968 年一位丹麦学生 Susanne Koefoed 在瑞典的设计夏令营中的作品。国际康复协会于 1969 年在爱尔兰首都都柏林召开的国际康复大会上表决通过该符号，成为了全世界一致公认的标识。它不仅仅代表为乘轮椅者服务，而且还表示"残疾人可以使用的设施"。

（1）无障碍标志牌的规格：无障碍标志牌和图形的大小与其观看的视距相匹配。标准规格尺寸为 100mm×100mm 与 400mm×400mm 两种（图 4-1b）。颜色规格亦有两种，一种画有白色轮椅图案而以深色衬底，另一种使用相反的颜色。所示方向为右行时，轮椅面向右侧；所示方向为左行时，轮椅面向左侧。根据需要，标志牌可同时在其一侧或下方加以文字说明和方向箭头，其意义则更加明了。包含文字符号或方向箭头时，其色彩也应同标识底色形成较高对比度。还可以采用人工照明增强可识别性。我国国家标准《无障碍设施符号》规定的通用无障碍设施标识（图4-2）与国际通用无障碍标识，在图形设计上是略有不同的，在国内的实际设计工作中可优先选用我国标准。

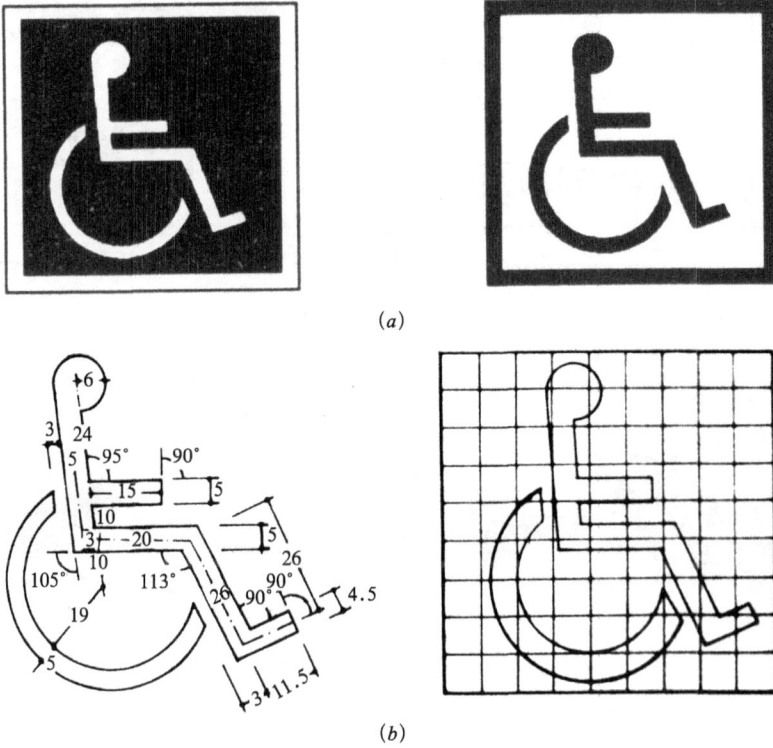

(a)

(b)

图4-1　国际通用无障碍标志牌及图形尺寸
(a) 标志牌底色；(b) 图形尺寸

图4-2　国家标准通用无障碍标识

（2）无障碍标志牌的使用范围：标志牌用于指示无障碍设施所在的方向及专用设备的位置，可提供以下信息：指示建筑物的残疾人出入口（图4-3）；指示建筑物中乘轮椅者的内外通道；指示建筑物内专用设施的位置，如残疾人专用席位等；指示残疾人专用空间位置，如停车场等（图4-4）；指示城市中无障碍设施的通道、桥梁和地下通道等所在的位置（图4-5）。

凡符合无障碍设计规范的道路、桥梁及公共建筑，能完好地为残疾人的通行和使用服务，并易于为残疾人所识别的，应在显著位置上安装

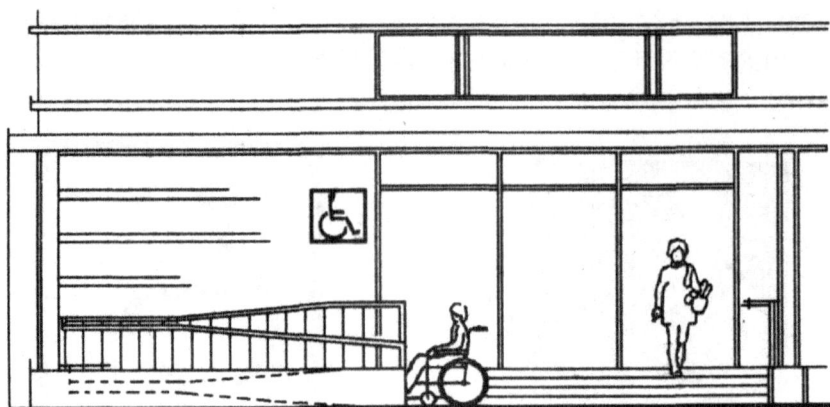

图4-3 无障碍出入口悬挂无障碍标志牌

图4-4 残疾人停车位

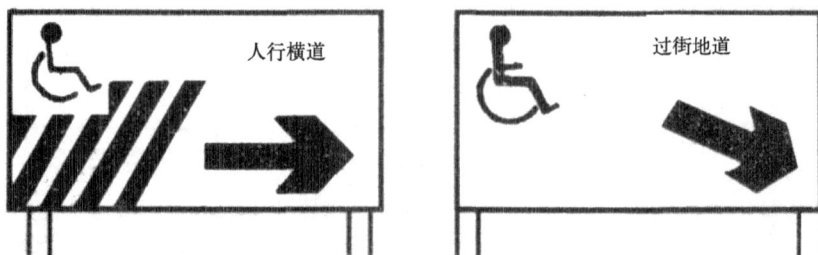

图4-5 无障碍人行横道及过街地道

国家标准通用无障碍标识。

悬挂醒目的无障碍轮椅标识，一是让使用者一目了然，二是告知无关人员不要随意占用。标志牌是为残疾人指引可通行的方向和提供专用空间及可使用的有关设施而制定的，它告知乘轮椅者、拄拐杖者及其他残疾人可以通行、进入和使用。如城市道路、广场、公园、旅游点、停车场、室外通路、坡道、出入口、电梯、电话、洗手间、轮椅席位及客房等，凡有无障碍设施的地方均会设置此标志。

国际通用无障碍标志牌对视力障碍者并无明显的意义，因为他们很难通过视觉来发现这些信息的存在，他们对环境的感知基本上是通过触觉和听觉进行的。因此，在城市中的一些区域和道路、公共建筑、公园及旅游点中，应设置视力障碍者使用的触觉地图、盲道以及导盲声体、触觉信号、地理标志、变化的光源、墙面上的图形和特殊的导向装置等，指引视力障碍者行进。

2）其他标准化的无障碍标识

图形符号是许多标识上最有用的一部分。许多文本标识的使用受语言和文化程度的影响，让部分利用者难以解读成文的标识内容，解读图形符号要比辨识和解读文本来得迅速。在标识中使用图形也符合国际惯例，而且使用图形的标识比文本标识篇幅短。了解我国国家标准《标志

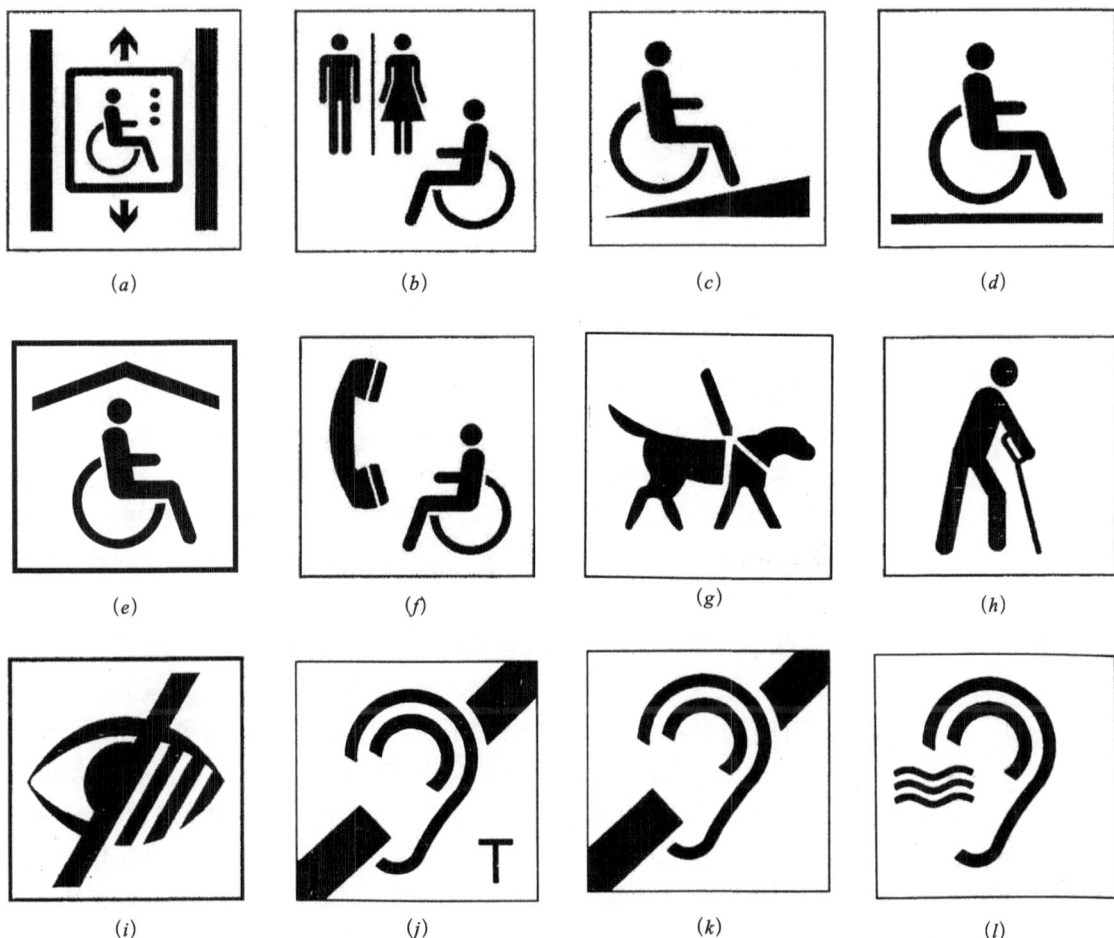

图 4-6 国家标准的各种无障碍标识
(a) 无障碍电梯；(b) 无障碍厕所；(c) 无障碍坡道；(d) 无障碍通道；
(e) 无障碍客房；(f) 无障碍电话；(g) 允许使用导盲犬；(h) 行走障碍；
(i) 视力障碍；(j) 感应闭合电路；(k) 助听服务；(l) 红外系统

用公共信息志图形符号－第9部分：无障碍设施符号》中的其他主要无障碍设施图形符号有助于更清楚地理解各类无障碍图形标识，图 4-6 所示为国家标准的各种无障碍标识。视力残疾者所需的符号标志清晰度应当更高。

4.2 标识环境

4.2.1 标识环境及设计要素

如前所述，标识是用来传递信息的，这是它的本质功能。从广义和通用设计的视角来讲，标识不仅仅是某个实物，而且可以是信息本身。譬如具有地域标志性的建筑物、树木及交通信号灯等都可以被称作标识。也就是说，看得见的实物在与利用者的关系中被符号化并起到传递信息的作用时，就可以将其称为标识。进一步讲，不仅是视觉上的可见物，声音、气味和触觉记号也可以被认为是标识。本章中，将利用者的视觉、听觉、触觉等功能表示信息的所有手段统称为"标识"，把由这些标识构成的生活环境称为"标识环境"。

1）标识环境的构成要素

在日常生活中存在着各种各样的标识环境。从标识的本质功能来看，可以说标识是信息传播者与接收者之间的交流互动，因此可以从信息传播的角度探讨标识和标识环境的构成要素。标识为达到交流的目的，其要素必须包括：媒介（表现要素）、环境（领域）和功能（目的）。

从使用的媒介来看，标识的基本要素包括文字、图形、图像、色彩、气味、声音、视频等，此外，标识的表现要素还包括形状、构造、质感、色彩等。标识的使用涉及城市的各种环境，如商业、交通、教育、文化、福利、体育、休闲、居住以及综合性环境。标识的功能要素有导向性（导游、引导）、一贯性、指示性（指示、注意）、教育性、装饰性（建设场地）、地区象征性和广告活动等。

在语言学领域里，交流有6个构成要素，除了信息的发送者和接收者之外，还有两者的接触、口信、密码、事物背景。所谓口信，是想要传递的"信息内容"；密码是符号体系，也就是"信息内容的表达形式"；事物背景是前后关系，即信息交换过程中的"外部状况"。标识环境的构成可以与此类比，包括标识的制作者、使用者、两者的接触、信息内容、符号形式和传达背景。在现实生活环境中，每一个标识环境都有一个应对的解析方式，应围绕标识的各种社会条件及环境等，进行更加具体的探讨。

2）标识设计的三要素

在整个城市标识环境的设计中，每一个设置公共标识的主体（信息发送方）都需要正确地表明"标识内容"、"安装位置"、"标识形式"（形状、材质、构造、安装、调整）。这就是标识设计的三要素。

（1）标识内容：标识最重要的是信息内容，即表示什么。如果标识的图形比例匀称、形式美观，但传递的信息内容却容易引起误解，那么这个标识也是一个失败的作品。错误的标识，只会给人误导，此时的形式美并没有任何价值。

（2）安装位置：标识因安装位置不同，其传达效率也有很大不同。只有吸引使用者的注意，才能达到传达信息的目的。譬如引导标识应尽可能安装在人们易于辨识的位置，这样才能起到引导的作用。

（3）标识形式：标识形式涉及的内容很多，例如确定设计原则与视距后，再设定文字信息的字体、大小、图底色彩搭配；需要设计图形符号的样式、色彩、排版；需要选择材料等。在选择形式时应该考虑的条件主要包括：易识别性、安全性、与环境空间的和谐、经济性、是否便于维护管理等。

设置公共标识涉及领域范围的问题，需要与相关政府部门、施工单位、设计师、制造商等诸多方面的有关人员进行合作。标识设置方法上也需要把握更宽广的视野，这对标识的设计也非常重要。

综上所述，正确地设置标识和设计标识环境，不但有助于残疾人和老年人的行动无障碍化，而且对健康人的行动方便也可以发挥更大的作用。我们所要设计的标识环境，不仅是让残疾人、老年人容易理解的城市空间，而且对所有利用者来说都是安全舒适、容易理解并充满魅力的城市空间。

4.2.2 标识的分类与功能

标识的分类有不同的方法，其分类依据体现了各种标识的功能。

1）按信息的感官获取方式分类

人类通过视觉、听觉、嗅觉、触觉和味觉五官从外界获取各种信息。

（1）基于视觉的标识：通常来说，标识是用文字和图形来表现，依赖视觉提供信息。故而此类标识在认知性、醒目性、可读性、判读性等方面要求较高。近年来，老龄化社会的到来对标识的醒目性等也提出了更高的要求，老年人需要更大、更亮、反差更强的标识。

（2）基于听觉的标识：对于不能依靠视觉获得信息的视力障碍者来说，只能考虑借助其他感觉功能，如听觉、触觉或者嗅觉来传达信息。其中常用的是听觉标识，例如车站和车厢内的广播，用声音来告知视觉残疾人停靠站和到站信息。

（3）基于触觉的标识：向视力障碍者传达危险信息时，最好能将听觉和触觉结合起来，同时提供两方面的信息。目前，我国大部分城市道路上都铺设了盲道，这是基于触觉制作的代表性标识。此外，作为面向视力障碍者的触觉标识，盲文可以在比较短的时间内准确地传达信息。

（4）基于嗅觉的标识：在基于嗅觉的标识中，一个典型的例子就是在普通家庭做饭及取暖用的燃气体内添加臭味，利用人们的嗅觉作为通知危险的标识。此外，视力障碍者在日常生活中，可以将通行途中的某家糕点店的香味作为独自的标识，利用它们作为确认位置信息的手段。

2）根据位置、构造与形态类型分类

位置与构造形态与通常的标识造型和功能均相关，对实际设计工作极为重要。

（1）贴壁式标识：也称附着式标识，固定在平行于建筑物墙体的外部或内部，设置位置与墙体的距离要小于450mm。它的形状既可做成板式，附带上文字，也可做成独立的立体字，直接镶嵌在墙体上，通常只有一面。过往人群阅读侧面的贴壁式标识，比阅读迎面的标识更困难。因此，贴壁式标识的内容一定要清楚、醒目，不应包含更多其他干扰信息。贴壁式标识适合融入建筑设计中，常作为建筑的附属装饰。

（2）悬挑式标识和横越式标识：固定于建筑物的表面，通常与建筑物立面垂直，即与"贴壁式标识"方向成 90°，而且内容几乎都是双面的。悬挑式标识一侧固定于墙上，横越式标识则是两端固定于墙上。因此，它们能在街道或走廊的任何一方被清楚地看到。许多标识法规对这类标识的尺寸限制是相当严格的，因为此类标识往往被用于历史风貌街区，不宜过大。此外，由于这类标识伸入交通空间，还要限制其最低高度保证不影响通行。

（3）悬挂式标识：悬挂于建筑室内顶棚下面，多见双面标识。因其本身位置通常较高，一般在室内观看距离较远。

（4）地牌（柱）式标识：一些独立式标识在室内外空间的地面上树立起阅读面板、标识牌或立柱，上面有图文符号信息，称为地牌（柱）式标识。通常认为，和传统广告图案相比，地牌式标识能构造出更柔和的印象，而且该标识的地区性理念往往贯穿于整个设计过程。例如公园中指示景点方向的标牌大多是这种形式。

（5）地面标识：位于室内外环境地坪所在平面上，常用裱贴的方式，也可结合建筑构造制作安装，以指示方向的标识最为多见。

（6）电子信息标识：通常是电子或电器控制设备，用来显示时间、温度或其他信息。与阅读板和橱窗标识相似，信息可以有效快速地更换。电子信息标识能按序列显示各种信息。商业设施使用该标识发布公众信息和产品。

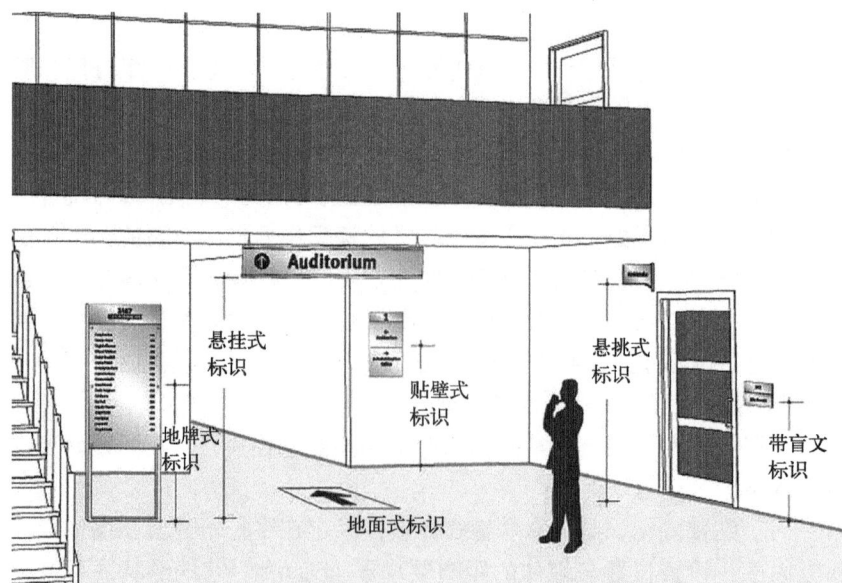

图 4-7 常见无障碍标识构造类型

以上几类标识是狭义的无障碍标识常用的形式（图 4-7）。此外，城市环境中的标识还有以下常见类型：

（7）融合式标识：标识符号本身与建筑构件或是雕塑艺术品融合为一体的标识形式。这种标识没有额外采用其他材质张贴树立，而是与环境融为一体，在室内常常与墙体整合，在室外则常常与雕塑等公共艺术作品整合。

（8）橱窗标识：通常由可更换的图文面板即可开启的透明窗板组成，其信息可以手工更换。可以为特别的价格和服务做广告，信息往往需要经常更换、定期维护，否则会给过往人群以负面印象。

（9）高耸标识：独立式标识通过高大的立柱支撑而使其能够在远距离被注目，称作高耸标识。高耸的独立式标识与众多其他类型的标识相比，具有更高的能见度，且被普遍应用于商业、广告等。例如面向驾驶员群体的加油站和旅店，或是流量较大的陌生访客。

（10）屋顶标识：竖立在建筑物的屋顶上，全部或部分被固定于建筑物上。像高耸标识一样，它主要针对距离较远的受众或驾驶员群体。屋顶标识对于那些不熟悉地区地理位置的人群起到显著的指示作用。

（11）屋檐式标识：有背发光和不发光两种，与屋顶标识的区别在于其扩展尺寸一般在水平和垂直距离上不超过真正的屋檐。背发光屋檐标识是遮篷形状的透明有机塑料板的一部分，由物体内部通过荧光光源或高亮光源背打光形成，能在夜间提供高效的辨识功能，并通过标识的发光部分照明暗黑的城市街道。不发光的屋檐标识，由柔软的材料做成屋檐的形状，通常在材料表面进行涂漆或喷绘打印，可以三面印刷；因为不发光，其夜间的识别效率较低。

（12）旗帜标识：旗帜标识由轻型材料如布、纸和柔性塑料做成，通常固定于坚固的框架上。旗帜标识通常用于临时场合，如宏大的开幕仪式、房产开盘或其他特殊的宣传。旗帜标识往往给人以新颖、激动的印象。

（13）独立雕塑式：不采用标识牌的形式，而是将标识图文设计为独立的雕塑作品，常用于景观和室外环境的入口空间，非常引人注目。由于其艺术化和醒目的表现方式，多用于呈现机构形象，狭义的无障碍标识采用此种形式的较少。

3）根据传达功能分类

根据传达功能，可将标识大体分为名称、引导、导游、说明及限制5种。名称标识说明设施有别于其他设施；引导标识是通往目的地的方向说明；导游标识标志出设施所在位置与整个街区的相互关系；说明标识表示管理者的意图和设施内容；限制标识敦促人们注意行动安全及遵守秩序。

在名称标识的识别度很高的场合，此名称标识就可以起到引导功能的作用。而当通往标识设施的道路难以辨认时则需要引导标识。导游标识是在许多设施中预先选出想去的目标，是为便于了解行走路线及整个街区状况而设置的。说明标识和限制标识可根据需要用于任何场所。

将这些标识进一步归纳、整理后，可分为以下几种：

（1）引导标识，指通过箭头等指示通往特定场所及设施等的路线的标识。这类标识上所记载的信息应该限定在多数利用者共同需要的内容上。因此，除文字以外，还可以考虑采用象征图及彩色系列标识等，要注意采用认知性高的直截了当的表现手法。

（2）位置标识，表示这是哪里或者这是什么的标识。当建筑物及设施本身的设计能够表明该建筑是什么时，就没有必要设置这种标识。如果想用标识表示，需要采用认知性好、简单明快的标识，同时，还要考虑造型表现的同一性。

（3）导游标识，为利用者选择行动路线提供必要信息的标识。这类标识上记载的信息需要有丰富的内容以满足利用者多样化的需求，同时，为使信息内容简明易懂，最好采用示意图的形式。

4）根据城市结构功能进行的标识分类

按照国家标准《标志用图形符号表示规则》，标识可以分为8类：通用符号；无障碍设施符号；旅游休闲符号；客运货运符号；运动健身符号；购物符号；医疗保健符号；其他符号。整理后可以分为以下几种功能类型：

（1）交通标识——导向性。导向性是环境标识最主要的功能。在城市环境中，人们的行为表现在劳动、生产、居住、休憩、消费、旅行、购物、交通、通信、娱乐等方面，所涉及的环境包括建筑、设施、道路、车辆、广场、小区、绿地、景观、广告、照明、邮政等。导向性功能在城市交通标识中体现得最为充分和直接。交通标识的首要任务是迅速传递信息，明确无误，便于行动者准确、快捷地作出判断，解决交通运行中的诸多问题（图4-8）。标识的尺寸大小、字体、图形的形状和内容，是否能在较远的距离及高速下迅速、清楚地展示，这些都对交通标识系统的设计提出更高的要求。

图4-8 交通标识示例

（2）行业标识——表征性、诉求性。表征性、诉求性也是环境标识的重要功能。一般而言，行业标识和品名或商标等标识、标牌都具有表示某种场所意义或表达某种事物内容、性质和特征的作用。相对交通标识的导向性特征，这类标识更具内在代言功能。如通过行业标识来指明和表示诸如邮电、银行、医院、航空等不同的行业及其相关的内容和性质（图4-9）。当然，最能体现这种表征性功能的莫过于品牌标识。品牌标识不仅具有识别性，还具有更深层的商业诉求内涵。

图 4-9 行业标识示例

（3）建筑、展会标识——示意性。指意性、示意性涵盖了诸多公共标识的性质，诸如办公、文教、卫生、体育、观演、展览，各种建筑及建筑环境或区域中的标识都具有这样的功能，如商业建筑环境中各种各样的标识，或以文化环境为主体的展览馆、博物馆以及各种观演建筑环境中的标识，或以居住环境为主体的住宅小区中的各种标识等（图 4-10）。当今世界呈现出经济一体化、交流渗透、信息传播纷繁的特征，各种博览会、区域论坛、商品展销会，各种国际文化节、艺术节以及奥运会、亚运会、世界杯足球赛等数不胜数，展会标识充满了整个城市环境。

图 4-10 建筑、展会标识示例

4.2.3 障碍人群与标识环境

无障碍标识的设计，应着眼于标识环境中最需关爱的残疾人及老年人等弱势群体，应根据其生理特点考虑标识环境的基本条件。分析其信息来源，根据乘轮椅者、感官残疾者及老年人等弱势群体的基本生理特点，综合分析标识环境设计应注意的基本事项。

1）各种信息源的适用范围

人从环境中获取某种关于行为意义的信息后，以这种信息为依据而采取相应的行为，通过行为的发生来协调自身与环境的相互关系，或去适应和改造环境。人对环境信息的感知是通过人的感觉器官进行的，有视觉、听觉、触觉、嗅觉和味觉。为了充分利用人的各种感觉器官，使残疾人最大限度、最大范围地把握所处环境空间的情况，最大程度地减少各种心理不安全因素，环境中应尽可能提供较多的信息源，以适合不同残障人士的不同要求。

视觉信息源：适用于肢体障碍者、弱视者、听力语言障碍者等。使用高对比度、高辨识度的色彩方案，是无障碍环境设计中的重要手段。如存在危险的区域应以强烈的色彩和光线通过合理应用来加以强调，日本的人行横道线两侧常放置一些橘黄色小旗，小学生通过时随手拿一面（图4-11），以引起驾驶员的警觉；而美国所有学校用于接送学生的校车也都漆成橘黄色（图4-12），以示提醒。

图4-11 日本小学生手持橘黄色小旗过马路（左）
图4-12 美国校车漆成橘黄色（右）

听觉信息源：利用听觉判断自己所处的环境及自己所处的位置是视力障碍者在行走中最常用的一种方法。因此，在特定的环境中可利用发声装置引导视力障碍者行进和定位，增强其对所处空间的感知能力。如在人行横道线的两侧，地铁、车站、广场和建筑物的入口及电梯等处设置音响装置，可协助视力残疾者辨别方向和行走，并安全到达目的地。

触觉信息源：触觉是视力障碍者认识世界、感知空间的重要方式之一。人的手指的触觉特别灵敏，可分辨出对象的大小、形体、质感以及其他微弱变化；脚的触觉能够对所处环境空间特质作出整体判断，从而把握自身所处位置的情形。在国外的一些建筑群体、公园、大学校园中，甚至在一些城市的区域，视力障碍者可使用"触觉地图"，依据行进路线上的发声装置、触觉提示、地理标识、光源变化、墙体材料等各类导向信息所引导的方向前进，在不同场所中同时使用普通文字与盲文更便于视力障碍者行动。

嗅觉信息源：嗅觉对视力障碍者寻找方向及确定路线也有所裨益。如面包店的烘焙香味、医院的消毒水味、田野花香、垃圾堆腐臭味等都可帮助视力障碍者认识特定的环境。

此外，人不是每个感觉器官独立工作，而是与其他器官彼此影响、相互照应，一起获得外界信息并进行综合分析处理，因而人对客观世界的反映是整体进行的。在不同感觉之间还可以进行相互的补偿和协作。例如视力障碍者可以像声呐一样分析自己的脚步声及环境的反射声，以此来感知环境空间，可以通过手指触感来阅读盲文，听觉障碍者可以"以眼代耳"，掌握读"唇语"的技能等。人的感觉还具有一种"联想"现象，即各种感觉之间产生相互作用的心理现象，对一种感官的刺激作用会触发另一种感觉，例如"冷暖色调"就是颜色引起人们冷暖的感觉和情绪的变化。

2）乘轮椅者

与标识环境设计相关的乘轮椅者有两个特点：一是因长期坐姿造成视线较低；二是乘轮椅者需要具有更大的空间进行移动，而由于轮椅本身的踏板、扶手及车轮等装置的阻碍，不能充分接近观察对象。

健全人与乘轮椅者交流时，为了便于交谈，常常需要弯腰或坐下，因此在考虑标识安装高度时必须对此仔细研究。通常，成年男性轮椅利用者的视线高度为自地面起1100~1300mm，成年女子大约低70mm（图2-16、图2-17）。标识安装高度应参考此数据，并选择利于观察辨识的位置，也即要避免障碍物阻挡乘轮椅者的观察视线。针对需要仔细阅读观看的标识，应尽可能设法使乘轮椅者最大限度地接近标识牌。此外，各种高差位置（如楼梯以及台阶）、影响轮椅行进的位置（如陡坡、建筑变形缝）等都会使乘轮椅者难于通行、靠近，因而标识不宜设置在这些位置。总而言之，标识环境的设置，应该确保环境的各种情形的综合无障碍性。

3）视力障碍者

视力障碍者往往具有很好的记忆力，给视力障碍者领一次路以后，有的人就可以凭借记忆按所带路线找到要去的地方。但是，如果横穿公共空间或反复地转换方向，就会使他们发生定位困难。因而视力障碍者也需要导向标识。在标识环境中，弱视者难以看清文字图形符号，因此最主要的对策就是采用大字体、高对比色、合理照度等。关于色彩设计应达到的最小对比度，目前研究成果不一：日本筑波技短大学吉田麻衣等人的研究表明，老人需要的最小亮度比为1.5~2.0（即对比度33%~50%）；如图4-13，日本鹰巢志乃等人在《关于视力障碍者用盲

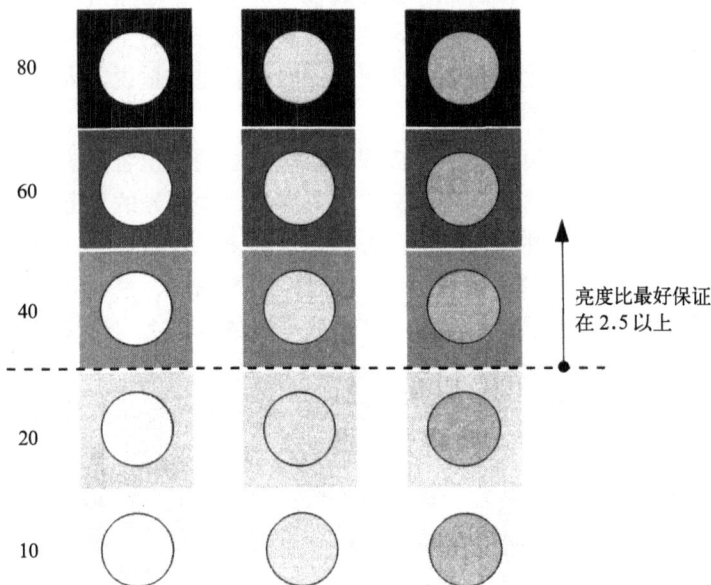

亮度比最好保证
在2.5以上

图4-13 盲道地砖材料与地面材料的亮度比

道地面材料的色彩与辨别性的调查研究》一书中的实验证明，盲道地砖的材料，其中圆形凸起与地面材料颜色的亮度比大于 2.5（即对比度 60%），视力障碍者就比较容易辨别；美国佐治亚理工学院的研究表明，视力障碍者易辨认标识的最小对比度为 70%；英国的布莱特和库克的建筑界面研究结果为视力障碍所需最小对比度为 30%。因此，建议最小对比度至少应达到 30%。

另外一个值得注意的问题是，步行时视野不足会导致很难从复杂环境中迅速找到标识。对于视野被限制的标识使用者来说，尤其是视力障碍者，导向标识最好采用连续线，因为如果引导线中断，找到前方的连接线会比较困难。此外，还可以使用闪烁的灯光和声音指示。

4）听觉障碍者

听觉障碍者是指由于完全丧失听力或者耳背等原因导致不能或很难通过声音获得信息的人群。对于听觉障碍者，图形或文字等手段是可以进行信息传递的有效方式。但是，在发生灾害时，信息就难以传达，使用警报器无效，点灭式的视觉信号是有效的，但是在睡眠时则无效，而此时枕头振动装置却较为有效。此外，护理人员的引导也是必要的。门铃或电话在设置听觉信号的同时也需要有视觉性的信号。近来已开发出适合听觉障碍者使用的带扩声器的电话。

5）老年人

根据视力、听力、体力、平衡感觉、中枢神经等所有人体机能的综合状况评估，65 岁以上老年人的人体机能不及成年人的一半，而且在身心残疾者中大约六成是老年人，其中很多为重症残疾者。

（1）视力的变化：人在变老的过程中，视觉功能也随之不断变化，"老花眼"就是最常见的变化。老年人眼睛的晶体逐渐变黄、变浊，辨色、看清细部变得困难，因此，在光线较暗的地方，老年人的视力有更剧烈下降的倾向。另一个现象就是老年人从光照较好的空间转移到黑暗的环境中，视觉恢复比成年人需要更长的时间，也就是说，人变老后对光线的适应时间延长了。

标识环境的规划设计，不仅应保证单个独立的标识容易辨认，还应对观察者移动视线的情况有所考量，也要避免产生眩光的刺激，并顾及整个标识系统的整体性。因此，在进行建筑环境规划设计时，应同时做好标识的规划设计，如标识的尺寸、位置、安装高度、色彩等，应将标识作为建筑环境的一部分来考虑。在照明环境的规划上，也应与建筑环境进行整体化设计，以保证标识环境光线的充足。

（2）老年性耳背：随着年龄的增长而出现的听觉困难被称为老年性耳背。车站、交通工具和电梯内的广播等声音提示信息应当充分考虑老年人的这种听觉特征。此外，建筑声环境中的冗余回声，会导致老年人难以分清对象的声音，因而应减少对象声音以外的杂音，通过吸声材料吸收冗余回声等。故声音标识环境也应与建筑环境一起规划。

（3）考虑其他身体变化和心理特征。例如标识的安装高度应当充分考虑老年人身体尺度的变化，悬挂在高处的信息往往需要长时间仰视，过低的标识需要长时间弯腰低头观看，对于老年人的身体都造成了障碍。

6）外国人与儿童

生活在本地的外国人难以阅读仅有中文信息的标识。因此，针对外国人，标识应同时使用英语翻译，或使用易于理解的国际标准化图形符号。

儿童因文字及知识的欠缺，最好使用图形符号来为之传递信息。因为身高较低，视线的位置要比成年人低得多，所以儿童使用者较多的环境需要认真考虑标识的安装高度。

4.3 标识环境设计

4.3.1 标识环境设计的依据、标准和原则

1）标识设计的依据和标准

我国的标识标准化研究主要分为两大部分：一是对相关国际标准的研究和转化；二是根据国内需求，自行研究和制定部分图形符号国家标准。现行的标识单体及标识环境设计参考标准主要有：《标志用公共信息图形符号》系列标准、《公共信息导向系统》系列标准、《公共建筑标识系统技术规范》，这些标准基本都是推荐标准，并非强制实施。

《标志用公共信息图形符号》系列国家标准规定了 373 个用于各类场合的图形符号和标志，并规定了标志用公共信息图形符号的内容、范围、颜色及应用等方面的内容。该系列国家标准构建了我国的标志用公共信息图形符号体系，是支撑我国城市公共信息导向系统建设的重要标准，按照该系列标准中规定的图形符号建立的城市导向系统，能让不同语言、不同文化程度的人在城市的各个公共场所内方便、快捷、自如地活动，从而达到以人为本、节约时间、提高效率的目的。

此外，我们还可以参考一些国外的标识设计标准，如 ISO 和美国、日本等先进国家或机构的标准。需要注意其中有些标准和我国的国家标准略有不同，如 ISO 关于安全色彩使用的规定，国内的设计工作应当以我国的标准规范为准。

2）标识图形符号设计的基本原则

在 1967 年纽约近代美术馆举行的交通标识会议上，确定了良好的标识所具备的条件应该是：明确性、最小限度的歧义、标准性和反复性等。虽然交通标识有自己独特的要求，但是上述条件对在任何场合使用的标识都是有参考意义的。

（1）我国标准《标志用图形符号表示规则》GB/T 16903.1—2008指出标识的一般设计原则包括：

a. 醒目清晰；

b. 易于理解；

c. 易与其预定含义产生联系；

d. 使符号细节尽量少，仅包含有助于理解图形符号含义的符号细节；

e. 易与其他图形符号相互区别；

f. 尽可能将图形符号设计成对称的形式；

g. 基于易被公众识别的物体、行为动作或二者的组合进行设计，避免使用与流行式样有关的图形作为符号要素；

h. 将用于同一领域中的图形符号设计成相同的风格。

（2）《标志用图形符号表示规则》还提出了一些具体的设计规定：

a. 字符宜仅用作符号要素（即少用文字说明）；

b. 设计时应首先使用实心图形，必要时可使用轮廓线；

c. 图形符号的线宽不应小于2.0mm，线条之间的距离不应小于1.5mm；

d. 图形符号中最小符号要素的尺寸不应小于3.5mm×2.5mm；

e. 图形符号颜色宜为黑色，背景宜为白色，表示否定的直杠或叉形的颜色宜为红色；

f. 宜避免使符号带有方向性或隐含方向性。

（3）《公共信息导向系统——基于无障碍需求的设计与设置原则》GB/T 31015-2014也提出了一些原则：

a. 优先使用《公共信息图形符号》系列标准已有的图形符号；

b. 若无适合的标准图形，则按前述原则设计，但非标准图形宜带有辅助说明文字；

c. 颜色不应是唯一手段，对视力障碍者还应采用数字、文字说明。

为了综合地建设标识环境，就要将所有与视觉信息相关的因素整合起来进行研究，并与建筑、照明、通信及各种设备等保持密切的合作。标识环境只有满足了心理因素、信赖感、美观性、舒适性等要求，才能成为令人满意的标识环境。

3）标识环境中的标识设置原则

良好的标识环境，不仅对残疾人，对所有人的生活都是非常重要的。即使是健全人，如果在路上被大雾包围的话，也会容易失去前进的方向，甚至会有威胁到生命的可能；一座大型综合性建筑物或第一次深入其中的时候，如果没有适当的标识提示信息，人们也很难找到行进路线和目的地。导向信息应该对任何使用者都容易理解并连续不断地设置。如果条件允许，还应用视觉、听觉、触觉的手段重复地告知使用者。导向信息如果不是像锁链一样系统地让人们认知的话，就会使人产生一种不安心的感觉，或者使行动出现错误。

标识环境的系统性设计主要参考我国《公共信息导向系统》和《公共建筑标识系统技术规范》两个标准。《公共信息导向系统》提出了规范性、系统性、醒目性、清晰性、协调性、安全性的原则;《公共建筑标识系统技术规范》提出了一般规定，包括以建筑功能流线为依据、分层级设置，与建筑、景观和室内设计协同进行，综合确定信息分级和分布密度，避免遮蔽其他设施，宜合并设置。归纳起来，主要的设计原则如下:

（1）合理架构标识系统：应充分考虑使用者的信息需求，并结合空间环境的功能、流线，将信息归类、分级，合理规划标识的点位与密度，使环境中的标识整体化、网络化、立体化。

（2）选择恰当的标识类型：前面已经介绍了标识的诸多分类方法，在特定的环境中，必须选择合理的标识类型，或者综合运用多种标识，才能有效地传达信息。标识类型的选择应考虑使用者在空间环境中的主要观察方式，例如在线性空间（如走廊）中，宜以悬挑式、悬挂式标识为主，辅以贴壁式、地面式标识引导，而空旷环境则宜以贴壁式、立牌式标识为主。

（3）图示标明位置：如果人们把握不了自己与周围环境的位置关系，也就无法预知当下所处位置和目的地的关系。如果有地图或分布图、引导牌等指示，就可以详细地了解周围的状况，知道自己的行进目标。因此，示意图的设计要简洁明确，让少年儿童也易于理解，文字放大，最好有凹凸以便视力障碍者触知内容。若考虑乘轮椅者的观察要求，示意图安装高度不能过高。

（4）文字明显准确：地名、车站名、房间号等，如果不采用较大的文字或者标记性字体，就难以正常发挥效用，使用盲文提示信息或凹凸字体，应配置在人体便于接近、手可以触摸到的范围内。在多处设置成系统时，要统一位置和形式。

（5）导向连续化、系统化：实际的建筑环境中，行进路径往往并非单一而是有多种选择，这时除了用箭头标出方向，还需要指示目的地。如果有多条路线可以到达，那么，对于残疾人等弱势人群，应指示一条方便无障碍通行的路径。在人行流线的起点、终点、转折点、分叉点、交汇点等容易引起行人对人行路线产生疑惑的位置，应设置导向标识点位;各类人行导向标识的最大布点间距建议不大于30m。如对于建筑物，应标示出入口（大门）导向图—电梯（或楼梯）位置—操作牌—各层标识—停止或升降提示—出口标识等。车行导向标识点位设置应满足前置距离，并易于识别;限制标识应设置在路段起始位置。如停车场，应按顺序标出车辆的入口导向标识—停车车位—出口导向标识等。

（6）导向标识节点显著：主要目的地以外的导向标识，比如询问处、卫生间、电话亭、餐馆、避难出入口、火灾报警器等，需要将其设置在很容易看到的地方。

（7）预先警告危险：身体残疾者不能通过的路，一定要有预先告知标识。车行引导标识应设置在道路的分叉点、交汇点之前一定距离。

4.3.2 为视力障碍者设计的标识

全盲者的导向与定位需要依据声音、脚感（地面质感、盲道的凹凸等）、触感（扶手、凹凸文字、触觉地图、盲文等）。色盲、色弱这类障碍者难以辨认色彩标识，应利用提高对比度的方法。弱视者的需求已反复强调：大字体、高对比度、标识适度照明。

1）视力障碍者的象征性标识

视力障碍者可以利用的象征性标识如图4-14所示，左图是由世界盲人联合组织制定的，右图为我国的象征性标识。这种象征性标识其实是向视力障碍者以外的人传达信息。例如允许导盲犬的象征性标识，与其说是向盲人提供信息，还不如说是让其他设施使用者知道该场所是盲人可以带着导盲犬进入的。它应是向残疾人周边的健全人宣传和增进理解的手段。

图4-14 视觉障碍象征性
标识
（*a*）世界盲人联合组织制定；
（*b*）我国标准规定

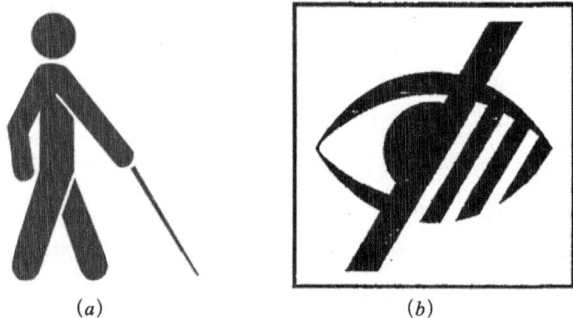
(*a*)　　　　　　(*b*)

2）为弱视者设计的文字标识

弱视者使用的文字标识，应放大字体（可计算），使文字与底色保持较高对比度（或亮度比）。英文、数字或汉字等各类文字，其字符高度、笔画数量、笔画粗细、字体选型及文字间距都直接影响文字标识的辨识度。

（1）英文和数字的字体高度，可参考人体工程学家 Peters 和 Adams 建议的公式取值：

$$H=0.0022D+25.4（K_1+K_2）$$

在普通照明条件下，可使用更简便的 007 公式：

$$H=0.007D$$

注：H——字符高度（mm）；D——视距（mm）；

K_1——与内容重要性的相关系数，一般情况下取 0，重要情况下取 0.075；

K_2——与照明条件的相关系数，根据照明条件的很好（0.06）、好（0.16）和一般（0.26）分别取值。

当人眼与目标的距离小于 500mm 时，文字的大小不能小于 2.6mm。
汉字大小的设计亦有相关成果，本书编写者实验研究的成果也提出了计算公式，并以设计更常用的"磅"（pt）为字号单位：
$$P=43.921D+2.8702$$
　　注：P——汉字字号（pt）；D——最大观察视距（m）。

　　（2）笔画数量：汉字笔画数的增加是导致视距降低的主要原因。对弱视者而言，无论哪种字体，其10画以上汉字的视距明显低于1~9画的字。笔画数的增加，一方面导致了认知加工时间的增加，另一方面使汉字的空间拥挤，笔画间的空隙减小，掩没了字的细节和特征，降低了字的易识别性。本书编写者实验研究的成果表明：清晰辨认所需的汉字字号虽然随着笔画数增大而增大，但并未呈现明显的量化关系，即不能仅根据汉字笔画设计字号，因为字号还与下述笔画粗细、间距等相关。

　　（3）笔画粗细：过粗或过细的笔画均导致文字辨识度降低。过粗的笔画使字体笔画空间减小，过细的笔画在高亮度下，因字符的背景亮度加大而影响辨认。文字笔画与空隙和背景的比例关系均要控制好。

　　（4）字的高宽比及间距：对外文和数字采用3：2~5：3的高宽比，字距采用1.2~1.4d（d为笔画宽度），词语间隙≥3.0d，行距≥1/3h（h为字高）；对汉字可采用3：2~4：3的高宽比，字距采用0.25~0.30h（h为字高），词语间隙≥（0.75~1）h，行距≥1/3h。

　　（5）字体风格：特征复杂、笔画粗细不均的字体相对难以辨认。设计经验表明，在相同条件下，中文使用黑体、等线体类等无衬线的字体有利于弱视者辨认。对于英文字母，也应选择笔画均匀简洁、无衬线的字体。相对于只用大写字母的标识，同时使用大、小写的标识更易理解。

　　3）为弱视者设计的图形标识

　　醒目明晰的图形标识可增强视觉冲击力，增加弱视者正确获取信息的机会。根据视觉设计的原理和弱视者的视觉特点，用于住宅室内环境的图形标识设计应符合以下原则：

　　（1）图形与背景界限清楚，图底关系明确，对比明显，构图平衡稳定。

　　（2）图形宜闭合完整、简洁明快，构图要素尽量采用水平或垂直的块、面，避免用单线、曲折线或不规则的线条构图。

　　（3）图意对应一致，确定的图形能唯一涉及某个物体或动作，且该物体或动作对于观察者来讲，其意义独一无二、明白无误。

　　4）为弱视者设计的标识对比度与照度

　　图文标识的辨认，主要依靠标识图底对比度以及标识牌与背景的亮度对比。本书编写者实验研究的成果表明：室内使用的标识在视距不大于2m时，建议最小亮度比至少达到2.0（即对比度30%）；视距2.1~5m时，建议最小亮度比至少达到5.0（即对比度80%）。通常需要给予标识牌适当的照度，即多采用亮图文标识与暗背景的图文组合方式。

　　在选择适宜的图文标识亮度后，利用好色彩对比还可以进一步提高其易识性。图文标识和背景色彩组合的易识性与目标亮度关系密切，亮度越大，易识性越好；不同的亮度水平应选择不同的色彩组合。标识本体的照度宜为 200~500lx，并避免眩光。

5）标识牌尺寸

根据《公共信息导向系统》，标识牌的最小尺寸宜根据公式计算：

$$L=0.025D$$

注：L——标识牌短边长（m）；D——最大观察视距（m）。

6）为视力障碍者设计的触觉标识

触觉标识包括触觉符号和盲文标识两类。美国常常在电梯的出入口设置表示层数的标识，在门旁设置可触摸字符导向示意装置表示房间号（图 4-15）。触觉示意图是针对视力障碍者的代表性标识，如图 4-16、图 4-17 所示。但是，仅靠指尖的感觉和盲文来感知理解空间的构造是非常困难的。其设置应当非常细致周到，如与声音介绍等感知手段相结合。

触觉标识设置的高度，建议在距地面 900~1600mm 的范围内。建

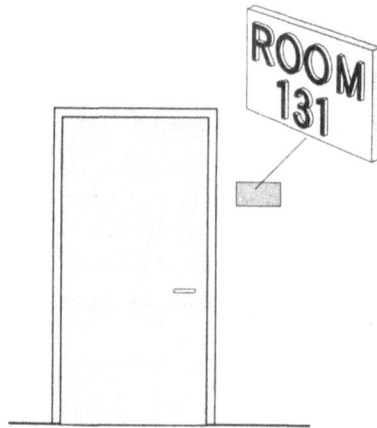

图 4-15　立体触觉信息

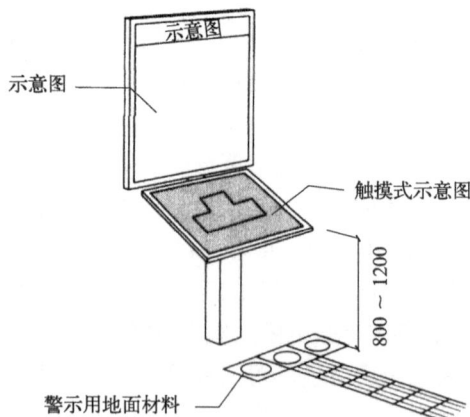

图 4-16　触觉示意图与普通文字示意图并用（左）

图 4-17　德国的盲人触知示意图（右）

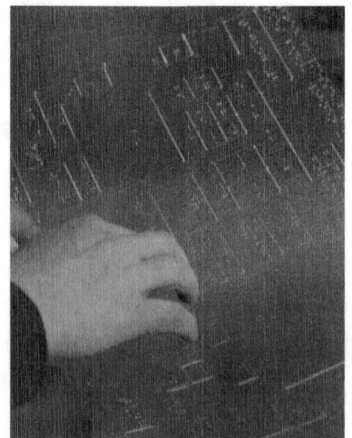

筑空间中的触觉标识系统，建议设置的位置和形式见表 4-1。

触觉标识系统设置的位置和形式 表 4-1

设置位置	设置形式
无障碍出入口	盲道、凸点盲文、凸出方向箭头、触摸式空间信息
轮椅坡道	扶手凸点盲文、凸出方向箭头
楼梯	扶手盲文楼层信息、盲文地图
无障碍电梯	盲文按钮、带有楼层语音提示的设备、盲文地图
走道、过厅、通廊	扶手凸点盲文、凸出方向箭头、盲道、盲文地图
无障碍设施	盲文识别标识
无障碍厕所	盲文识别标识
建筑各功能空间	盲文识别标识、无障碍出入口指示、盲文地图

7）为视力障碍者设计的听觉、嗅觉标识

对于通过视觉瞬间获得各种信息极为困难的视力障碍者，宜综合使用触觉、听觉、嗅觉及体感等感官知觉手段来传达信息。图 4-18 是视力障碍者专用设施内的这类标识的一例。设置在设施内通道交叉点的鸟笼及喷水就是将鸟叫声、气味及水声等作为刺激听觉、嗅觉的标识信息，这对于视力障碍者把握在相似的空间中的位置关系起到了很大作用。听觉标识参考的量化指标为：在一定语言干涉升级或噪声干扰升级下，言语清晰度不应小于 75%，强度不应小于背景环境噪声 15dB。

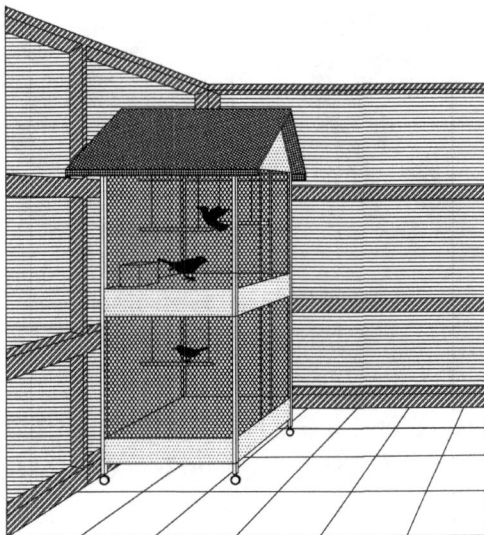

图 4-18 视力障碍者设施内的鸟笼（丹麦）

8)标识材料

综合考虑标识应适合触摸和观察,故其材料宜选用环保、经济、热惰性高、无眩光、安全、耐久的材料。有夜间使用需求的建筑标识宜采用电光源型、荧光膜或反光膜。

4.3.3 为乘轮椅者设计的标识

(1)针对乘轮椅者,标识安装位置及高度在设计时应预先考虑。最广泛使用的贴壁式、地牌式、阅读板式标识应适当降低安装高度。主要使用对象为乘轮椅者的标识(如无障碍电梯中的标识)高度应为1.1~1.2m;通用标识应考虑普通人的视线高度,建议安装高度宜为标识牌中心距地面1.4m左右。悬挂式、悬挑式标识因本身安装位置较高,应适当放大图形和文字,同时本身不形成视线或通行障碍。

(2)轮椅不能通行的路段,要在路口设置预告标识。现实中轮椅不能通过的路段很多,因此应将可以通行的道路标记在导向图上告知使用者。

(3)轮椅可以使用的卫生间应在无障碍入口处设置总平面导览图,标出其所在位置。

4.3.4 为听觉障碍者设计的标识

听觉残疾者主要使用视觉标识。听觉障碍者可以利用的标识如图4-19所示,虽然是直接利用耳朵形状设计而成,但是中间的斜线则给人以否定耳朵的负面印象,所以这个标识利用得还不太广泛。日本德福标识设计研究会征求了听觉障碍者的意见后,设计出了将手语与鸽子结合在一起的形象,如图4-20所示,但是不容易理解。

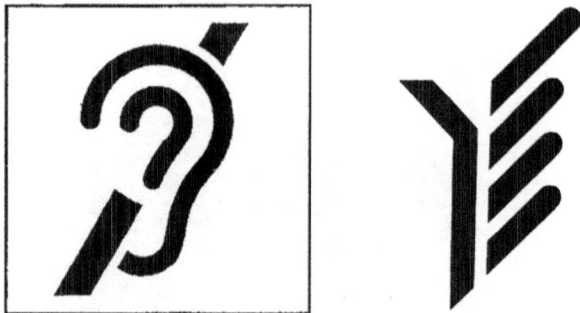

图4-19 世界聋哑联盟和我国标准制定的标识(左)
图4-20 日本德福标识设计研究会设计的听觉障碍标识(右)

4.3.5 为老年人设计的标识

老年人使用的标识除具有弱视者标识的特点外,还应具备一些特征:

(1)因为老年人不容易听到声音的诱导,警笛警报不易听到,有时会出现生命危险,所以同时用大声或醒目的文字告知为好。

（2）总有不放心的感觉，总想反复确认，因此，在每一个路口都需要设置引导标识。

4.3.6 为其他障碍人群设计的标识

为幼儿设计的标识宜用有色彩的或容易辨认的图形（花或动物）来作标记。外国人较多的环境应适当为标识配置英文，尤其是那些非国际标准、属于我国自创的标识图形。

4.3.7 为陌生来客设计的标识

经验告诉我们，对初次访问的场所，常常要根据以往在其他环境中的经验来判断和行动，但是，如果环境过于复杂，还是会判断失误。千篇一律的造型，容易导致找不到目的地，这种情况下应当配置个性鲜明、容易区分的标识。黑暗的环境也不利于辨认，最好有适当的照明。尤其是对于陌生国家的来客，标识的设计应当让他们也容易理解和使用。

（1）方向指示标识：人们到达陌生的一处城市环境，通常先查看游览图、示意图，根据目的地判断前进方向，之后还要在路线上不断确认节点和方向，最后到达目的地。这种情形下最具实用价值的标识是方向指示标识。引导人们去往城市的标志性建筑物及游览景点等地，使用方向指示标识的几率很高。

方向指示标识有用于机动车道、行人道等多种多样，尤其是机动车道上的方向指示标识应当是不用刻意减速也容易辨识的。如图 4-21 所示，在行车道上，考虑机动车的行驶速度，依据视觉残留原理，路面指示标识需要加大长度。

（2）安全标识见本章 4.3.8 节所述。

图 4-21 路面信息的视觉残留

4.3.8 安全标识设置

按照 ISO7010 标准或我国的《安全色和安全标志》标准，安全标识共有 5 类，其类型和形状、颜色见表 4-2。然而，在我国并不与其完全相同，其中的蓝色强制标识较少使用。

安全标识类型 表 4-2

安全标识类型	含义	主色调	对比色	形状	示例
禁止标识	禁止	红	白、黑	圆环和斜杠	 禁止明火
指令标识	必须遵守	蓝	白	圆	 务必使用听力保护
危险警告标识	警告危险	黄	黑	弧形倒角的三角形	 通用危险标识
安全状况标识	安全设备和出口	绿	白	正方形或矩形	 安全出口
消防安全标识	防火	红	白	正方形	 灭火器

常见的安全出口标识应使用绿色背景下的白色图形，该标识指示的逃生途径是供残疾人和正常人共同使用的，如图 4-22 所示。标志应尽可能悬置于灯具的下面，这样标志的两边都可得到均匀的照明。照明亮度应高于普通照明亮度 25~40W。

在不安全的环境中，应当通过预先的安全设计来避免危险的因素。如果难以避免的话，应告知大家危险的地方在哪，以使大家绕开这些地方，避免发生危险，如图4-23所示。或者用提醒大家注意安全的做法来保障安全，如交通信号中禁止通行的"红色信号"和进入时要注意的"黄色信号"两种标志。在危险性较大而又需要大多数人避开时，只立一个标识还远远不够，还必须添加防护栏杆。

图4-22 安全出口标识（左）
图4-23 危险警告标识（右）

危险标识如果没有被看到或者被看错就容易造成生命危险，因此，必须是容易看到的内容和容易理解的标识。文字或标识应设计得大一些，用闪烁光或声音的形式重复传达（常见的如黄色旋转灯和广播通知），对于安全问题，要特别加倍地提醒注意，特别是对视觉或听觉有障碍的人做出提醒是必不可少的。另一方面，如果传达方法使人们过于紧张、惊惶失措，或陷入恐慌的话，有时会产生适得其反的效果。要特别注意火灾、地震等异常情况下疏散的标识。可以预见，在发生紧急状况时，由于生命线遭到损坏，会发生停电等现象，因此平时能够利用的各种电子标识系统届时将几乎不能发挥作用，即使是集成了高新技术的标识也可能会失效，故而设置确保最小限度的安全性及行动的标识是非常重要的。在四川汶川大地震发生时，紧急信息的重要性再次得到确认。事实上，在紧急时刻更可以看出，在整个城市环境中，帮助残疾人及老年人的标识环境是不可缺少的。

在日本，小学等公共设施在规划中还作为发生震灾等紧急状况时地区居民的疏散场所，其标识如图4-24所示，它的设置让居民在日常的

图4-24 日本兼作避难场所的小学标识

生活中了解这些设施可以兼作避难设施，并且该实例还考虑了外国人的利用方便、易懂。

4.4 无障碍标识设计的发展方向

4.4.1 标识设计的现存问题

我国既有的标识设计或标识环境还存在一些欠缺：

（1）感官刺激设计单一。现今城市的标识设计中，仅使用文字的居多，由于感官单一、枯燥乏味，难以引起残疾人和多数市民的重视。只有当不识字的使用者进入城市时，能够在导向标识的指引下生活自如，这样的标识设计才算是成功的。标识设计应当站在最低端用户的角度去考虑，必须充分考虑到社会弱势群体的需要，因而，单一感官刺激的标识设计功能是较弱的。

（2）设计归类的混乱。心理学研究发现，人类的感官会对同类型的颜色、图案、声音等刺激进行自动归类，因而在导向设计中，对于同种类型元素的运用显得尤为重要。一旦混淆，会和人的心理习惯产生抵触，甚至造成误导。例如地铁的盲道外围设计了"候车区"和"下客区"的导向标识，但是两个标识的颜色相同（图4-25），以致必须由管理员用喇叭喊叫来提示周围人群。否则，这两个导向标识形同虚设。许多国际大都市的交通系统、指示系统、警示系统的建设都由一个部门统筹规划，这其中包括了对于标识设计的统筹。统一规划的标识设计不仅可以形成风格上的一致，还能在分类上做到明晰、有序。

（3）位置设计随意、缺乏连续性。导向标识设计所设置的位置是标识设计的要素之一，只有合理的位置才能保证标识起到它应有的作用，否则易被人们忽视。例如由于道路导向标识的位置不合理而造成驾驶员被罚款的事屡有发生；在传统剧院里，"安全出口"、"紧急逃生"等常见的导向标识一般都会设置在门楣和墙壁上，但由于设置高度和位置、剧场光环境等问题，很容易被忽视；某妇产医院的无障碍设施标识（图4-26），位置过低，还凹在里面，发现它极其困难。设在道路上的地形指示牌也有类似的问题，这些地形指示牌一般设在一个路段的路口，虽然设计得很醒目，但由于地形图比较难记，游客经常走到一半又忘记地形，而下一个地形图又相距过远。

（4）信息虚假、管理不善。许多情况下，残疾人明明看到了无障碍设施标识及其位置示意图，但辗转奔向该处设施地点却发现根本没有此项功能或者设施被占用。此种情况更为恶劣，残疾人转向设施所处位置通常会比普通人花费更多的体力、精力，如果发现不能实际使用的话，无疑会感到遭受欺骗，受到体力和精神上的双重损害。

图 4-25　地铁"候车区"和"下客区"的导向标识颜色相同（左）
图 4-26　某妇产医院的无障碍标识（右）

4.4.2　广义无障碍标识设计的发展趋势

只有合理的标识设计，才能创造一个良好的生活环境。根据标识本身的要素、特点及设计中出现的问题，标识设计的趋势体现出以下发展方向：

1）易知性与系统性

（1）显著性和位置的合理性。为满足在视觉上明显为人所见这一必备要求，必须充分探讨标识的尺度、位置、色彩及材质等物理构成要素后再进行设计。标识的大小与使用者之间的视距关系可参考本章 4.3.1 节的内容，但是标识的尺度值则因具体标识的形状、使用者等的不同而有所不同，不是绝对的。另外，当标识与各种环境要素形成一体、构成动态表现时，就不能片面强调醒目性和趣味性，应该以人的基本生理特性为背景，进行研究探讨，而且应该根据时间、气候等环境条件灵活设定。

我们经常会发现，在接近目的场所时，相关目的地的所有标识都消失了，经询问才知道原来已经到达了目的地。这是因为在醒目的地方没有表示场所的标识、表示建筑及设施名称的定点标识。从整个城市环境的视点看，虽然建筑物、广场、纪念碑等本身就有地标的作用，但是也不能忘记设置标明位置和场所的标识，并且应当设在容易看见的位置，这样才能起到导向的作用。例如美国西雅图图书馆是位于市中心的一座造型独特的地标性建筑，图书馆有南北侧两个主入口，临街大门的内外两侧均设置了巨大的无障碍标识，清晰地指明了入口所在位置和开启方向，并在进门的必经之处设置了与轮椅置肘高度相同的附有无障碍标识的开门按钮，不必刻意伸手即可开启轮椅通道（图 4-27a、图 4-27b），离馆亦如此。另一入口环境优雅，设有喷泉和绿化广场，然而在靠近大门的位置却有一个似乎是"障碍"的混凝土短柱，近前观看就能发现柱上原来设有"巨大"的附带无障碍标识的控制按钮（图 4-27c、图

4-27*d*），乘轮椅者无论从哪个方向来，都可以清楚地看到并找到属于自己的建筑入口。

图4-27 西雅图图书馆入口无障碍标识
（*a*）北入口室外无障碍标识；
（*b*）北入口室内无障碍标识；
（*c*）南入口和混凝土柱；
（*d*）混凝土柱上有无障碍标识及按钮

此外，在美国、日本等国的一些城市内，地形图导向设计选择了很好的位置，把原来的大型地形图标牌缩小，并把它们放在每个公用电话亭的背后、垃圾桶的侧面，让游客边走边看（图4-28）。在欧美国家，很早以前就已经在交叉路口设置标识以表示街道的名称，可以让行人明确自己所在的位置。设计形式全市统一，这样，即使在陌生的地方，也容易发现目标标识，容易理解。例如在雷同建筑林立的新型住宅区，在街头设置如图4-29所示的注明街道的巨大标识。

图4-28 公用电话亭设置地形图（左）
图4-29 注明街道的巨大标识（右）

（2）颜色区分设计：一个常见的例子，就是红色标识在国外常常表示禁止进入或使用。国内某些酒店的卫生间采用了红色标识，可能会导致外国游客产生误解。又如地铁的候车区与出站区，就应当用不同的颜色标识提醒人们，避免进入误区。国外的一些建筑，将颜色分区扩大到很多方面，例如医院为了提高使用效率，方便患者快速找到和记忆所去的科室位置，电梯和指示牌在不同楼层设计成不同颜色，并且在主要通道都设有明显的标识牌（图4~30），患者可以在大厅很容易地按照不同颜色的指示牌直达电梯口；还可以将不同科室设计成不同颜色，有利于提高使用效率，方便患者快速找到和记忆所去的科室位置，标识甚至会融合于墙面，并且在主要通道都设有明显的标识牌（图4-31）。我国许多城市在建设地铁线路时，也使用颜色进行区分，在复杂的地铁站内，使用者只需按照各条路线所特有的颜色指示牌就可以找到该站台（图4-32）。

图4-30　某医院各楼层电梯使用不同颜色

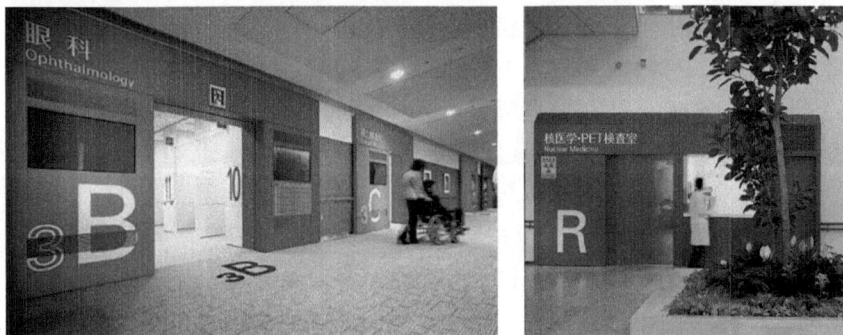

图4-31　东京女子医科大学医院标识

图4-32　武汉地铁指示牌和车厢颜色

（3）视觉设置的人性化：在设置导向标识的时候要充分考虑到人的视觉舒适度，比如标识高度的设置、字体的大小以及地图的比例等，力求人性化。图形所采用的形式应当考虑各种类型残疾人的需要，例如采用强烈的色彩和照明的对比，点灭式的视觉信号等。

（4）系统的衔接与连贯性：标识具有多种功能，因此与各种功能相吻合的规划布置十分重要。设置以引导为目的的标识时应保持适当的间隔，同时必须注意让使用者理解前后之间的衔接和相关性。在规划区域内设置的标识，不应过于注重形式，而应明确标识的定位。引导路线上的标识不仅需要从规划者的角度考虑，还要从中途节点进入或退出的使用者的角度来考虑，将各个标识整合起来，强化网络之间的联系，使导向标识充分反映所有空间的概况。此外，考虑到使用者的行动条件，最好能将标识与其周围的空间及休息设施等作为一体来考虑，不应在环境形成之后再进行标识系统的规划，应尽量站在标识的视点，将环境本身作为标识系统来构筑，期望环境本身就可以作为标识为所有利用者带来易于理解的空间结构和必要的信息。在大型综合设施的规划中，如果将空间的易懂性作为设计的主题来考虑环境的构成，那么标识设计与设置将更为系统化，识别更为方便、容易。

2）广泛性与多样性

（1）感官传达的综合性：对视力障碍者来说，依赖视觉功能是有限度的，如果采用可以与其他感官并用的标识设计，不但可以对视力障碍者发挥作用，有时对健全人也会成为更加有效的标识。不具备汉语能力的外国人，或者不能充分理解语言的儿童等所能认知的标识，并不是直接采用语言的标识，而是通过颜色、形状、声音、振动及气味等表示的标识。这类为让更多人理解而对五官感知加以灵活运用的综合性标识将成为标识设计的重要方向之一。

（2）安置场所和使用范围的广泛性：在发达国家，无障碍标识的设置场所从城市街道、建筑物、广场及纪念碑，到机场、车站、各种设备设施，几乎无处不在。这些标识不但适用于残疾人，也惠及普通健康人群、少年儿童和外国人。

标识除适应商品包装、装潢外，还要适宜电视传播、霓虹灯装饰、建筑物、交通工具以及各种工艺制作及有关材料等，包括各种压印、模印、丝网印和彩印等，在任何使用条件下确保其清晰、可辨。

（3）展示方式的多样化设计：本章4.2.2节已经对标识作了分类，这些分类方式提示我们，各种导向标识可以设计成众多的展示方式，除了常见的悬挂与贴壁形式外，还可以镶嵌在地面上，为了强调标识效果，可以设计成平面、立体等多种形式，而且视觉距离适中，使用者可以很舒服地利用它。日本长崎县立美术馆内的视觉形象由日本原研哉事务所设计，其厕所标识牌是用不锈钢做成的一个立体的指向房间的箭头，穿裙子或西装的人站在箭头后面（图4-33a），在楼道的很远处就可以看到它，相当醒目，有些指示箭头会随着墙角转过去（图4-33b），别具一格。

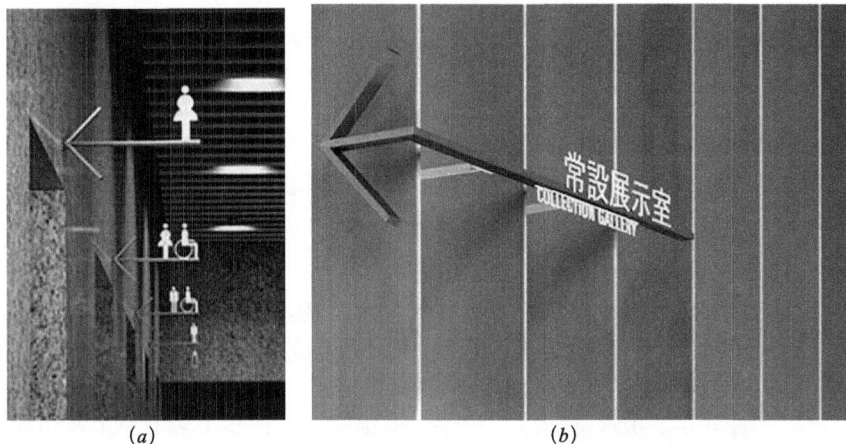

图4-33 长崎县立美术馆的标识
(a) 厕所标识牌；
(b) 转角的指示箭头

（4）材料运用的多样化：除常见的金属和合成材料之外，建议适当多使用木材、石材，还可以采用一些新型材料制作标识牌，如新出现的纳米材料、膜材料、充气材料，不但极具时代感，还能够自我清洁、维护。如原研哉设计的梅田医院标识系统，最大的特点就是使用白纱棉布作为主要标识的材料，传递出一种织物般柔和的感觉，营造出一种温馨的氛围，仿佛触摸到人心底最柔软的部分，并且可以洗涤，十分契合妇产医院的特点。

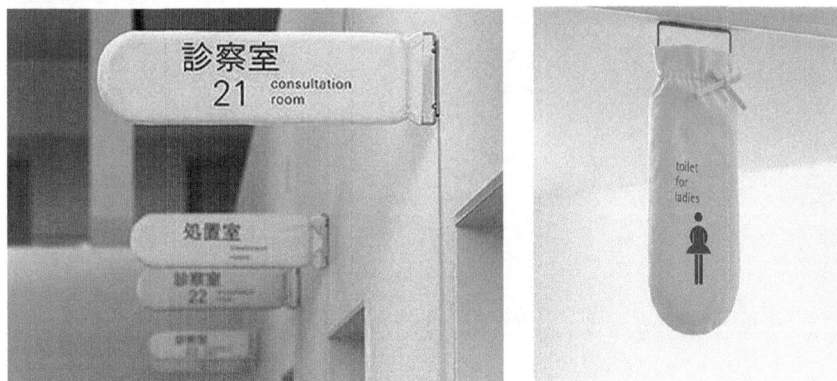

图4-34 梅田医院标识

3）艺术性与地域性

（1）标识物设计的艺术性：一个良好的标识设计，要使人看了之后便能产生愉快的视觉与深刻的印象，它不仅是功能性的设计，也是一种图形艺术设计（图4~34）。标识设计与其他图形艺术表现方式既有相同之处，又有自己的特性，它对简练、概括、完美的要求十分苛刻，要达到几乎找不到更好的替代方案的程度才算成功，其难度比之其他任何图形艺术设计更大。

要做到设计的艺术性,应遵循以下原则:

a. 设计必须充分调研使用者的环境行为学和心理学特征,掌握相关的设计标准与规范,强调实用性、可实施性。

b. 标识的形状、材质、构造、安装位置、高度等设计要素均需考虑周到,还需兼顾模数规格,考虑大量使用、传播时所需放大、缩小的视觉效果。

c. 设计要符合使用者的接受能力、审美意识、社会心理和禁忌。

d. 构思须慎重,力求深刻、巧妙、新颖、独特,表意准确,能经住时间的考验。

e. 构图要凝练、美观,表达准确,无歧义。

f. 图形、符号既要简练、概括,又要讲究艺术性。

g. 色彩要简洁、强烈、明晰。

h. 遵循艺术规律的同时,在艺术表现手法和形式上要敢于大胆讲求创造性突破,引领设计的时代潮流。

俄罗斯某眼科诊所的标识系统图形符号设计得非常简洁、凝练(图4-35),虽然不是完全按照标准照搬的标识图形,但却表达明确、无歧义,并且与室内设计的现代简约风格十分融洽。

图4-35 俄罗斯某眼科诊所的标识

(2)标识设计的地域特色:标识在形式和内涵上应力求让普通市民感受到地方特色、民族特色,应该从环境设计的角度来考虑表现地方个性的标识。在旅游地区,有很多标识可以作为一个地方的纪念性作品,这种融入场所精神的主题并饱含地域特色的设计备受人们的青睐。

传承饱含历史文化背景等名词的由来,保留长期约定俗成的名称也是必不可少的。导向标识不仅仅是表示场所的符号象征,它还是表现、弘扬地域特色的"窗口"。不但地名如此,建筑名称、景点名称也如是,甚至住宅、学校的标识也能够成为点缀城市文化特色的一分子。在有"时尚之都"称号的巴黎，由新艺术运动大师赫克托·吉马德（Hector Guimard）设计的地铁入口标识（图4-36）也非常考究，并与建筑风格相得益彰。也许新艺术运动风格显得有些老旧，但这种古典而浪漫的个性与巴黎的城市氛围十分协调。又如韩国某卫生间标识图形采用了身着传统服饰的人物造型（图4-37），颇具地域特色。北京奥运会的一个悬挂式无障碍标识与奥运会主题标识的"篆刻"、"象形文字"一脉相承（图4-38），也体现了中国文化特征。

图4-36　巴黎地铁入口标识（左）
图4-37　韩国某卫生间标识（右）

图4-38　北京奥运某无障碍标识

（3）标识物的形象性、趣味性设计：在国内常见的各种标识往往设计得过于"标准"、"官方"，常常采用方形的标识牌加上严肃的黑体字，让人觉得索然无味，毫无活力，以致懒得搭理，这就削弱了标识本应有的导向作用。在国外，指示医院的标牌外形除了十字架元素外，还会设计成医生听诊器（图4-39），我国标准中，电影院用胶片和观众的形象（图4-40），警察局则用警察的剪影表现（图4-41），人们自然明白这里所指示的是什么场所。北京奥运会的一些无障碍标识设计已经体现出一些进步，具有趣味性且显得十分可爱（图4-42）。有的公共场所考虑到儿童认字不多，往往设计成很有趣味的路标，可以让走失的小孩方便地找到出口或者到警察局寻求帮助。伦敦某儿童医院的标识系统全部设计为可爱的动物形象，减轻了儿童的紧张心理，极其贴合建筑的环境特质和功能需求（图4-43）。

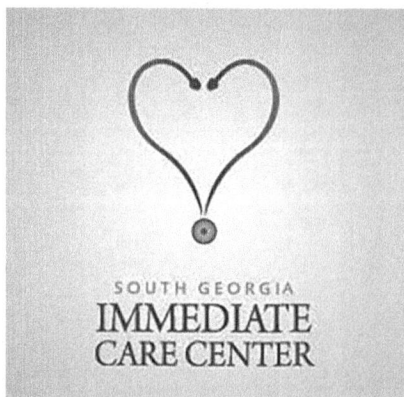

图4-39 医院标识

图4-40 电影院标识（左）
图4-41 警察局标识（右）

图4-42 北京奥运会体育场"鸟巢"的无障碍设施和卫生间标识

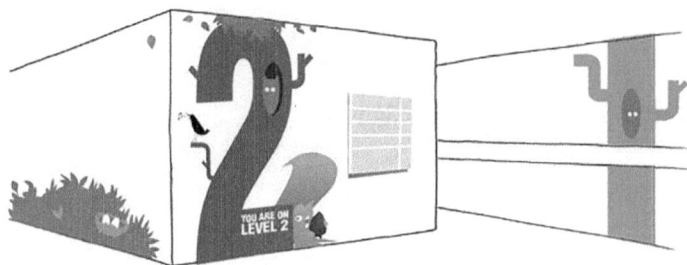

(a)

(b)

图 4-43　伦敦某儿童医院标识设计
(a) 标识方案；(b) 实景照片

4）设计的公众参与

一般来说，标识大多是专业设计师学习、磨练多年，沉淀、积累后打造而成的，然而却常常遭到使用者的不满和抱怨。如果从最初的构思创想阶段就邀请使用者参与，明确标识的设计概念乃至生成的全过程，明确设计目的和方向性，就会激发使用者的热情，创造出他们满意的标识。由于是市民自己"设计"的，对自家"孩子"的珍爱之情会油然而生，并能够一直呵护珍惜。标识设置之后，可邀请参与者作为观察员提出建议，让标识对地区的环境发挥更大的作用。

胸怀这种设计者和用户共同参与的设计理念，以服务于所有人、易于使用、人见人爱的标识为目标必然能获得成功。只有深入到公众当中，有了用户的充分参与，才能设计出市民心目中真正完美的标识。

第**5**章 建筑无障碍设计

5.1 建筑无障碍设计内容

随着文明的进步，人们对于建筑无障碍设计的认识也是逐步加深的，从一开始以保护残障人士的出行安全和方便为初衷，逐步发展到关注生理机能逐渐退化的老年人和生理发育尚未健全的儿童。我国在建筑无障碍设计方面的法规建设是与经济、文化的发展相关联的，相当一部分法规正处于制定和细化的阶段，有关法规也在加速完善之中。

建筑无障碍设计是通过对建筑及其构造、构件的设计，使残障者能够安全、方便地到达、通过和使用建筑内部的空间。其设计和实施范围应符合国家和地方现行的有关标准和规定。

综合起来，建筑无障碍设计重点实施的空间包括：

（1）交通环境：出入口、门厅、坡道、通道、楼梯、电梯等。

（2）卫生设施：厕所、盥洗室、浴室等。

（3）生活空间：无障碍住房、无障碍客房、厨房等。

（4）公共空间：观演、商业、图书馆、邮局、办公、运动、住宿、博物馆和美术馆等。

建筑物的无障碍设计主要实施范围分为公共建筑和居住建筑两大类。

5.1.1 公共建筑

公共建筑无障碍设计内容具体见表5-1。

公共建筑无障碍设计的内容　　　　　　　　　　表 5-1

建筑类型	建筑类别	执行规定范围	基本要求
办公、科研、司法建筑	政府办公建筑、司法办公建筑、企事业办公建筑、各类科研建筑、社区办公及其他办公建筑等	接待部门及公共活动区（建筑入口到室内的接待区、办公区、法庭区、休息室及为公众设置的服务设施）	残疾人可使用相应设施；集会场所应设残疾人席位
文化建筑	文化馆、活动中心、图书馆、档案馆、纪念馆、纪念塔、纪念碑、宗教建筑、博物馆、展览馆、科技馆、艺术馆、美术馆、会展中心、剧场、音乐厅、电影院、会堂、演艺中心	公共活动区（接待区、目录及出纳厅、阅览室、声像室、展览厅、报告厅、休息厅及开展各种活动的房间）	残疾人可使用相应设施；主要阅览室、报告厅等应设残疾人席位

续表

建筑类型	建筑类别	执行规定范围	基本要求
商业服务建筑	各类百货店、购物中心、超市、专卖店、专业店、餐饮建筑、旅馆等商业建筑，银行证券等金融服务建筑，邮政、电信局等邮电建筑、娱乐建筑等	营业区（接待区、购物区、自选营业区及等候区）	残疾人可使用相应设施；大型商业服务楼应设可供残疾人使用的电梯；中小型商业服务楼出入口应设有坡道
交通建筑	汽车客运站、公共停车场、汽车加油加气站、高速公路服务区建筑	旅客使用的范围（售票厅、进出港大厅、候机厅、登机通道、进出站大厅、候车厅、检票通道）	残疾人可使用相应设施；提供方便残疾人通行的路线
医疗康复建筑	综合医院、专科医院、疗养院、康复中心、急救中心和其他所有与医疗、康复有关的建筑物	病患者使用的范围	残疾人可使用相应设施
教育建筑	托儿所、幼儿园建筑、中小学及安装、高等院校建筑、职业教育建筑、特殊教育建筑	教学用房、办公室、报告厅等公共活动场所	
福利及特殊服务建筑	福利院、敬老院、老年护理院、老年住宅、残疾人综合服务设施、残疾人托养中心、残疾人体训中心及其他残疾人集中活动使用频率较高的建筑等	公共活动区及部分住房	
体育建筑	体育比赛、体育教学、体育休闲、体育场馆和场地设施等	公共活动区、建筑主要入口、体育活动场地、接待区、售票处、观众厅、休息厅、后台区、主席台、竞赛场地	残疾人可使用相应设施；集会场所应设残疾人席位
城市公共厕所	独立式、附属式公共厕所	无障碍厕位、无障碍洗手池等	残疾人可使用相应设施

注：残疾人可使用相应设施指各类建筑为公众设的道路、坡道、入口、楼梯、电梯、座席、电话、饮水、售厅、厕所、浴室等设施，具体设施内容可根据实际使用需要确定。

5.1.2　居住建筑

居住类建筑无障碍设计的主要范围见表5-2。

居住类建筑无障碍设计的内容　　　　　　　表5-2

高层住宅、中高层住宅高层公寓、中高层公寓	建筑入口、入口平台、楼梯厅、电梯轿厢、公共走道、无障碍住房	入口坡道、扶手、轮椅回转面积、指示牌及其他无障碍设施
多层住宅、低层住宅多层公寓、低层公寓	建筑入口、入口平台、公共走道、楼梯、无障碍住房	入口坡道、扶手、轮椅回转面积、指示牌及其他无障碍设施

续表

职工宿舍、学生宿舍	建筑入口、入口平台、公共走道、公共卫生间、浴室和盥洗室	入口坡道、扶手、轮椅回转面积、指示牌及其他无障碍设施

注：高层、中高层住宅及公寓建筑，每50套住房设2套无障碍住房套型；多层、低层住宅及公寓建筑，每100套住房设2~4套无障碍住房套型；宿舍建筑应在首层设男、女残疾人住房各1间。

5.1.3 一般规定

（1）建筑物入口的通过性与防滑：入口、大厅及室内走道的地面不应光滑。室外通路、建筑入口及室内走道的地面有高差和台阶时，必须设置符合轮椅通行的坡道，在坡道两侧及超过两级台阶的两侧应设扶手。平坡出入口为地面坡度不大于1/20且不设扶手的出入口，在场地条件允许的情况下，鼓励优先选用平坡出入口。当选用自动升降平台装置时可取代坡道。

（2）建筑物内部的垂直交通：设有楼层的公共建筑，应设适合拄拐杖残障者使用的缓坡楼梯，两侧设扶手。当配有客用电梯时，可取代轮椅坡道，电梯的规格及设施应符合乘轮椅者及视力障碍者的使用要求。楼层的医疗建筑中电梯规格应采用"病床梯"。只设有货用电梯时应提供给残障者使用。

（3）卫生间与盥洗室部位：男女洗手间的入口、通道、残疾人的隔间厕位及厕位两侧的安全抓杆，应符合乘轮椅者进入、回旋与使用的要求。男洗手间应设残疾人使用的小便器及安全抓杆，当设有残疾人专用洗手间时，可取代公用洗手间设置的残疾人厕位。

（4）建筑物内部服务设施：公共建筑设置的接待服务台、公共电话及饮水器等设施，其高度应符合乘轮椅者的使用要求。

（5）提示与引导标志：入口至接待区应设盲道。在入口及楼梯、电梯、洗手间、公用电话等位置，应设位置提示标志。

（6）在文化建筑中，阅览室、报告厅、演播厅等，应在出入方便的地段设轮椅席位，其视线不应受到遮挡。在图书馆要备有视力障碍者使用的盲文图书、录音室。

（7）在酒店与旅馆建筑中，应在客房层通行方便的地段设残疾人使用的套房，套房及卫生间的入口、走道及设施，应符合轮椅使用者的使用要求。在卫生间应设应急呼叫按钮。

（8）在观演与体育建筑中，在观众厅出入方便的地段应设轮椅席位，其视线不应受到遮挡，轮椅席范围应设栏杆或栏板，且地面要平整。观演建筑后台及体育建筑中运动员准备区的入口、通道、化妆室、休息室、洗手间、淋浴间、盥洗室等，应符合乘轮椅者的通行和使用要求，在座席区都应设置轮椅席位，并在轮椅席位旁或邻近的座席处设置1∶1的陪护席位，观众厅内座位数为300座及以下时应至少设置1个轮椅席位，300座以上时不应少于0.2%且不少于2个轮椅席位。

（9）在交通建筑中，设有楼层和对旅客进行分流的天桥及地道的交通建筑，应设缓坡楼梯及轮椅坡道及残疾人、老年人使用的电梯。电梯规格及设施应符合乘轮椅者及视力障碍者的使用要求。火车站的月台、长途汽车站台及地铁站台的四周边缘，应设位置标志及提示盲道，行包托运处应设置低位窗口。

（10）在医疗建筑中，住院病房和疗养室设附属卫生间时，应方便轮椅进入，并设观察窗口和应急呼叫按钮。门锁应安装内门外均可使用的门插销。在坐便器、浴盆或淋浴两侧应设安全抓杆。理疗部位的通道、等候室、更衣室、浴室及洗手间，应符合乘轮椅者的通行和使用要求，水疗室的大池应设带扶手的方便轮椅上下水池的坡道。儿童医院的门、急诊部和医技部，每层宜设置至少一处母婴室，并靠近公共厕所。

（11）在学校建筑中，各类学校的室外通路、校园及教学用房、生活用房的入口、走道等地面有高差或设有台阶时，应设方便轮椅通行的坡道，在坡道两侧和超过两级台阶的两侧应设扶手。

（12）距建筑入口最近的停车位，应提供给残障者使用，或在建筑入口单独设残障者停车位。

（13）在无障碍设施的位置应设置无障碍标识。

5.1.4　无障碍建筑项目设计内容

无障碍建筑项目设计的重点部位、重点构件及辅助设施详见表5-3~表5-5。

无障碍建筑重点设计部位　　　　　　　　表 5-3

交通环境	坡道	宽度、长度、坡度、地面、扶手、平台、挡台
	出入口	盲道、台阶、扶手、平台、门厅、音响引导、触摸位置图
	走道	宽度、地面、墙面、扶手、颜色、照度、盲道
	楼梯	防滑、形式、宽度、坡度、扶手、颜色、照度、位置标志
	电梯厅	深度、按钮、照度、音响、显示
	安全出口	路线、位置、形式、颜色、标志
	避难处	路线、位置、面积、标志
	停车位	路线、位置、标志、轮椅通道
卫生设施	卫生间	门宽、面积、抓杆、厕位、地面、水龙头
	浴室	入口、通道、浴间、地面、安全抓杆、水温
生活空间	客房	入口、通道、卫生间、居室
	住房	门宽、面积、通道、朝向
	阳台	出口、门槛、深度、视线

续表

生活空间	厨房	门宽、面积、操作台、吊柜、地面、水龙头
服务设施	轮椅席	位置、宽度、深度、视线、地面、扶手、标志
	服务台	位置、宽度、高度、位置标志

重点建筑构件   表 5—4

门	形式、宽度、把手、拉手、位置标志
窗	形式、宽度、高度、把手、拉手
地面	平整、防滑、不积水
电梯	入口、宽度、深度、按钮、照度、扶手、音响、镜子、位置标志
扶手	形式、高度、强度、颜色、盲文说明

相关辅助设施表   表 5—5

盲道	位置、路线、宽度、色彩
电话	高度、宽度、深度、位置标志
呼叫钮	位置、高度、标志
电开关	位置、高度、形式
电插座	位置、形式、高度
标志	位置、形式、颜色、高度、规格（国家标准通用无障碍标识或国际通用无障碍标志）

5.2　主要部位无障碍设计

5.2.1　出入口

建筑出入口无障碍设计的原则是保证建筑室内外的连续性，平坡出入口、同时设置台阶和轮椅坡道的出入口以及同时设置台阶和升降平台的出入口是人们在通行中最为便捷安全的出入口，通常称为无障碍出入口。当设有踏步时，应设置坡道连接室内外高差。坡道越长，越应尽量保持平缓，当坡道过长时，应当设置休息平台。此外，轮椅使用扶手是坡道必不可少的辅助构件，一般比坡道还要略长，以便于残障者上坡之前攀扶用力。坡道在任何气候条件下都应该是防滑的，但不能过于粗糙，否则会增加轮椅的阻力，使残障者上坡时更加困难。

　　1）建筑出入口无障碍设计应满足下列要求：

　　（1）建筑出入口为平坡出入口时，入口室外的地面坡度不应大于1/20。当场地条件比较好时，不宜大于 1/30。

　　（2）公共建筑与居住建筑入口设台阶时，必须设轮椅坡道和扶手，

图 5-1、图 5-2 所示是典型的公共建筑入口台阶、U 形坡道和扶手形式。扶手应由端部向前延伸 300mm，设置高度为 850~900mm，需设两层扶手时，低扶手高度为 650~700mm。入口处应设提示盲道。寒冷积雪地区地面应设融雪装置，坡道、地面都应使用防滑材料，坡道坡度在 1/12 以下，有效宽度在 1200mm 以上（与楼梯并设时在 900mm 以上），并且每升高 750mm 设置一个平台缓冲，平台深度不小于 1500mm。

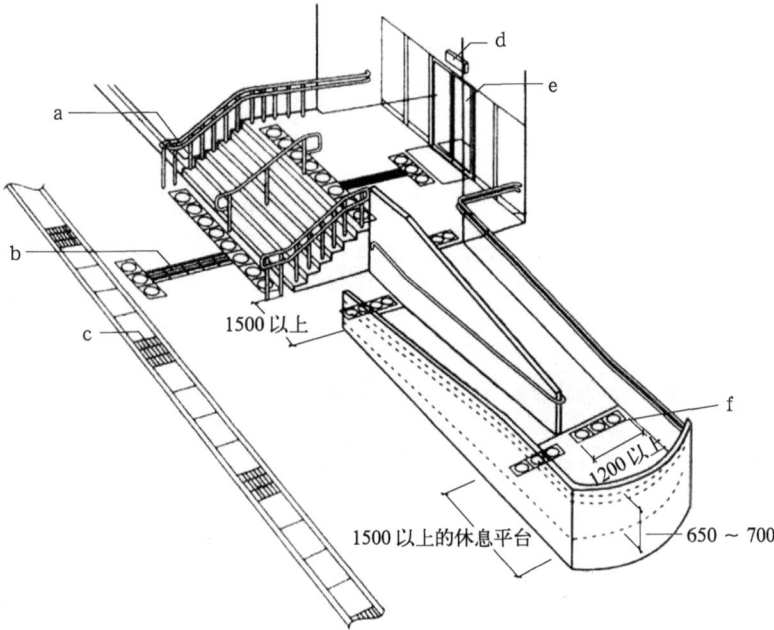

图 5-1 U 形坡道的出入口设计实例
a—盲文指示；b—行进盲道；c—排水沟；d—音响提示铃；e—自动门；f—提示盲道

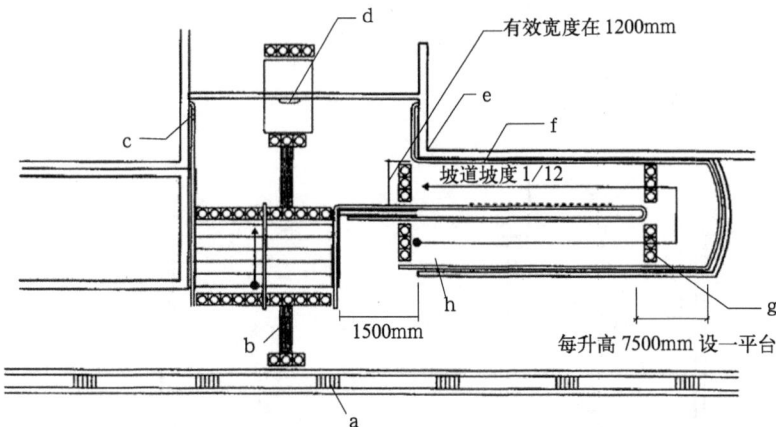

图 5-2 U 形坡道的出入口设计实例
a—排水沟盖；b—引导铺砖；c—盲人标识；d—音响提示铃；e—扶手；f—防滑地面材料；g—提示盲道；h—区分地面与坡道的地面材料

（3）大中型公共建筑和中高层建筑、公寓的入口轮椅通行平台最小宽度不小于 2000mm；小型公共建筑和多、低层无障碍住宅、公寓、宿舍入口轮椅通行平台最小宽度不小于 1500mm（图 5-3）。

（4）无障碍入口和轮椅通行平台应设雨篷，雨篷长度宜超过台阶首

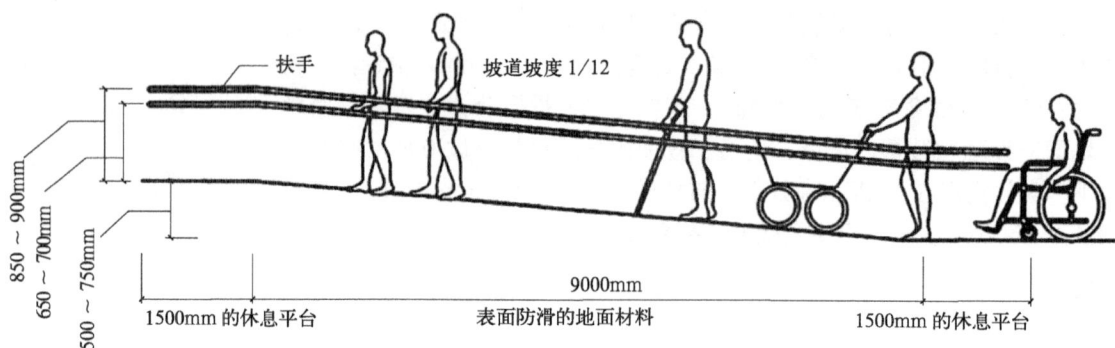

图5-3 坡道中设置休息平台

级踏步50mm以上,图5-4中虚线表示雨篷范围。

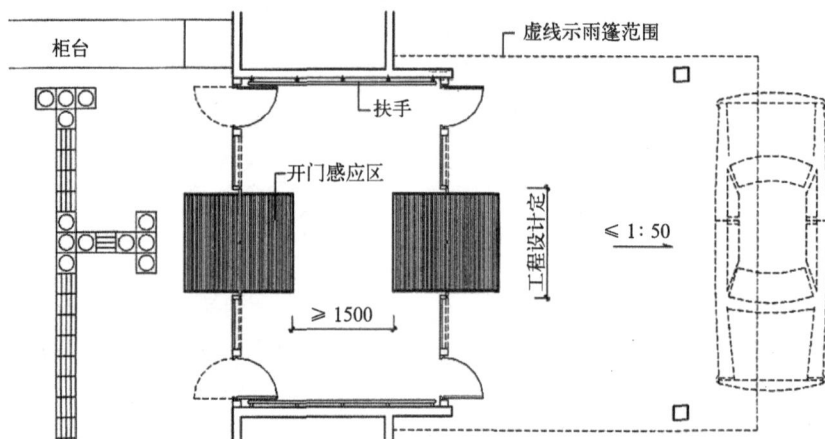

图5-4 大型公共建筑无障碍入口雨篷出挑的区域

(5)出入口设有两道门时,门扇同时开启后应留有不小于1500mm的轮椅通行净距离,大、中型公共建筑和中、高层建筑的通行净距离不小于1500mm(图5-5、图5-6)。

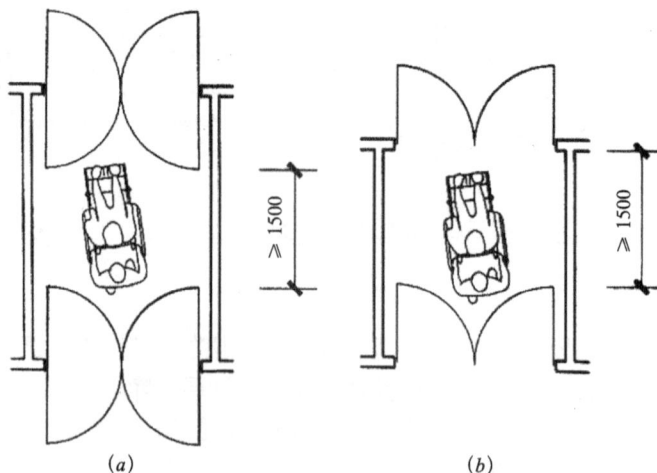

图5-5 两道门同时开启时的轮椅通行净距离
(a)双向通过;(b)单向开门通过

(a)   (b)

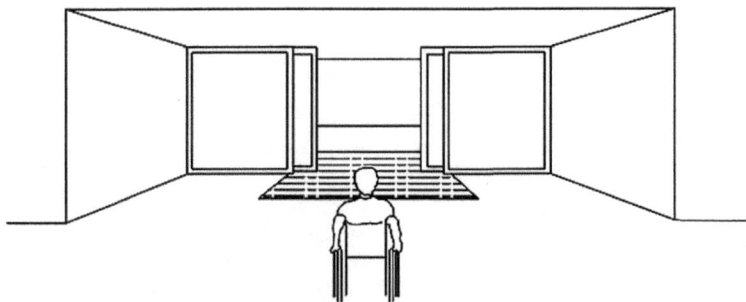

图5-6　平坡入口示例

（6）出入口地面应选用遇水不易打滑的材料。

2）出入口设计中应考虑的因素还有：

（1）供残障者使用的出入口，应设在通行方便和安全的地段。出入口的地面应平整、防滑。应妥善组织排水，防止表面积水。室内设有电梯时，出入口应靠近候梯厅。图5-7所示为无障碍出入口实例，设有国际残疾人标识、盲道、问询窗口、盲文导向板、提示铃等。

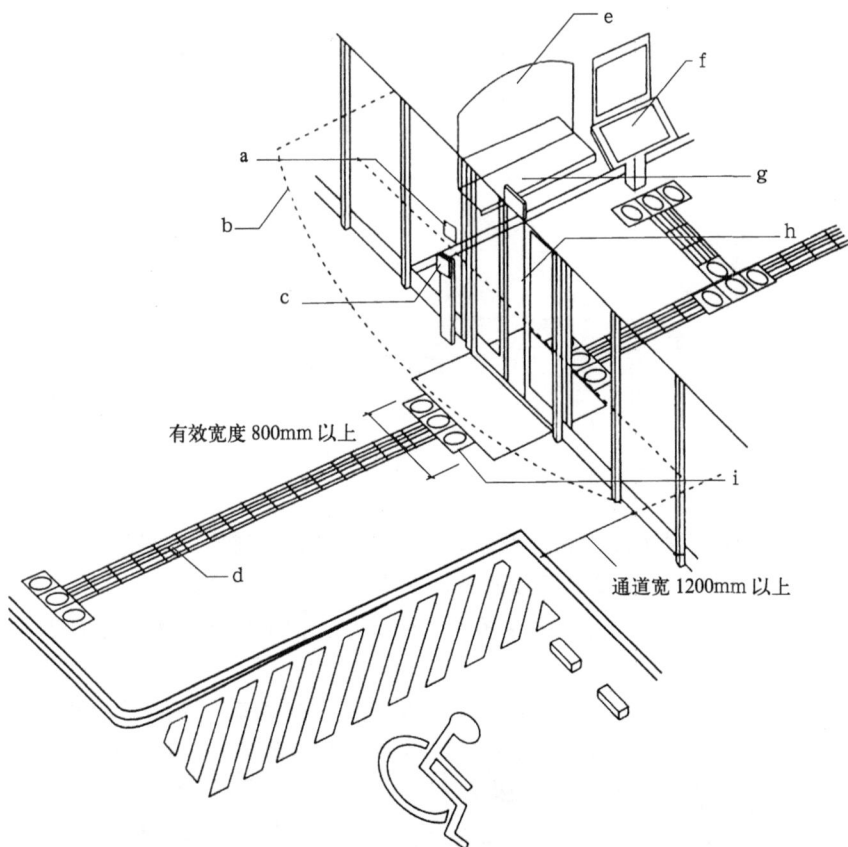

有效宽度800mm以上

通道宽1200mm以上

图5-7　考虑身体残障者使用需求的出入口
a—国际通用标识；b—屋檐或雨篷；c—对讲机；d—行进盲道；e—问询窗口；f—触摸盲文导向板；g—设置音响装置（提示铃等）；h—自动门；i—提示盲道

（2）公共建筑主要的室外通道至建筑入口及接待区应设盲道（图5-8），盲道设置的具体部位如图5-9所示：（a）为侧滑自动门出入口内

123

外侧,(b)为双平开门出入口内外侧,(c)为单平开门出入口内外侧,(d)为通道门洞内外侧,(e)为房间出入口前,(f)为通道门洞内外侧(位于门洞中)。

图 5-8　公共空间室内盲道

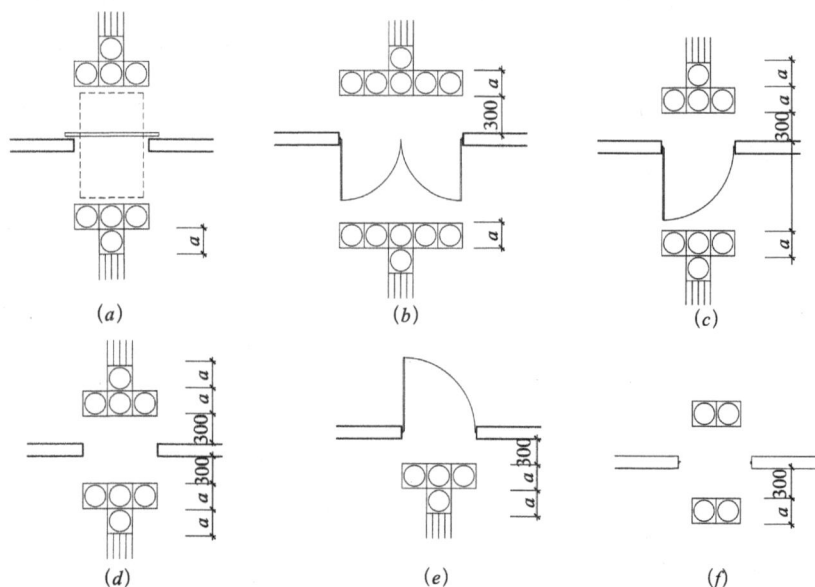

图 5-9　室内盲道位置示例
(a)-(f)见文中说明

（3）医疗建筑门诊大厅及候诊、急诊、检验、理疗、住院部、走道等地面应平整、不光滑和不设高差，在走道的两侧应设扶手。

（4）出入口的内外，应保留不小于 1500mm×1500mm 的平坦的轮椅回转面积。

（5）残障者进出建筑物的出入口应是主要出入口，不能只考虑服务区进入建筑空间。紧急出入口应该可供残障者使用。

3）出入口至大厅的无障碍设计

一般来说，应尽可能从入口大厅看到电梯、自动扶梯和主要台阶等，并需考虑这些地方的可达性。出入口大厅根据建筑类型的不同，设置的设施也不同，宜提供休息座椅和可供轮椅停放的休息区。在需要换鞋的建筑物内，一般会做成有高差的地面。在无障碍设计中，应做成坡道，并设置能坐下来的场所。若进入室内需换轮椅，要考虑2台车的回转空间和扶手等必备设施。

大厅应设置指示设施，指示可分为到服务台直接询问和通过标志、广播等间接问询。服务问询台应设置在明显的位置，并设盲道等进行引导，应注意设置单向引导或在盲道砖上增加方向性。指示牌应设置触摸式盲人标识，增加其本身的照明亮度，并充分考虑其高度及文字大小。邮政信箱、公用电话等应设置在无障碍通道的位置，方便残障者使用，会客处应留有乘轮椅者所需空间（图5-10）。

大厅地面最好采用防滑材料。当使用地毯时，要避免因边部损坏或卷起而引起的通行障碍，避免使用满铺的厚地毯。

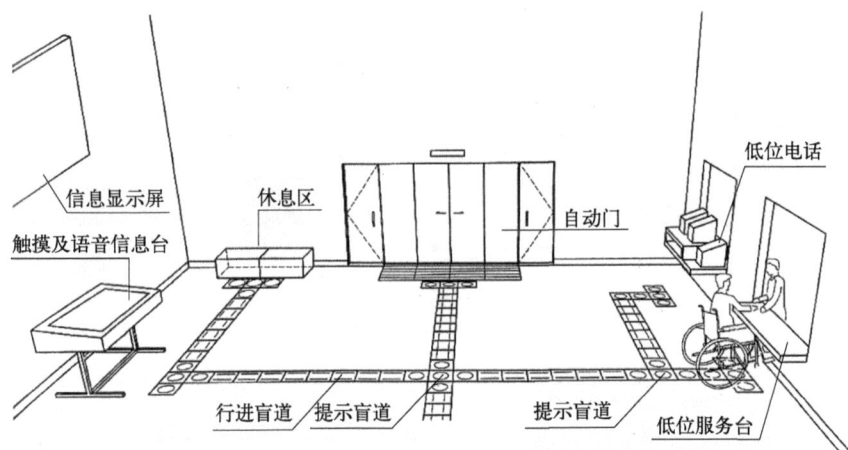

图5-10 门厅平面规划示意

5.2.2 坡道

坡道是用于联系地面不同高度空间的通行设施，因其功能及实用性强的特点，在无障碍设计中被广泛应用。坡道要设在方便和醒目的地段，并安装国际无障碍通用标志。

供轮椅者使用的坡道，最大坡度不大于1/8，但由于一般肢体残疾者的上身力量不足，控制轮椅上下坡比较吃力，因此建议坡道的坡度最好在1/15~1/20，以使轮椅使用者行动便利（图5-11、图5-12，表5-6）。

坡道的形式，根据地面高差的程度和空地面积的大小及周围环境等因素，可分为直线形、直角形和折线形（图5-13）。不应设计成圆形或弧形，以防轮椅在坡面上产生重心倾斜而摔倒。

无障碍坡道设计应满足以下要求：

（1）门厅、过厅及走道等地面有高差时，应设坡道，其宽度不应小于1200mm。

（2）每段坡道的最大坡度为1/12，表5-7所示为坡道的宽度、允许最大高度和水平长度。

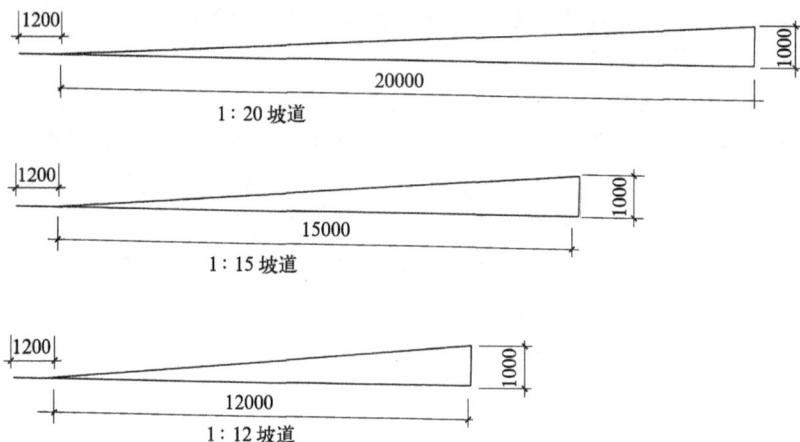

图 5-11 轮椅者使用的坡道的坡度

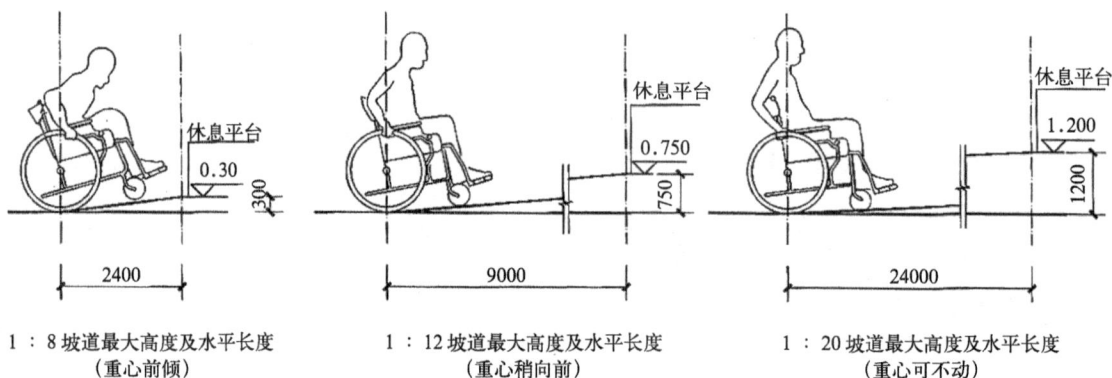

1：8 坡道最大高度及水平长度
（重心前倾）

1：12 坡道最大高度及水平长度
（重心稍向前）

1：20 坡道最大高度及水平长度
（重心可不动）

图 5-12 不同坡度时对高度与水平长度的限定

轮椅坡道的最大高度和水平长度　　　　　　　　表 5-6

坡度	1/8	1/9	1/10	1/12	1/16	1/18	1/20
高度（m）	0.3	0.45	0.60	0.75	0.90	1.05	1.20
长度（m）	2.4	4.05	6.00	9.00	14.40	18.90	24.00

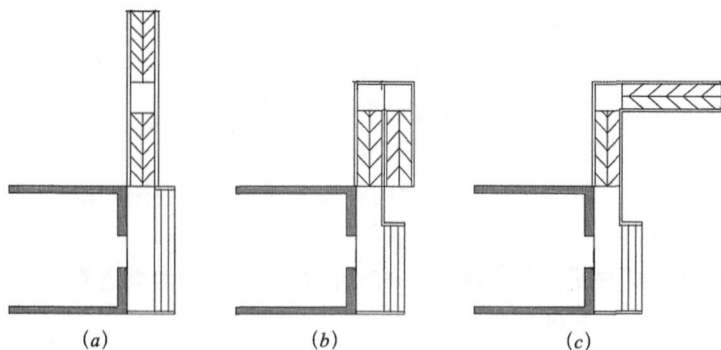

图 5-13 常见的坡道类型
(a) 直线形；(b) U 形；
(c) L 形

(a)　　　　　　(b)　　　　　　(c)

每段坡道的宽度、允许最大高度和水平长度　　　　表 5-7

坡道位置	最大坡度	最小宽度（m）
有台阶的建筑入口	1/12	≥ 1.20
只设坡道的建筑入口	1/20	≥ 1.50
室内走道	1/12	≥ 1.00
室外通道	1/20	≥ 1.50
困难地段	1/10~1/8	≥ 1.20

（3）每段坡道的水平长度超过 9000mm 时，应在坡道中间设休息平台，深度不应小于 1500mm。

（4）坡道转弯时应设休息平台，深度不应小于 1500mm。

（5）在坡道的起点和终点，应有不小于 1500mm 的轮椅缓冲地带。

（6）坡道两侧应在 300mm 高度且坡度大于 1/20 时设扶手，两段坡道之间的扶手应保持连贯。

（7）靠墙处的坡道的起点和终点处的扶手，应水平延伸 300mm 以上。

（8）坡道侧面凌空时，在栏杆下端应设高度不小于 50mm 的安全挡台（图 5-14、图 5-15）。

（9）坡道面层应为防滑地面，保证在任何气候条件下不打滑（图 5-16）。

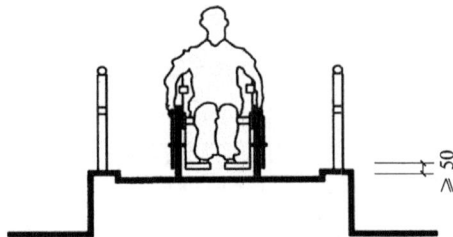

图 5-14　坡道的安全挡台图

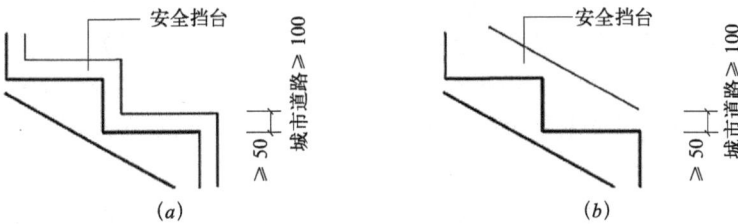

图 5-15
（a）直线式安全挡台；
（b）斜线式安全挡台

图 5-16　坡道建成实例

5.2.3 走廊、通道设计

走廊、通道是轮椅在建筑物内部行动的主要空间。走廊和通道的设计首先应该满足的是轮椅正常通行和回转的宽度，人流较多或者较长的公共走廊还要考虑两个轮椅交错的宽度。通道应该尽可能地做成直交形式。避难通道尽可能设计成最短的路线，与外部不直接连通的走廊不利于残障者避难，应尽量避免。地面材料的要求与坡道相似。此外，由于墙面与轮椅经常会发生碰撞，因此墙面应适当采取保护措施。

1）形状

（1）考虑步行困难及老年人的要求，走廊不宜太长，过长时，需要设置不影响通行的休息场所，一般将其设在走廊的交叉口，每50m应设一处可供轮椅回转的空间（图5-17）。走廊宽度宜在1200mm以上，人流较多或较集中的建筑以及老年人建筑室内走道宽度不宜小于1.80m。

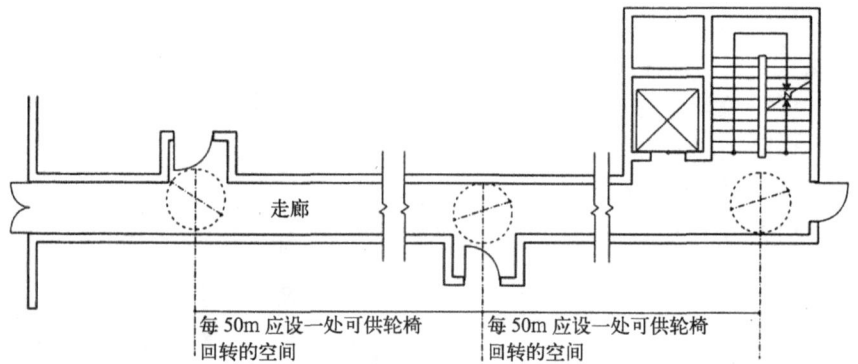

图5-17 走廊与轮椅回转空间

每50m应设一处可供轮椅回转的空间　　每50m应设一处可供轮椅回转的空间

（2）走道两侧不得设凸出墙面的影响通行的障碍物，光照度不应小于150lx。柱子、灭火器、陈列展窗等都应不影响通行。当墙上放置备用品时，须把墙壁做成凹进去的形状来装置（图5-18）。另外，可考虑局部加宽走廊的宽度。不能避免的障碍物应设安全栏杆围护。屋顶或墙壁上安装的照明设施不能妨碍通行。

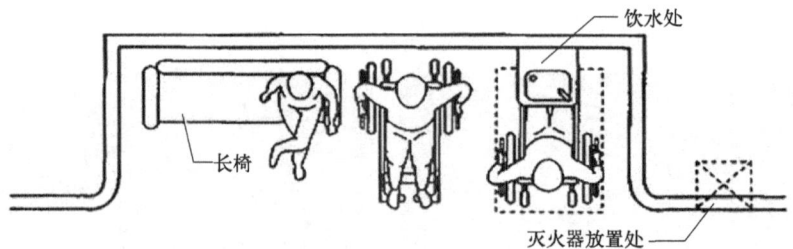

图5-18 回转空间处理方式

饮水处

长椅

灭火器放置处

（3）步行空间的高度不应小于2200mm，楼梯下部尽可能不设通道。

（4）在走廊和通道的转弯处宜做成曲面或曲角（图5-19）。若不做成曲面，应进行转角防护。

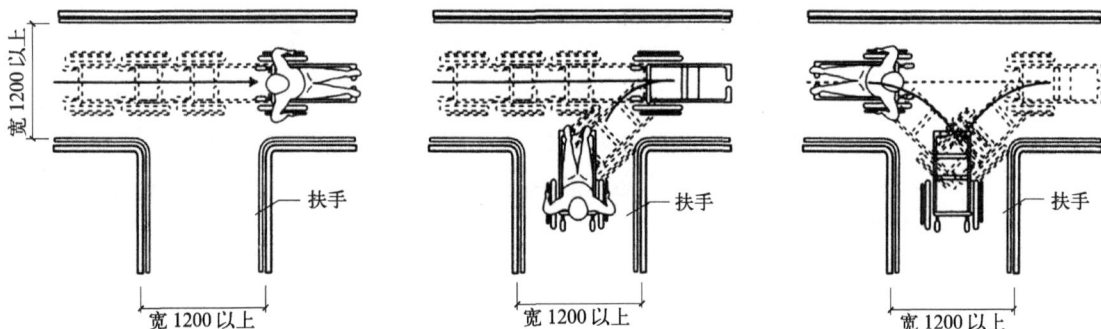

图5-19 走廊和通道转弯处的曲角处理

2）有效宽度

走廊、通道需要1200mm以上的宽度，室外走道不宜小于1500m。如果轮椅要进行180°回转，需要1500mm的宽度（图5-20）。

如果两辆轮椅需要交错通行，宽度不小于1800mm。走道的设计要考虑人流大小、轮椅类型、拐杖类型及层数要求等因素。图5-21所示为便于残障者通行的走廊宽度：（a）、（b）、（c）为大型公建及老年人、残疾人专用建筑等走道最小宽度；（d）、（e）为中小型公共建筑及居住建筑等公共走道最小宽度；（f）、（g）为大型商场、超市等公共通道宽度。

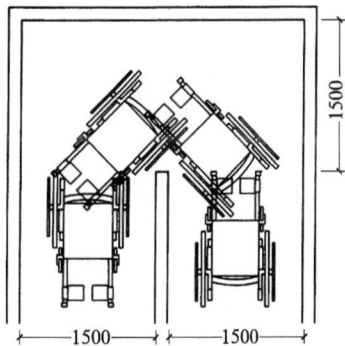

图5-20 轮椅使用者在走廊里转动需要的最小尺寸

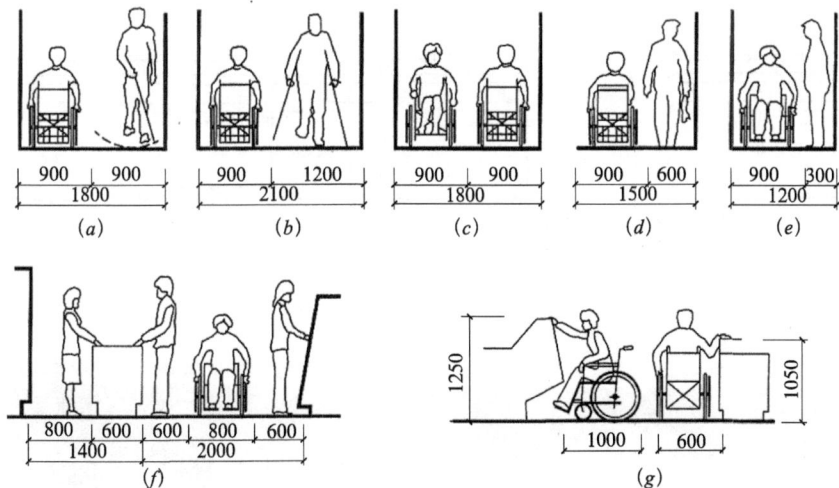

图5-21 各类公共建筑走道宽度类型

3）地面材料

使用不易打滑的地面材料，其地面应平整、防滑、反光小或无反光，不宜设置厚地毯。若设地毯，其表面应与其他材料保持同一高度。不宜使用表面绒毛较长的地毯，采用适宜的地面材料可更容易识别方位，有利于视力障碍者，在面积较大的区域内设计通道时，地面、墙壁及屋顶的材料宜有所变化。

4）高差

走廊或通道有高差的地方，应采用经过防滑处理的坡道。走道一侧或尽端与地坪有高差时，应采用栏杆、栏板等安全设施，端部延长300~450mm。走廊尽量不设台阶，若有台阶，应与坡道或升降平台并设（图5-22）。

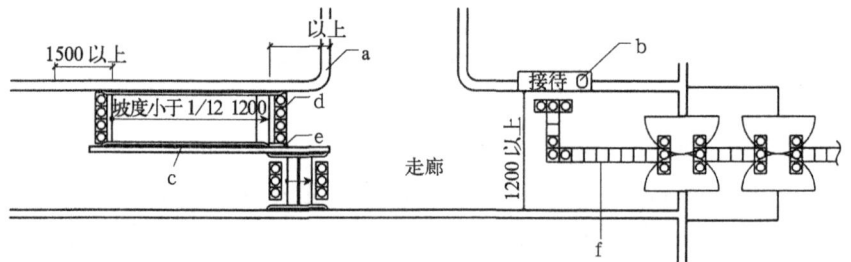

图 5-22　走廊中高差的处理方式
a—抹角或斜面；b—呼叫按钮；c—扶手；d—提示盲道；e—盲文指示；f—行进盲道

5）扶手

在医院、诊疗所、养老院等设施中，需在两侧墙面850~900mm及650~700mm高度处设走廊扶手，且应连续（图5-23、图5-24）。

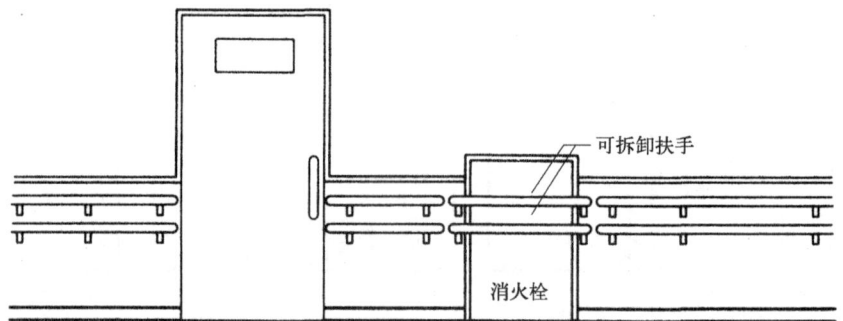

设双层扶手的实例
在消火栓部分也连续设置扶手

图 5-23　双层扶手的设置

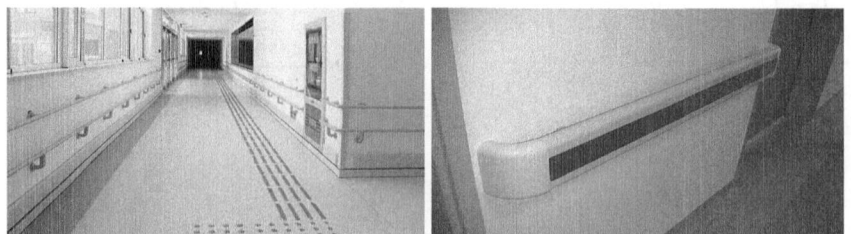

图 5-24　走廊和通道的转弯处作曲角处理的实例

6）护板

考虑轮椅使用者的要求，墙壁下部应设高度为 350mm 的护板或缓冲壁条，转弯处应考虑做成圆弧曲面。另外，还可以加高踢脚板或在腰部高度的侧墙上采用一些其他材料。

7）色彩、照明

在容易发生危险的地方，应巧妙地配置色彩，通过强烈的对比提醒人们注意。例如将色带贴在与视线高度相近（1400~1600mm）的走廊墙壁上，在门口或门框处加上有对比的色彩（图 5-25），使用连续的照明设施等。

图 5-25　能提高人们注意力的措施

8）标志

标志应考虑便于视力障碍者阅读。文字、号码采用较大字体，做成凹凸等形式的立体字形（图 5-26）。

图 5-26　便于视力障碍者识别的标识

5.2.4　电梯

电梯是建筑物内垂直交通空间的一个重要组成部分，与普通电梯相比，残障者使用的电梯在许多地方存在特殊要求，如电梯门的宽度、关门的速度、梯厢的面积、在梯厢内安装扶手和镜子、低位及盲文选层按钮、音响报层按钮等，并应在电梯厅的显著位置安装国际无障碍通行标志。

供残障者使用的电梯在功能方面的要求如下：

1）控制按钮

电梯内外的按钮要在使用者能够触到和看到的范围之内，按下按钮后要有积极反应，表明电梯已确认呼叫，最好表明到达时间。

控制按钮应置于控制板上，控制板与背景和按钮应有明显的区别，按钮符号可凸出，也可凹入，按钮平做时，须在按钮下边设置盲文符号，并于按钮左边设置凸出或凹入的上、下符号。按钮宽度设置为 200~300mm，按下时发亮或不间断发亮，盲文符号要比按钮表面至少高出 1mm，数字要高出 1.5mm，数字线条大约 3mm 宽，盲文按规范规定尺寸制作，盲文应设置于按钮旁，报警按钮要有凸起的铃形标记（图 5-27、图 5-28），作为紧急按钮，在控制板面内的设置高度应在 900~1100mm。

宜在电梯轿厢侧壁设置副操作板，特别是轿厢内轮椅不易回转时，必须有易于操作的副操作面板。

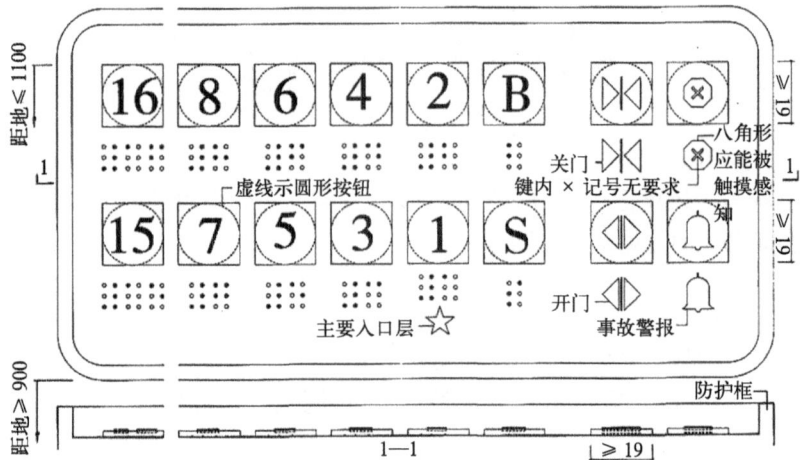

图 5-27 可供残障者用电梯选层按钮示例

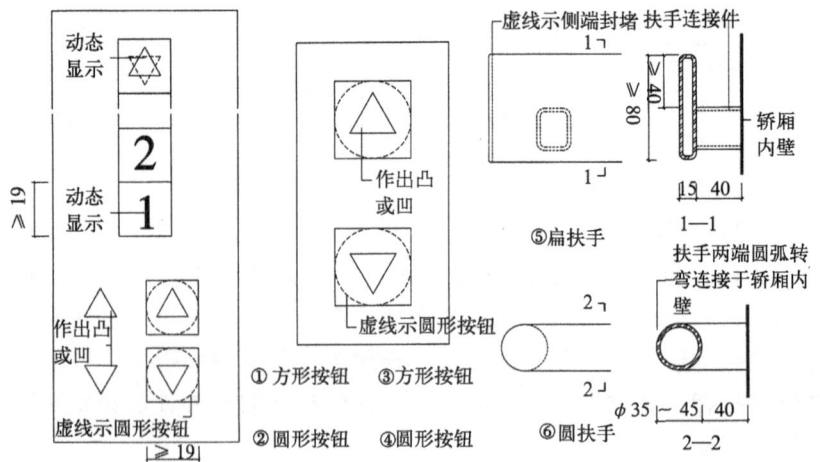

图 5-28 残疾人用呼叫按钮、扶手示例

2）盲文

应在视力残障者经常光顾的地方设置盲文标志，在显示盲文的地方，建议将盲文与按钮凸起结合起来。盲文设置在软钢板上效果最好，用带有凸起和发光铭文的按钮比用普通盲文按钮更好。

3）位置高度

外呼叫按钮的理想高度是上排按钮的中央或单独按钮的中央，离地面高度一般为 900~1100mm（图 5-29），内呼叫按钮应位于最上排，不高于地面 1400mm 处。特例是有的楼层选择钮的条状控制板也放在视平线位置，沿着梯厢后面设置，放置在大约 1100mm 高处，且该控制板使轮椅使用者活动不受影响。

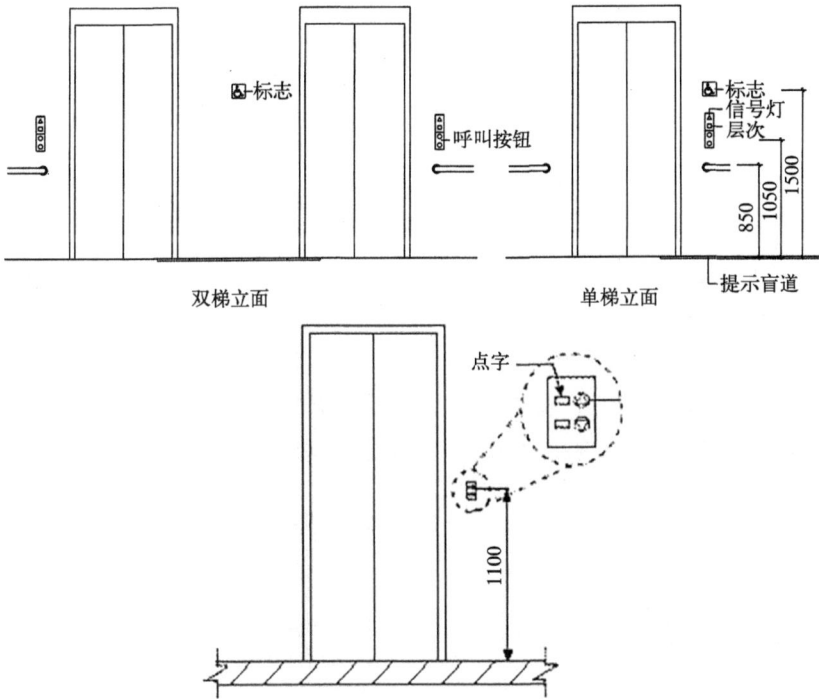

图 5-29 残疾人用电梯标志和外呼叫按钮示例

4）照明

在梯厢内，门槛上灯的最低亮度应在 75~100Lx 之间，最好是漫射光源而不是点光源。

5）声音反馈和视觉反馈

有声反射对视力障碍者或因人多看不到电梯的情况是非常重要的，有助于消解候梯人的紧张情绪。在电梯间设置有声广播与视觉提示，可以提示同时启动的电梯中的哪一部电梯先行，附带有声广播的电梯可提示电梯方向和将要到达的楼层。

6）门

电梯门对残障者来说存在危险和障碍，因此电梯门开启后的净宽不宜小于900mm（图5-30）。应采用带传感器的门，使门能够重开而不与人的身体接触。

●《无障碍建筑法》基础标准
○《无障碍建筑法》参考标准

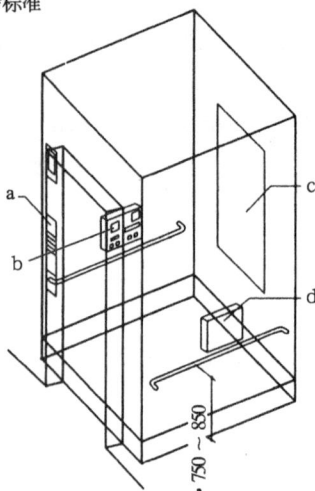

图5-30 电梯的内部设施
a—操作面板（音响提示并附盲文）；b—紧急按钮；
c—镜子；d—乘轮椅者用操作面板

7）梯厢

除上述要求外，供残障者使用的电梯梯厢面积不得小于1100mm×1400mm，梯厢门开启的净宽度不应小于800mm，梯厢的三面壁上应设高850~900mm的扶手，梯厢内的扶手应放在两边或后侧墙上，距墙面有45mm的间隙，内部设应急电话（图5-31）。

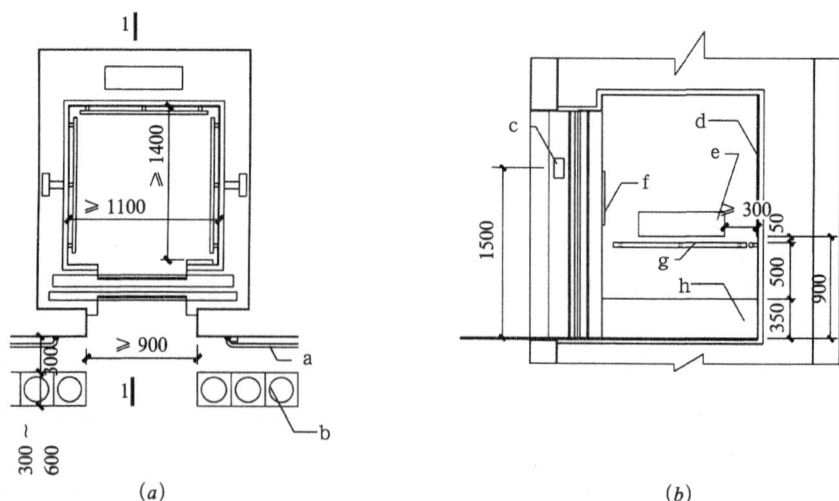

图5-31 梯厢内设备与尺寸示例
(a) 梯厢平面图；(b) 梯厢剖面图
a—引导扶手；b—提示盲道；
c—电梯行进报层；d—镜子；
e—乘轮椅者用操作面板；
f—普通操作面板；g—安全抓杆；h—护壁板

(a)   (b)

8）候梯厅

候梯厅的尺寸不小于1500mm×1500mm（图5-32）。

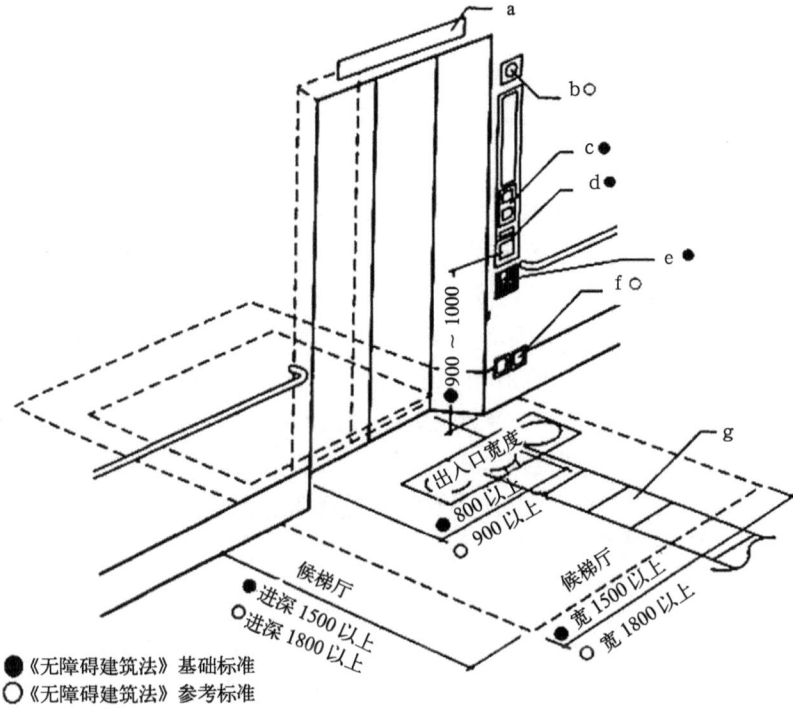

图 5-32　电梯候梯厅尺寸
与设备示例
a—楼层标识；b—音响装置；
c—盲文标示；d—轮椅使用
者操作按钮；e—国际通用
标识；f—脚下操作按钮；
g—盲道设置

9）镜子

为了解后方情况，正面应设镜子，电梯正面高 900mm 处至顶部应
设置镜子或采用有镜面效果的材料，同时要避免产生眩光（图 5-33）。

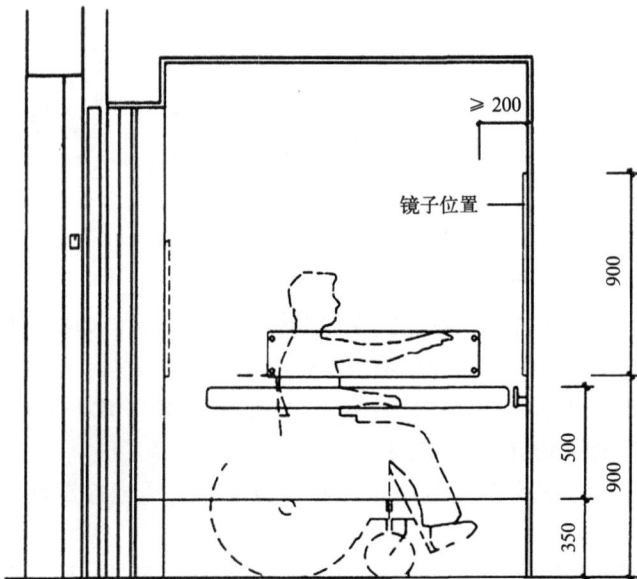

图 5-33　电梯内镜子设置
尺寸

135

5.2.5 楼梯

楼梯对于老人、儿童、拄拐者和视力障碍者来说是最容易造成危险的地方，摔倒造成的后果往往也比较严重，因此值得设计者特别注意。除需要安装牢固的扶手以帮助行走之外，还应避免在梯面和平台等处出现容易让人跌倒的凸起物。

1）供拄拐者和视力障碍者使用的楼梯要求

（1）楼梯的形式不宜采用弧形，梯段宽度应大于等于1200mm，休息平台深度应大于等于1500mm。

（2）楼梯两侧高900mm处设扶手，保持连贯；起点与终点处水平延伸300mm以上（图5-34）。

（3）踏步不宜采用无踢面或凸沿为直角的踏步（图5-35）。踏步面的一侧或两侧凌空为明步时，设安全挡台，防止拐杖滑出（图5-36），供拄拐者和视力障碍者使用的台阶，三级或三级以上的台阶，两侧设扶手。

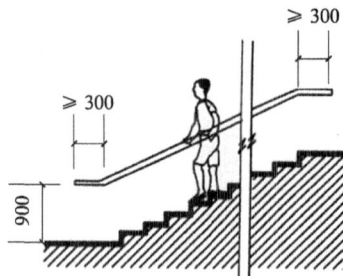

图5-34 扶手高度和水平向延伸长度

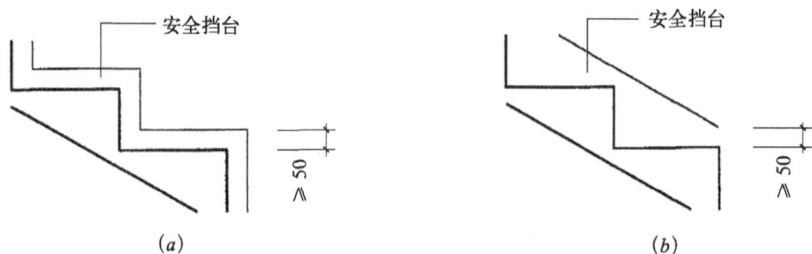

图5-35 安全挡台的形式
（a）直线型安全挡台；
（b）斜线型安全挡台

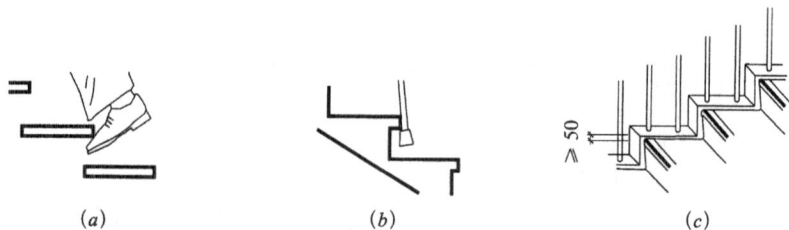

图5-36 踏步形式
（a）无踢面踏步；（b）凸沿直角形踏步；（c）踏步安全挡台

2）楼梯细部设计

（1）不宜用旋转楼梯及无踢面或踏板挑出的形状，如果采用栏杆式楼梯，在栏杆下方宜设置安全阻挡措施。

（2）梯段尺寸净宽不小于1200mm；踏步高度为100~150mm；宽度不宜小于300mm（图5-37）。

（3）面层应采用防滑的材料。踏面应平整防滑或在踏面前缘设防滑条。

（4）扶手形状为圆形或椭圆形，与墙壁距离不小于40mm（图5-38）。

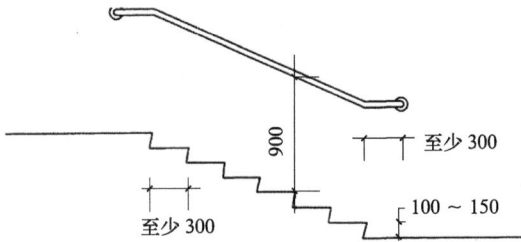

图5-37 楼梯的尺寸要求

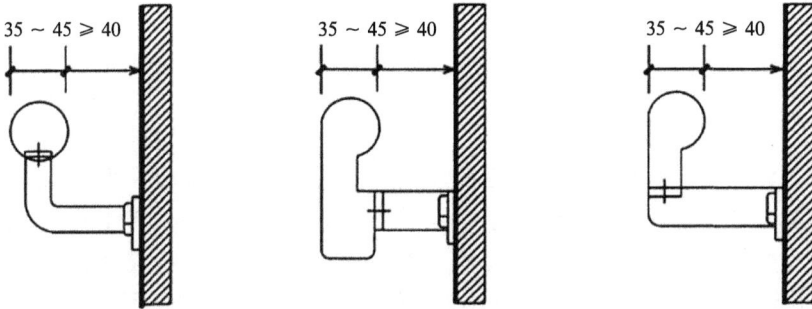

图5-38 扶手截面及托件

（5）为防止踏空，踏板与边缘防滑部分应采取对比的颜色。侧挡板和路缘石可防止拐杖滑落和鞋子等卡在台阶之间。

（6）照明能够提示台阶所在场所，与色彩一起使用，增强台阶的对比效果（图5-39）。

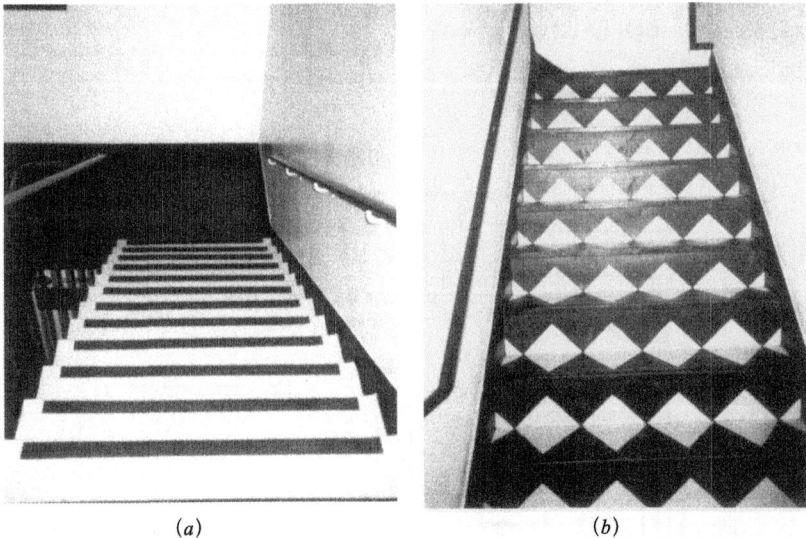

（a）   （b）

图5-39 楼梯中对比色的提示效果
（a）对比鲜明的踏步前缘；
（b）踏步前缘的装饰作用

（7）在起点、终点上铺设盲道，改变铺装材料或做成有踏感区别的地面，最好能够明确台阶数。图5-40所示为走廊和楼梯的衔接，转角处扶手连续，有盲文阶数指引标识，距踏步起点和终点250~300mm设提示盲道。

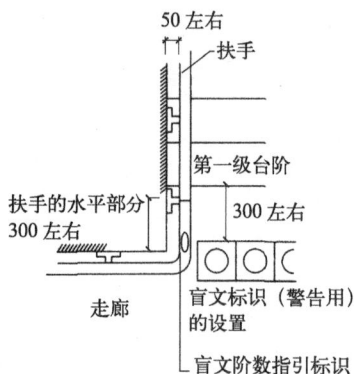

50 左右
扶手
第一级台阶
扶手的水平部分
300 左右
300 左右
走廊
盲文标识（警告用）
的设置
盲文阶数指引标识

图 5—40　楼梯标识的平面
示例

5.2.6　客房及居室

旅馆中供残障者使用的客房以及居住建筑中的无障碍住房为残障者参与社会生活，扩大社会活动范围提供了有利条件。残障者住房套型分为 4 类，与普通住宅套型分类相一致，按不同家庭人口构成情况进行分类设计，以达到城镇残疾人最小规模的基本居住生活要求即可。

（1）宾馆及宿舍应根据需要设残疾人床位。无障碍客房的数量比例为：100 间以下应设 1~2 间；100~400 间，应设 2~4 间；400 以上，应设 4 间以上。

（2）残疾人客房及宿舍应靠近低层部位、安全入口、服务台及公共活动区。

（3）在乘轮椅者的床位一侧，应留有不小于 1500mm×1500mm 的轮椅回转面积（图 5-41、图 5-42）。

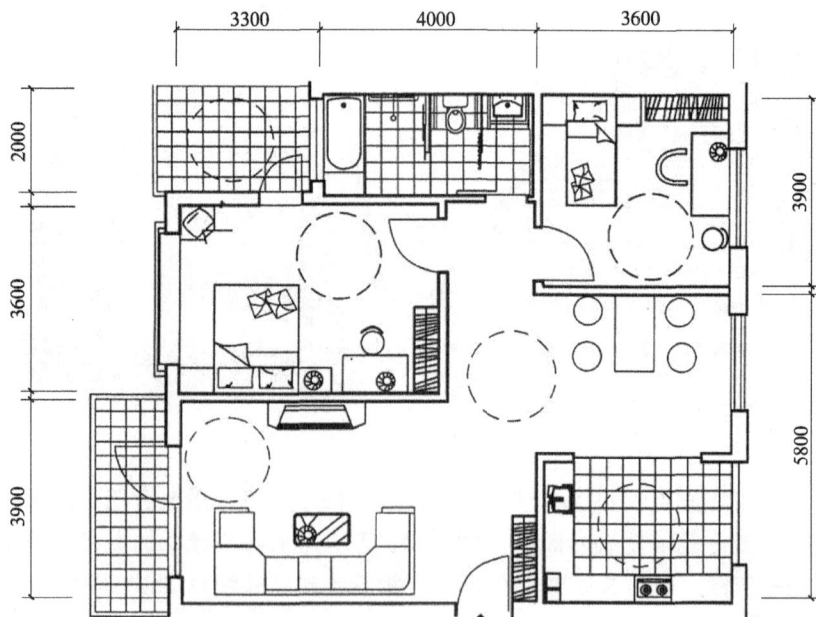

3300　4000　3600
2000
3600
3900
3900
3600
5800

图 5—41　无障碍住宅平面
布置

138

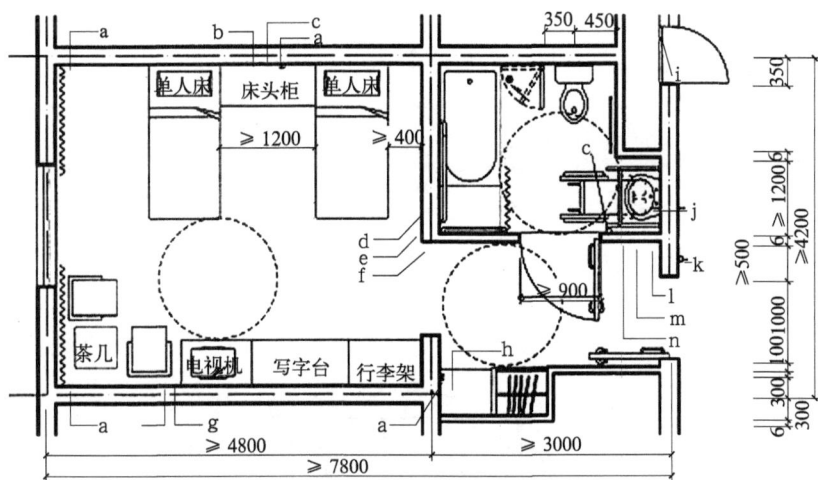

图5-42　无障碍客房平面布置

a—电插座；b—电话接线盒；c—呼叫按钮；d—空调开关；e—照明开关；f—换气开关；g—天线插座；h—壁柜与酒吧；i—防护栏杆；j—轮椅用洗手盆；k—门铃及勿打扰标志；l—节能插卡盒；m—走道照明开关；n—卫生间照明开关

（4）客房及宿舍的门窗、家具及电器设施等，应考虑残障者使用的尺度和安全要求，供听力障碍者使用的住宅和公寓应安装闪光提示门铃（图5-43）。

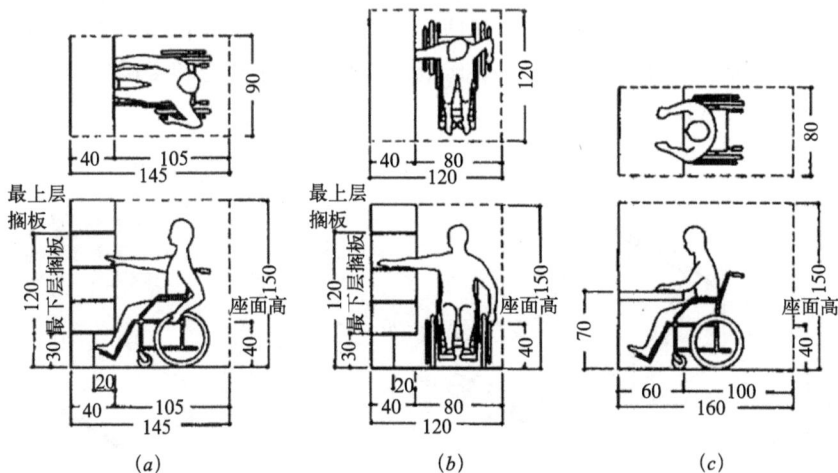

图5-43

(a) 收纳柜（正面接近）；

(b) 收纳柜（侧面接近）；

(c) 桌子

（5）尽量设置专用用餐空间。餐厅或茶室中的陈列柜应在弱视者、轮椅使用者和儿童可见的高度，座位的引导路线及桌子周边部位都需要考虑轮椅使用者的通行空间。

需要保证坐轮椅者腿部可以插入桌子下面的空间（图5-44）。桌腿不应向外伸出，以避免绊倒视力障碍者及儿童。另外，酒吧吧台、银行柜台等特殊场所的桌面普遍较高，需考虑轮椅者可以使用的高度。

（6）休息空间中卧室宜与其他居室分离，同时也要考虑缩短残障者日常生活的行动距离。残疾儿童的卧室应考虑照看的方便，宜位于父母卧室附近。家庭主妇是残障者时，其卧室也应安排成家庭经常聚集的居室。卧室设计要根据家庭活动所需的空间组合进行布局，并要考虑到窗、门的位置和开关形式。同时，视力残障者无障碍卧室宜配备方便导盲犬休息的设施。

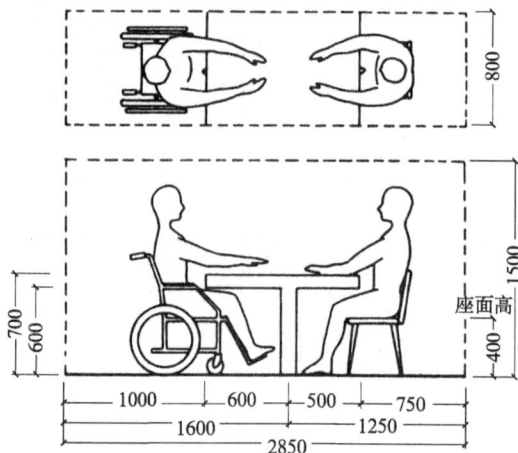

图5—44 供乘轮椅者使用的餐桌的功能尺寸

轻度残障者的床可以靠墙壁布置，如是需要照顾的重度残障者，应将枕部靠墙，周边要留出照看的空间。轮椅使用者从轮椅上移动到床上，有时需要辅助设施，例如屋顶安装滑轨、下挂式器具、扶手、握棍等。长期卧床不起的人容易感染褥疮，应采用便于翻身和坐起的特殊用床（图5-45）。

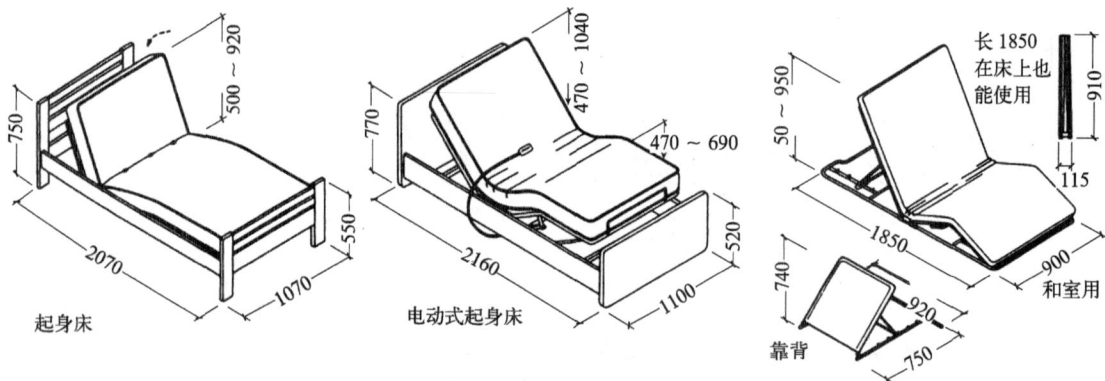

图5—45 常见的残障者用床

5.2.7 卫生间、盥洗室和浴室

供残障者使用的公共厕所应易于寻找和接近，并设有无障碍标志作为引导。入口的坡道设计应便于轮椅出入，坡度不应大于1/12，坡道宽度为1200mm，门的净宽不小于800mm，室内应设有直径不小于1500mm的轮椅回转空间，地面防滑且不积水，无障碍厕位应设置无障碍标志。

1）公共卫生间

每栋建筑至少需要设置一处轮椅使用者可以利用的卫生间。根据建筑的种类及使用目的，残疾人卫生间的数量有必要增加，并考虑使用上的方便。

（1）卫生间应设置在使用效率较高的通道或容易发现的位置，在大厅及楼梯附近较为理想。各层卫生间尽可能处于同一位置，而且男、女卫生间的位置也不宜变化。各类建筑物中，轮椅使用者能够利用的男、女厕位应该至少分别设置一处。照顾残障者的护理员可能是异性，应另设一处男女双方均可进入的公用卫生间。卫生间安装的各种设施都应考虑视力障碍者，应便于发现及安全使用。（图5-46）

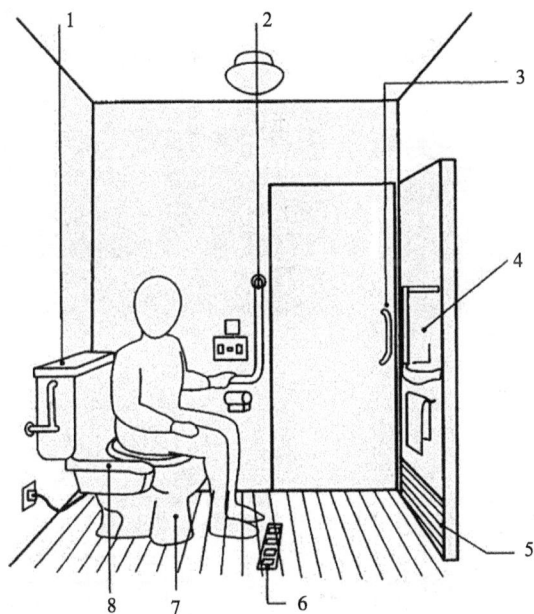

图5-46　无障碍厕位设施
1—水箱；2—扶手；3—圆柱状把手；4—洗手器、储物柜；5—取暖设备；6—脚踏式遥控器；7—坐便器；8—洗净装置

（2）出入口的幅宽应使轮椅使用者能够通行，出入口不应设置台阶，最好不设门，若设门，也应是易打开的形式。厕位的门开启后的净宽不应小于800mm，在门扇的内侧要设高900mm的水平关门拉手，并应在门扇里侧采用门外可紧急开启的插销。

（3）公共卫生间无专用无障碍厕所时应设无障碍厕位，卫生间内留有1500mm×1500mm的轮椅回转面积。

（4）设置供轮椅使用者使用的厕位时，需要在通道、入口、厕位前等处加上标志。为照顾视力障碍者，标志宜用盲文或用对比色彩制作（图5-47），标志的高度一般离地面1400~1600mm。

（5）地面、墙壁及卫生设施宜采用对比色彩以便弱视者分辨（图5-48）。避免使用发光的铺装材料使弱视者产生不适。图5-49所示卫生间的铺装考虑了视力残疾者的使用需要，两个瓷砖带为蓝色，其他瓷砖按规定设置为白色。

图 5-47　识别用标识

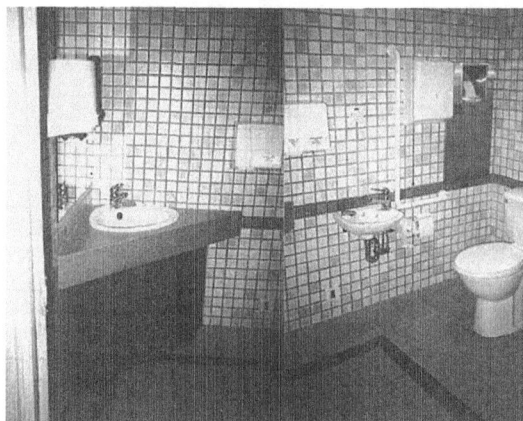

图 5-48　强烈的颜色对比

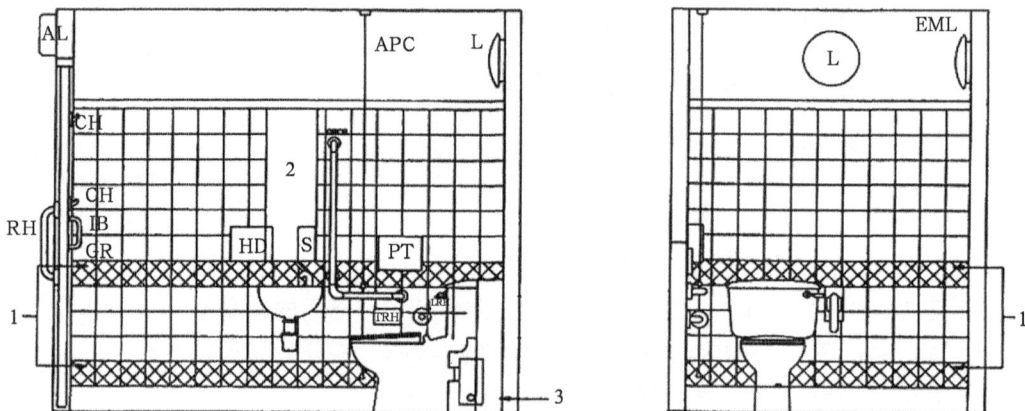

图 5-49　卫生间瓷砖设计
1—蓝色瓷砖带；2—镜子；3—浸渍机

2）专用无障碍厕位

（1）残障者专用厕位可分为大型和小型两种规格：

大型厕位，轮椅进入后可以调整角度和回转，轮椅可以在坐便器侧面停靠然后平移就位，在厕位门向外开时，厕位面积不应小于2000 mm×1500mm（图5-50）。

小型厕位，轮椅进入不能旋转角度，只能从正面对着坐便器

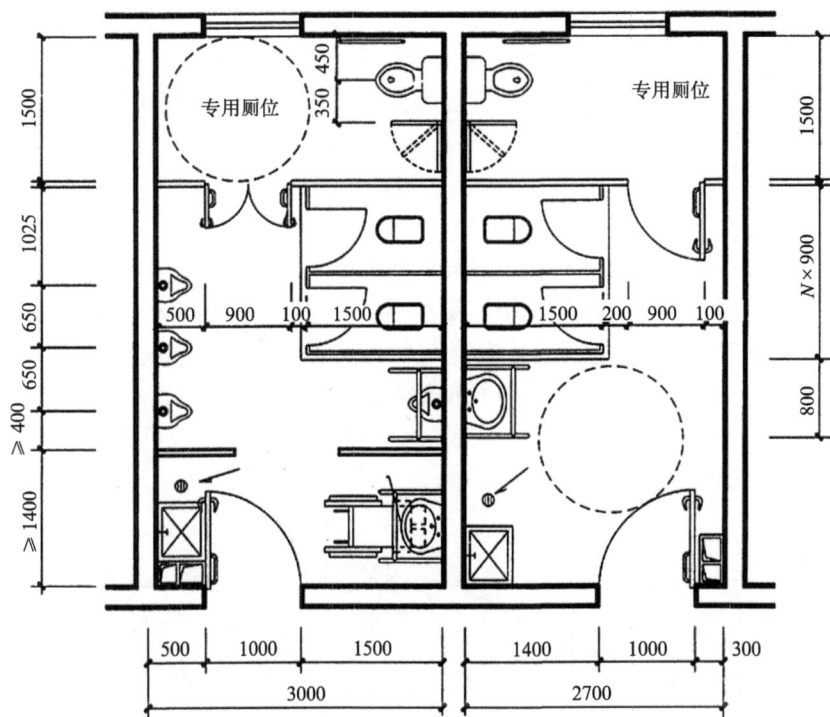

图 5-50 公共厕所无障碍设施布置

进行身体转移，最后倒退出厕位，在门向外开时厕位面积不应小于 1800mm×1000mm。

（2）公共卫生间遮挡墙应能够遮挡外部视线，同时考虑轮椅通行方便。

（3）厕所出入口需保证轮椅使用者通行的净宽度不小于 800mm，不能设置台阶。厕位的门不宜采用向内开门，最好采用轮椅使用者易使用的形式，如推拉门、折叠门、外向平开门等。若采用开关插销的形式，需考虑方便上肢行动不自由的人使用，在关闭时显示"正在使用"的标志。

（4）无障碍厕位应安装坐式便器，与其他部分之间用活动帘子加以分隔。

（5）坐式便器便于下肢行动不便者或乘轮椅者使用。对于儿童，坐便器的构造要单纯简便，纤维增强玻璃钢制品的便器比陶瓷便器更加适宜。轮椅使用者宜采用坐便器靠墙或底部凹进的形式，以避免与轮椅脚踏板发生碰撞，高度宜为 420~450mm，与轮椅座面高一致。

坐便器的座板呈前开口的比全部连接在一起的圆形座板便于使用，其上加辅助座板会更方便，且可增加坐便器高度，但需注意辅助座板容易滑动。坐便器座板上可加增温功能，也可采用温水、温风、自动清洗装置的坐便器，但对下半身无感觉的残疾人存在危险。

（6）坐便器冲洗开关宜安装在使用者伸手可触及的位置，且要考虑上肢行动困难者使用方便。同时，考虑残疾人护理员的操作方便，宜设置脚踏式冲水开关。在低处设置的水箱会使厕位内留下一个凸出部分，操作不便，避免为宜，否则一定要保证其安全性，在容易操作的位置安装开关。

（7）卫生纸应放置在位于坐便器伸手可及的位置，最好放在坐便器的左侧或右侧，高度为 400~500mm。

（8）轮椅使用者一般是从轮椅的侧面或前方由轮椅上移坐到便器座面上。便器的两侧宜附加扶手（图 5-51），扶手形式应根据不同的移乘方式正确安装，并确保厕位内直径 1500mm 左右的轮椅回转空间。

若厕内空间不足，应在轮椅能够利用的最小幅宽 900mm 的厕位两侧或一侧安装扶手，扶手最好安装在坐便器的两侧并做成可移动式，但可移动式扶手容易活动，必须留意。

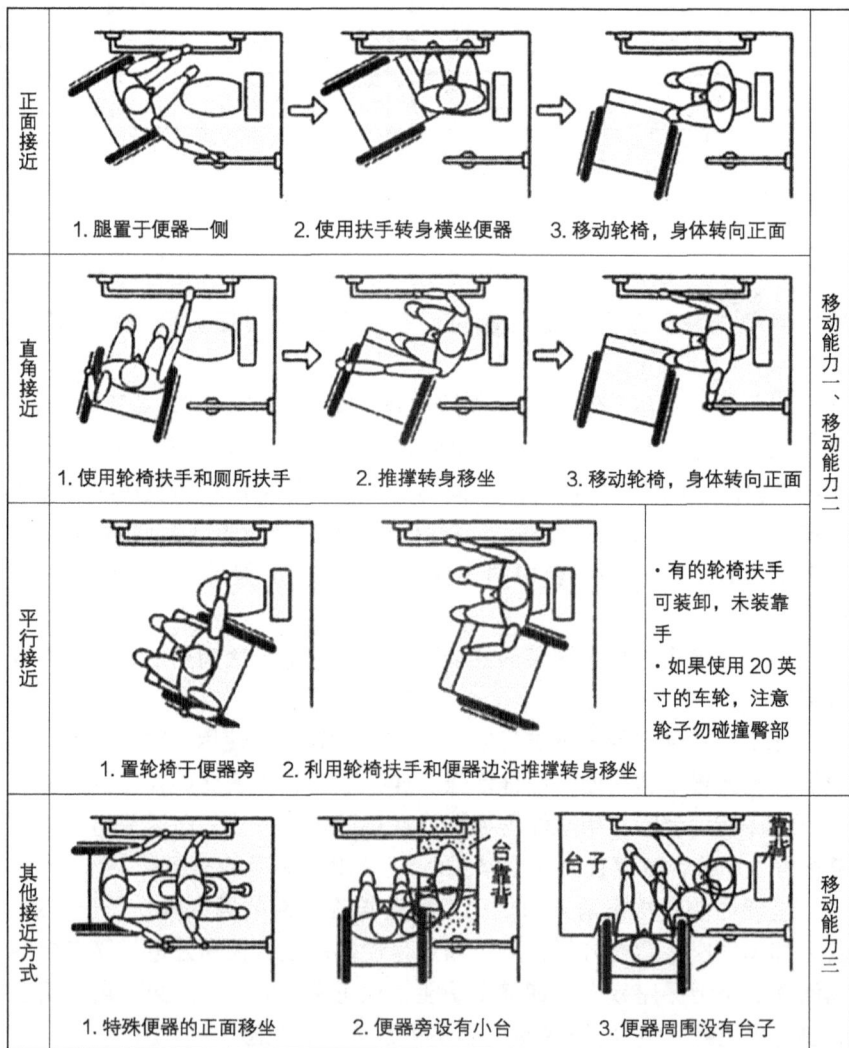

图 5-51 由轮椅向便器的移动途径与转移方法

空间可加宽时，在坐便器伸手可触及的范围内设置折叠式洗手池；若池下有可插入轮椅脚踏板的空间，从轮椅的侧前方就可以移坐到便器座面上。

（9）空间被限定的厕位内，行动不便的轮椅使用者需要别人的帮助才能移乘到专用便器上，如图5-52所示：（a）表示在单人帮助下的站立转移；（b）为在两人帮助下的站立转移；（c）为在两人帮助下轮椅至便池间的转移。

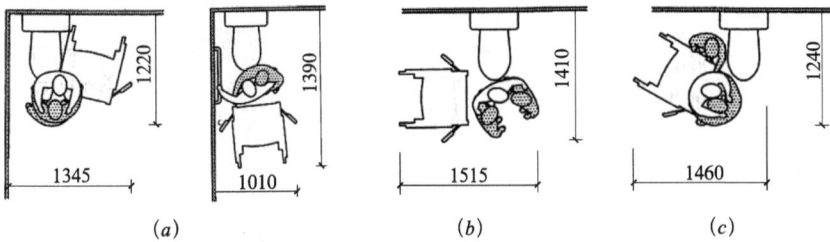

（a）   （b）   （c）

图5-52 协助移乘空间示例

（10）男卫生间应设残疾人的小便器。

（11）大便器、小便器邻近的墙上，应安装能承受身体重量的安全抓杆（图5-53）

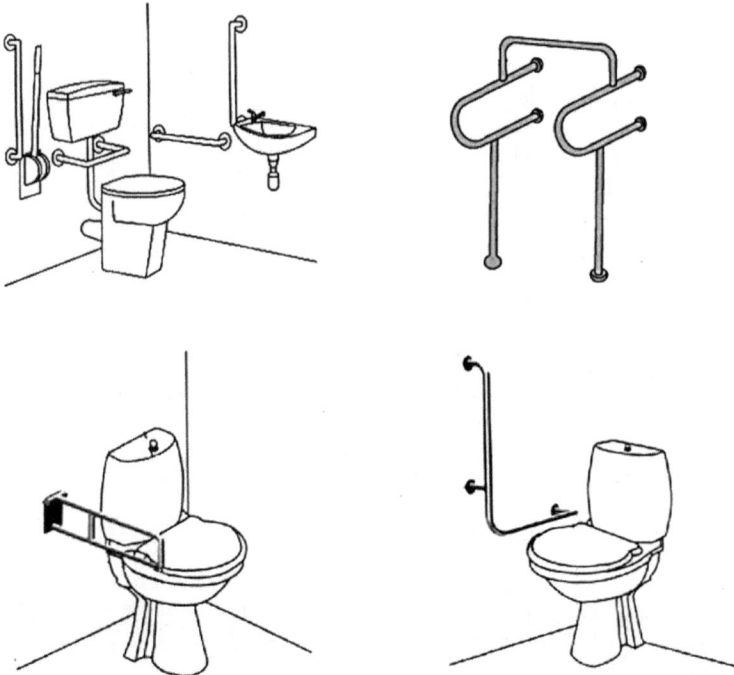

图5-53 男女通用厕所中的扶手

（12）扶手要安装坚固，位置适宜，不妨碍其他设备的使用。坐式便器的两侧需安装高700mm的水平抓杆，且至少在一侧安装高1400mm

的垂直抓杆（图 5-54）。可移动式扶手可以对应各种方向的移乘，但是连接处易发生问题，需考虑足够的安全性（图 5-55）。水平扶手的高度宜与轮椅的扶手同高，扶手要尽可能增加长度，以 700~900mm 为宜，安装在坐便器另一侧的水平抓杆一般为 T 形，长度为 550~600mm，可做成固定式或悬臂式可旋转的抓杆（水平旋转 90°和垂直旋转 90°），满足各类残障者的要求（图 5-56、图 5-57）。竖向扶手是为步行困难者站立时使用的，直径为 32~38mm，高度为 1400mm，可与水平抓杆结合成 L 形。

地面固定式扶手的形式和位置要避免妨碍轮椅脚踏板移动。吊环式辅助设施多用在个人专用或专门的设施中，设在坐便器上方，高度为 1400mm，可左右旋转和移动（图 5-58）。

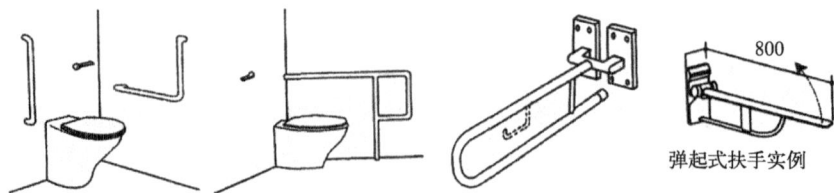

图 5-54 变形扶手（左）
图 5-55 可移动扶手（右）
弹起式扶手实例

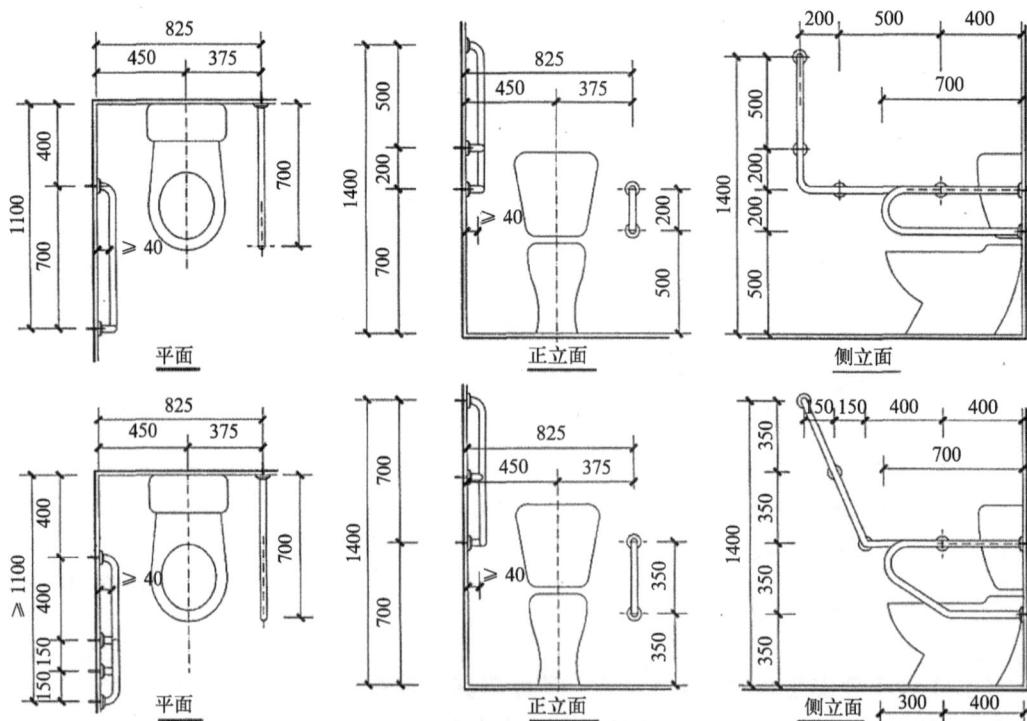

图 5-56 坐便器的扶手设置

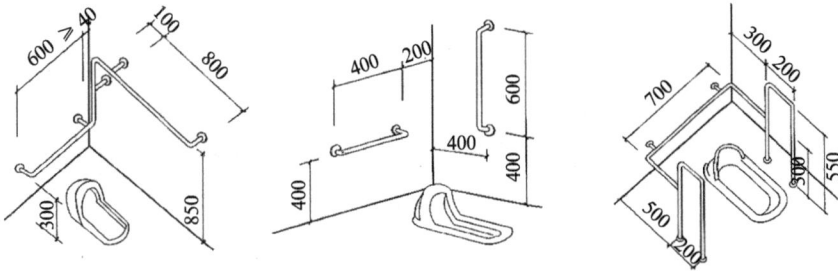

图5-57　蹲式便器的扶手设置

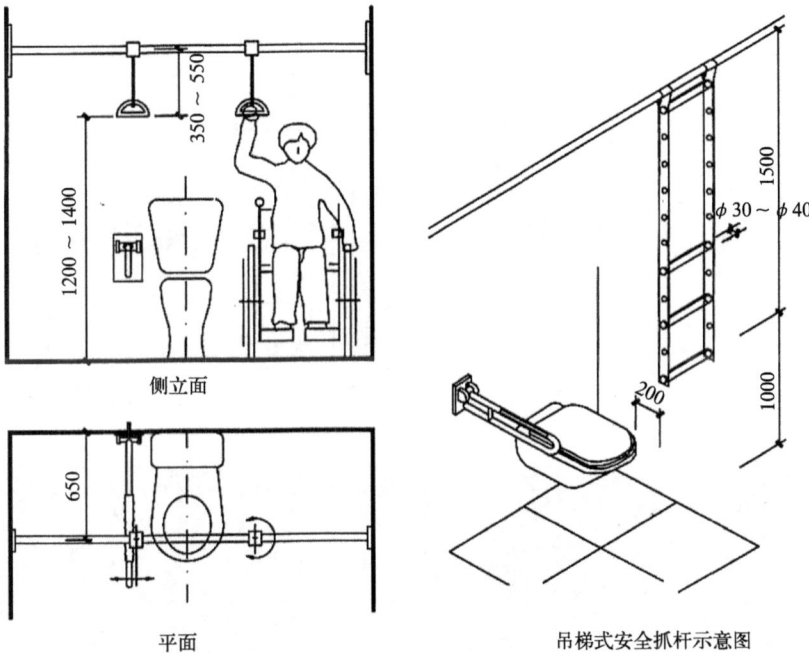

侧立面

平面

吊梯式安全抓杆示意图

图5-58　吊环及吊梯式安全抓杆

（13）紧急电铃宜设在残障者位于座便器上伸手能及的位置，或不慎摔倒在地上也能操作的位置，最好采用关闭厕位门较长时间后会自动报警的系统。

（14）地面材料采用沾水也可以防滑的材料。

3）无障碍多功能卫生间

（1）在机场、车站、医院、公园、养老院等公共场所，在卫生间区域专门设立无障碍卫生间，无障碍卫生间为不分性别的独立卫生间，配备专门的无障碍设施，包含：方便乘坐轮椅人士开启的门、专用的洁具、与洁具配套的安全扶手等，给残障者、老人或病人如厕提供便利。

（2）在厕所门向外开时轮椅可旋转180°，轮椅可正面进入厕所。专用厕所门开启后的净宽度不应小于800mm，在门扇的内侧高900mm处设水平关门拉手，并应在门扇里侧采用门外可紧急开启的插销。

（3）在厕所内除应设有坐便器、洗手盆、安全抓杆外，还应设置镜子和放物台及呼救装置（图5-59、图5-60）。

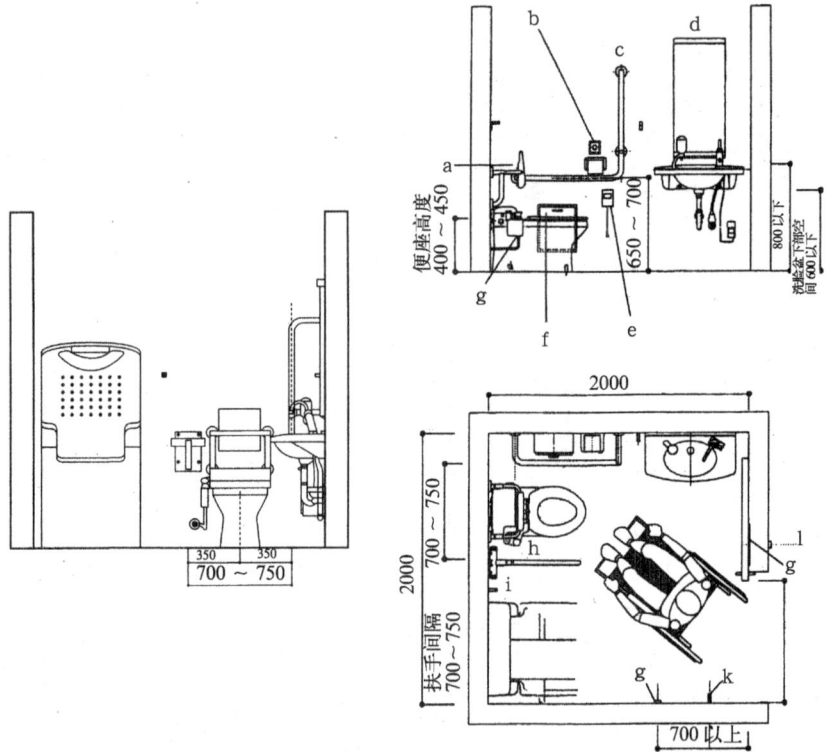

图 5-59　专用厕所设施配置之一
a—靠背；b—水洗按钮；c—安全抓杆；d—镜子；e—呼叫按钮；f—污物箱；g—洗净装置；h—可移动扶手；i—婴儿换尿布的床板；j—电动门按钮；k—挂钩；l—指示标识

图 5-60　专用多功能厕所

（4）无障碍卫生间应设洗手盆和安全抓杆，其安全抓杆直径为35mm。设置镜子的宽度为400mm，距地面900~1800mm。

（5）无障碍卫生间门向外开时，卫生间内的轮椅面积不应小于1200mm×800mm。门向内开时，卫生间内留有不小于1500mm×1500mm的轮椅回转面积（图5-61）。

（6）多功能卫生间宜设置自动冲洗坐便器，同时两侧设置相应的扶手，方便起坐。自动冲洗坐便器还应具备一些特殊功能，如加热功能以及发出流水的声音来缓解如厕的尴尬（图5-62、图5-63）。

（7）卫生间内可设置简易更衣踏板，防止脚部和衣物弄脏（图5-64）。

（8）卫生间宜设置人工器官用排泄和清洗设施，满足人工肛门/膀胱移植者使用方便（图5-65）。

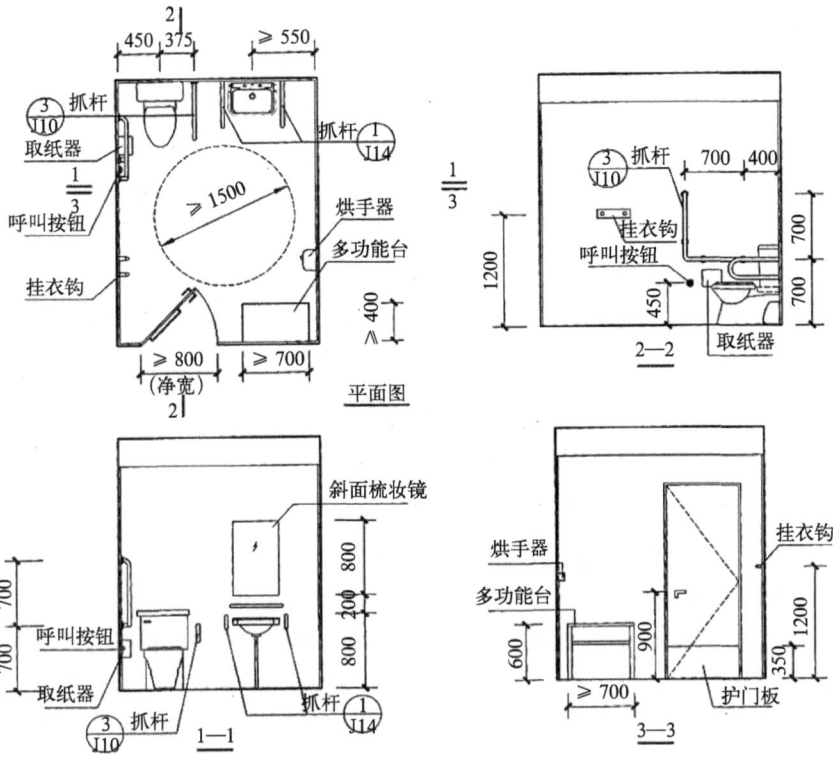

图5-61　独立式卫生间的
各项尺寸

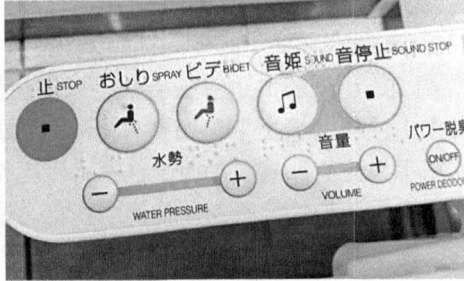

图5-62　自动冲洗坐便器
（左）
图5-63　多功能控制面板
（右）

图5-64　成人更衣踏板（左）
图5-65　人工肛门／膀胱
用排泄和清洗设施（右）

（9）多功能厕所内设置儿童安全座椅，方便携带儿童者如厕时照看儿童（图5-66）。

（10）多功能厕所宜推广可溶性厕纸，避免过多纸巾堆积在厕所内滋生细菌（图5-67）。

图5-66　儿童安全座椅(左)
图5-67　溶水防堵厕纸(右)

（11）地面采用防滑材料且不得积水。

4）无障碍小便器

男性轻度残疾者可以使用普通的小便器。轮椅使用者和能够短时间站立的人也能使用普通小便器，但需要安装可以握住的设施或扶手。

（1）体量较大的地面直落式小便器，任何人都能使用，且不易弄脏；体量较小的壁挂式小便器使用不方便且易污染，安装位置较高时，儿童无法利用；移动式、临时蹲式两用便器周围的地面极易被弄脏，需要经常清扫，宜设置斜坡、水沟等。小便器下口的高度不应超过400mm，周围不宜设置高差，小便器两侧应在离墙面250mm处，设高度为1200mm的垂直安全抓杆，并在离墙面550mm处，设高度为900mm的水平安全抓杆，与垂直安全抓杆连接。

（2）小便器周边宜安装扶手以方便使用（图5-68）。在同时安装了几个小便器的情况下至少要有一个以上的小便器设置扶手。小便器前方的扶手是让胸部靠在上面，扶手尽可能靠近小便器，高度为1200mm左右为宜，两侧的扶手是让使用者扶握，最好间隔600mm、高830mm左右，扶手下部的形状要充分考虑轮椅使用者的通行，也应考虑拄拐杖者使用方便（图5-69、图5-70）。

（3）清洗装置可以采用便于残障者使用的自动清洗装置，且宜采用上肢行动不便者容易操作的形式，如按压式。

（4）便携式小便器最好放在轮椅使用者专用厕位。

（5）地面要有排水坡度和排水沟，在材料选择上应做到在地面被水弄湿的情况下也能防滑。

5）洗面器及洗手池

在同一个卫生间内设置多个洗手池时，应为使用轮椅者及行动不便者分别设置一个以上洗手池。

最好采用壁挂式，为使轮椅更容易接近，器具前部做成薄型的更为理想。洗手盆的安装需要根据轮椅使用者的使用特点，供他们使用的洗手池上边缘距地面的高度为 750~800mm，洗手池下部需留出宽 700mm，高 500~550mm，深 600mm 的供乘轮椅者膝部和足尖部移动的空间，可以伸进轮椅脚踏板的空间。

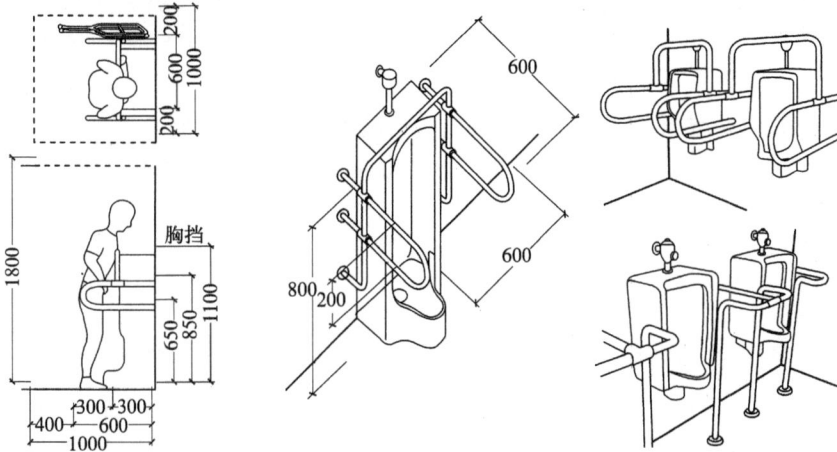

图 5-68 小便器安全扶手的形式

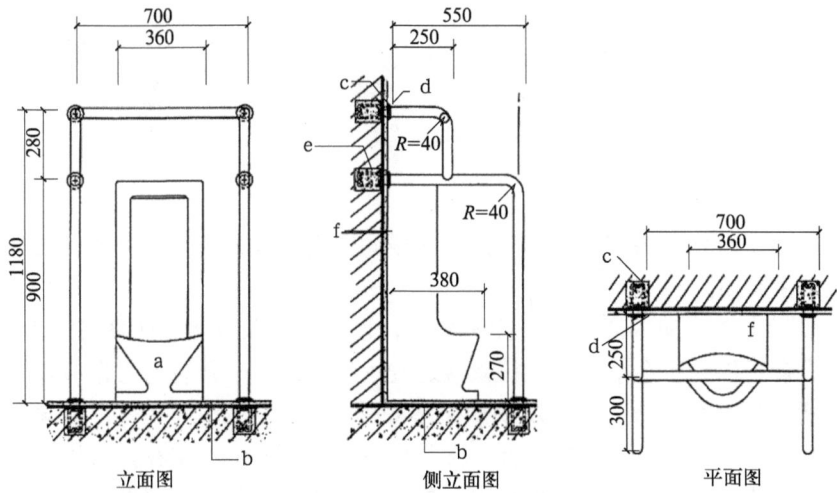

图 5-69 落地式小便器安全扶手设置及构造设计
a—落地式小便器；b—楼地面；c—预埋件；d—法兰；e—C20 细石混凝土（120×120×120）；f—墙面做法按工程设计

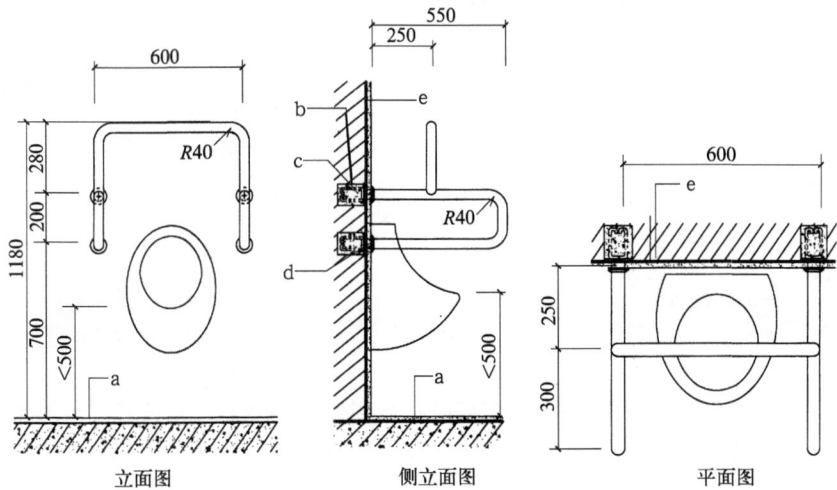

图 5-70 悬臂式小便器安全扶手设置及构造设计
a—楼地面；b—C20 细石混凝土（120×120×120）；c—预埋件；d—法兰；e—墙面做法按工程设计

行动不便的人经常使用单手扶着池子支撑身体，因此宜采用将洗手池镶入台中或在周边设置扶手的方式。

（1）对于轮椅使用者，洗手池的安装尺寸：上部高度宜为 800mm，池底高度为 650mm 左右，进深为 450mm 左右，或是安装可调整高度的洗手池。洗手盆的前方最好留出 1000mm×1000mm 的轮椅使用面积，无障碍洗手盆的水嘴中心距侧墙应大于 550mm，行动不便者所用洗手池与一般人使用的高度一样，若有儿童使用者，设施高度要根据儿童使用的高度决定。有热水管时，为了防止烫伤，应用绝热材料包裹（图 5-71）。

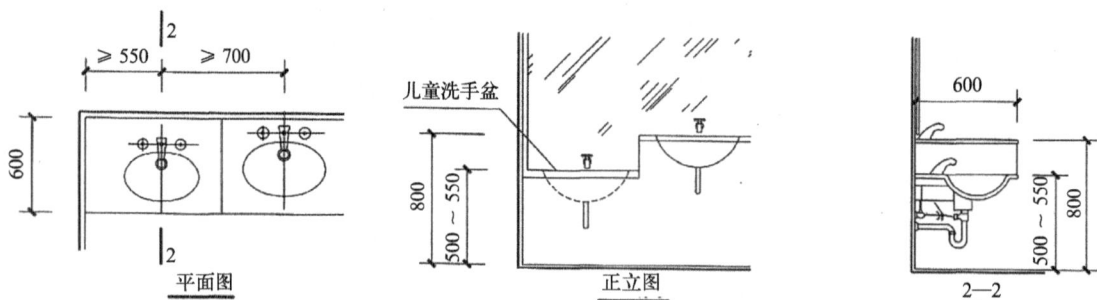

图 5-71　轮椅使用者的洗手池设置

（2）存水弯最好采用短管形式或横向弯管形式，避免与轮椅的脚踏板发生碰撞。

（3）洗手池的周围最好安装扶手，也可以用来挂毛巾（图 5-72）。但设置正面扶手会妨碍乘轮椅者接近洗手池，故对于乘轮椅者，只布置两侧扶手为宜。扶手的高度要求高出洗手盆上端 300mm 左右，横向间隔 600mm 左右，洗手池前端与扶手间隔 100~150mm 左右。扶手要考虑可以靠放拐杖，且要安装牢固，能承担身体的重量，下部形状最好不妨碍轮椅的通行。

图 5-72　洗手盆的安全抓杆及构造
a—墙面做法按工程设计；b—C20 细石混凝土（120×120×120）；c—预埋件；d—法兰粘牢

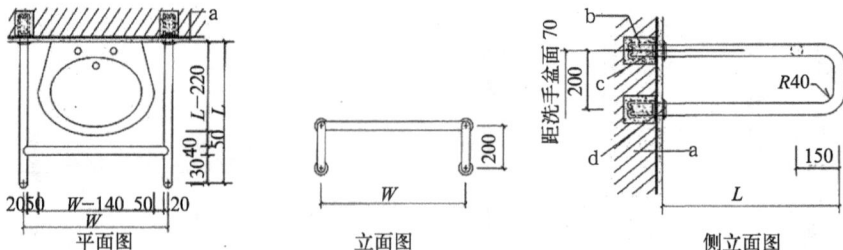

（4）水龙头最好采用杠杆式或感应式自动出水方式，开关最好采用把手式、脚踏式或者自动式开关，不宜采用旋转式开关（图 5-73）。大便器或小便器的开关宜用下压式把手，手背或手肘也可以使用。如果是热水开关，需要标明水温标志和调节方式，给水管采用隔热材料进行保护。

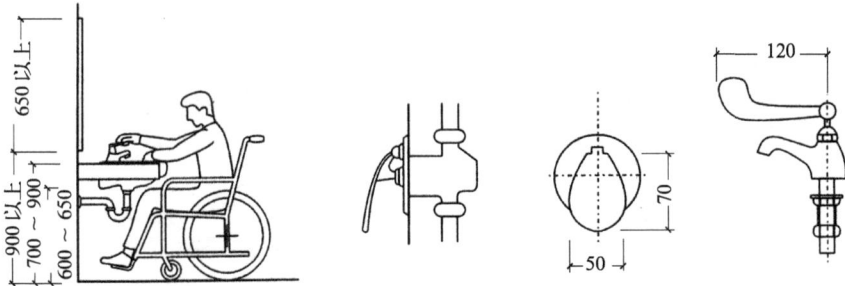

图5-73 乘轮椅者用洗面盆及水管五金件

（5）镜子设置时，考虑到轮椅使用者的视点较低，镜子的下部应距地面750mm左右或将镜子向前倾斜（图5-74）。

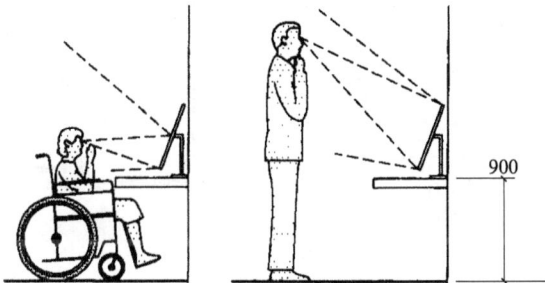

图5-74 残障者可使用的镜子设置

6）浴室、淋浴间

浴室、淋浴间至少应在一端设置轮椅的停放空间，还应留出护理员的操作空间；对于老年人，洗浴设施要避免温度的急剧变化，要考虑辅助的供暖设备（图5-75）。

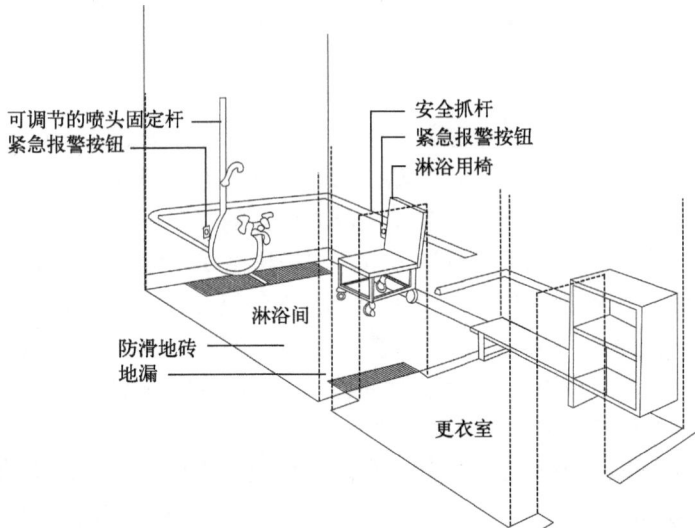

可调节的喷头固定杆
紧急报警按钮
安全抓杆
紧急报警按钮
淋浴用椅
淋浴间
防滑地砖
地漏
更衣室

图5-75 无障碍淋浴间示意图

（1）无障碍卫生间内洁具的配置形式多种多样，图5-76列举了几种卫生洁具的组合方式。

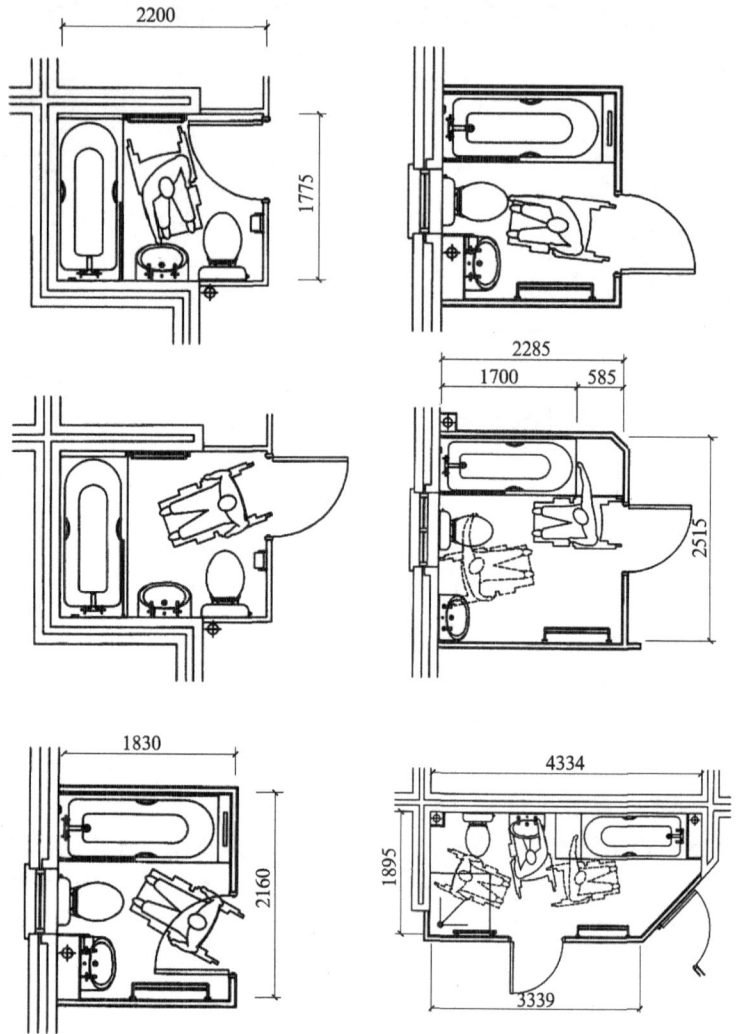

图 5-76 卫生间的洁具配置

（2）浴池、淋浴的布置要考虑浴池的出入难易程度和浴池内的动作难易程度。浴间入口应采用活动门帘，应考虑方便乘轮椅者移入浴缸，图 5-77、图 5-78 所示为乘轮椅者移入浴缸的过程：（a）向浴缸移动需要充裕的空间，轮椅平行靠近浴缸，卸去扶手使轮椅更稳定；（b）分别抬起双脚，坐至浴缸边沿；（c）将双脚放入浴缸；（d）一手抓住浴缸的扶手，另一只手握住轮椅支撑，从移乘台向前滑行使身体进入浴缸。还应设置为不能跨入浴缸的使用者提供的专用浴缸，可以把浴缸的侧面打开，把身体移进浴缸，并坐在里面，然后把侧面关上放入热水。

（3）残障者公共浴池中加上台阶、坡道、座椅、扶手等辅助设施，可以使轮椅移到冲洗台更容易，同时从冲洗台直接进入浴池。浴池高度要与轮椅座高相同（图 5-79），并做成相同高度的冲洗台。

（4）残障者淋浴时，最好可以利用带车轮的淋浴用椅子直接进入没有门槛的淋浴间，也可利用带座椅的淋浴轮椅。淋浴间的短边宽度不小

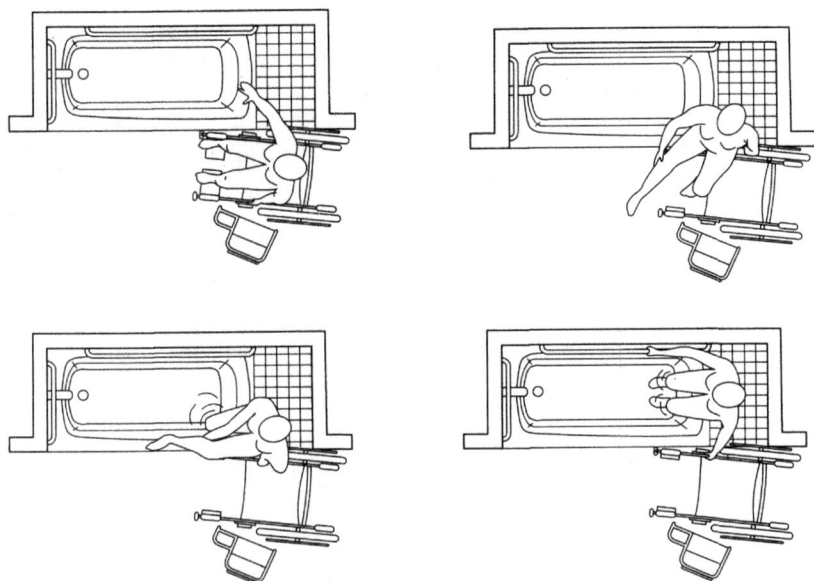

图5-77 从轮椅向浴缸移动的过程示意

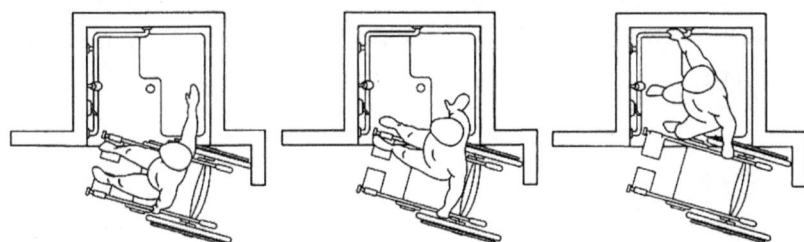

1. L型椅子宜设柔软的座椅

2. 轮椅靠近座席，卸去扶手

3. 右手扶握淋浴室扶手，左手扶轮椅座面将身体移至座席

图5-78 轮椅移入900mm×900mm浴缸的过程

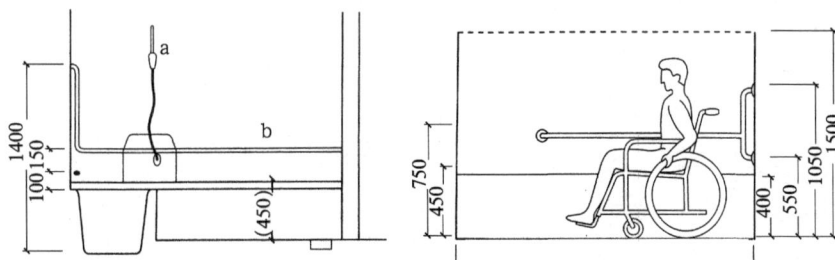

图5-79 浴池高度与轮椅座高一致
a—滑动式吊挂淋浴；b—安全抓杆

于1500mm，对于长期卧床不起的病人，入浴时应在浴池三边设置护理人员站立的空间（图5-80）。

7）公共浴室

（1）公共浴室应在出入方便的位置设置残疾人浴位，在靠近浴位处应有轮椅回转空间。同时考虑为视觉残障者铺设引导方向的地面铺装材料。

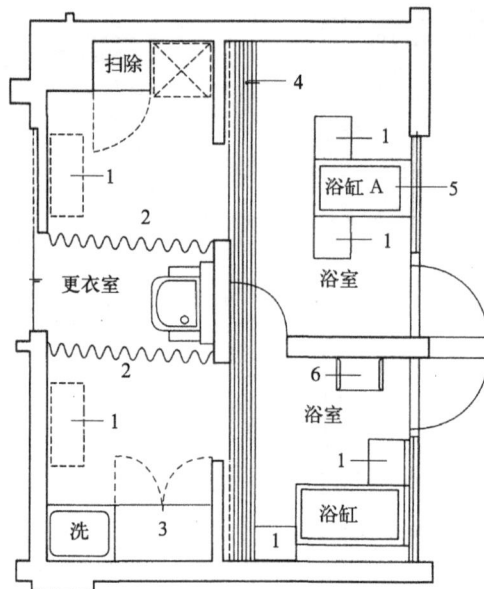

图5-80 为重度残障者设置的浴室、淋浴室
1—浴间坐台；2—浴帘；
3—物品存放处；4—排水沟；
5—单人浴缸；6—冲洗台

（2）残疾人的浴位与其他人之间应用活动帘子或隔断间加以分隔。隔断间的门向外开时，隔断间内的轮椅面积不应小于1200mm×800mm（图5-81）。

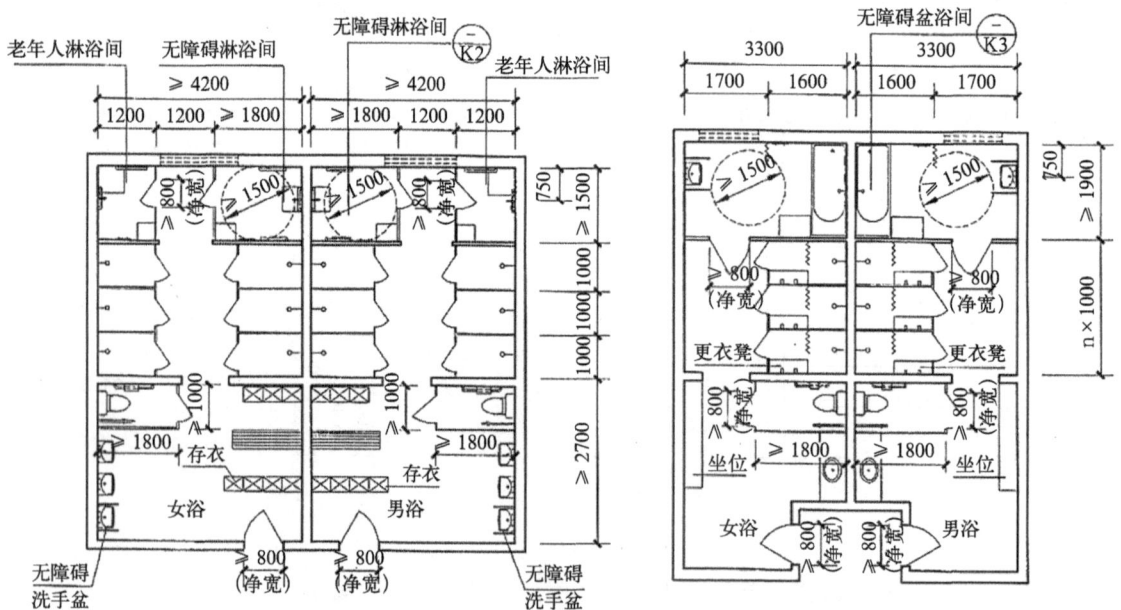

图5-81 公共浴室平面布置示例

（3）在浴盆及淋浴邻近的墙壁上，应安装安全抓杆（图5-82）。

（4）淋浴宜采用冷热水混合器。

（5）在浴盆的一端宜设宽为400mm的洗浴坐台，高度宜为

400mm。在淋浴喷头的下方应设可移动或墙挂折叠式安全座椅，淋浴间内的淋浴喷头的控制开关的高度不应大于 1.20m（图 5-83）。

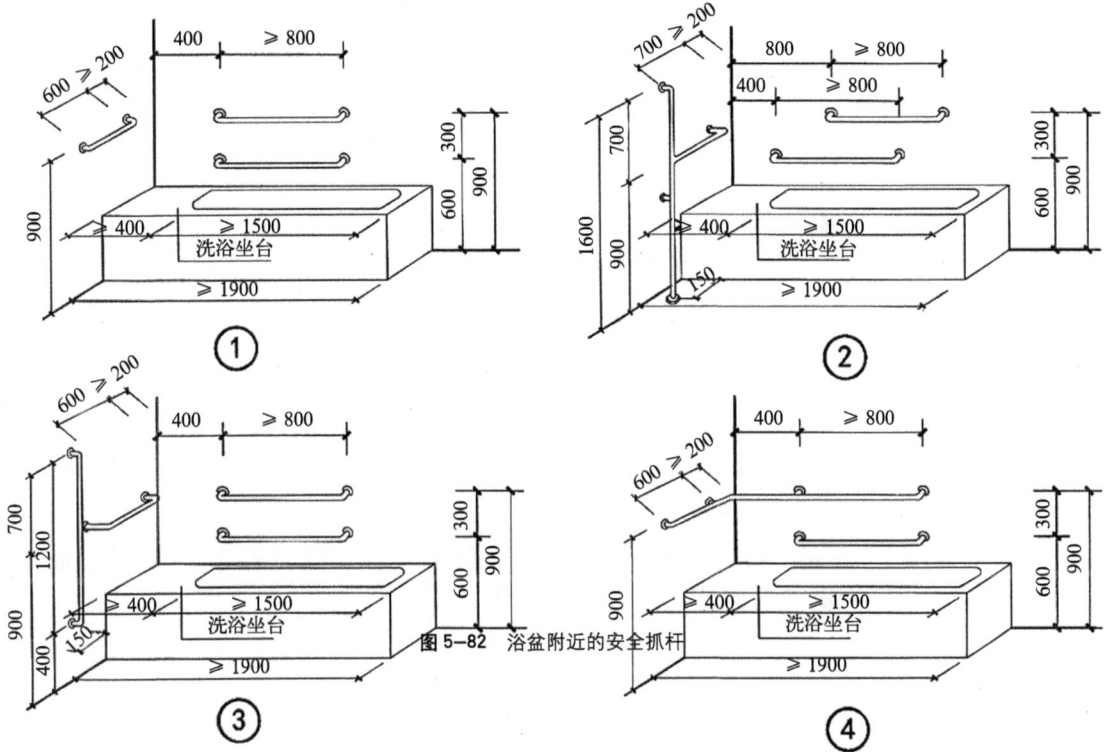

图 5-82　浴盆附近的安全抓杆

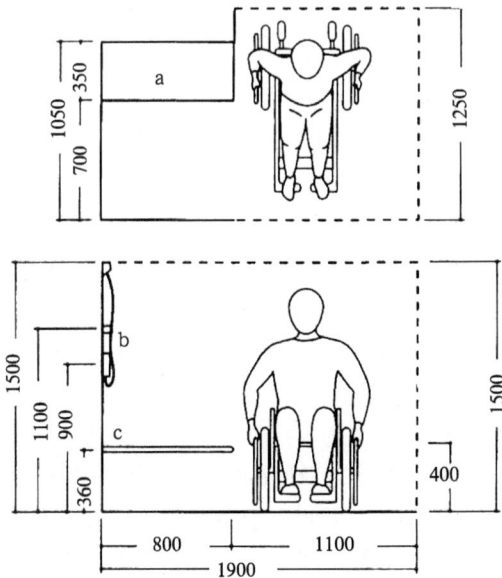

图 5-83　手持淋浴的标准尺寸
a—壁挂台；b—手持淋浴；c—弹起式台座

157

（6）客房卫生间的门宽不小于800mm，向外开时，卫生间内的轮椅面积不应小于1200 mm×800mm。在大便器及浴盆、淋浴器邻近的墙壁上应安装安全抓杆。

8）其他

卫生间和浴室应采用防滑材料，考虑排水沟和排水口的位置，尽量避免肥皂水在地面上漫流。扶手最好采用水平和垂直相结合的形式。为方便上肢行动不便者，淋浴器宜采用把手式的供水开关；淋浴器有可动式和固定式两种，可根据残障者的不同情况进行选择；最好把重度残障者和轮椅使用者分开，设置不同形式的淋浴器。

呼叫装置应设置在浴池中方便触及的位置，求救呼叫按钮高度为400~500mm。

5.2.8　厨房

无障碍设计的厨房要以安全和使用方便为原则。厨具宜简单，过道不宜过窄。厨房应便于整理，有一定的空间。

1）布置

设计中要保证轮椅的旋转空间。厨房设施应避免横向布置，最好采用"L"形或"U"形布置（图5-84）。

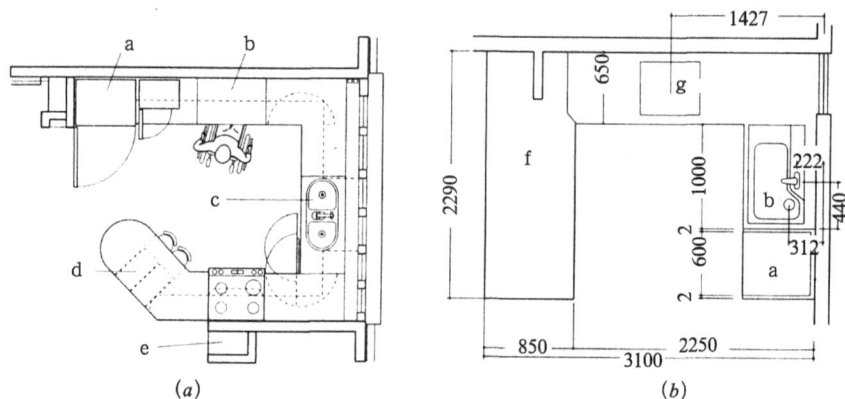

图5-84　U形和L形厨房布置
（a）U形厨房；（b）L形厨房
a—冰箱；b—可调整操作台；c—洗涤水池；d—桌下小推车；e—电气设备控制盘；f—餐桌；g—加热操作台

2）操作台的高度

操作台高度最好可调节，以便于轮椅使用者使用（750~850mm）的同时健全人也能操作，操作台进深控制在600mm以内，太宽或太窄都会造成使用不便的情况。操作台下方的净宽和高度都不小于650mm，深度不应小于250mm。

3）水池

（1）底部应设置可以伸入双腿的水池，以便于轮椅使用者及老年人。

（2）水池前放置座椅，可便于残疾人及老年人洗涤。

（3）给水管和排水管不宜露明，应加上保护材料。

4）灶台

（1）控制开关宜放在前面，且有明确的强度标识。

（2）宜使用温度鸣响器来提示，便于视力障碍者使用。

（3）灶台的高度以750mm左右为宜，过高容易使轮椅使用者被溢出的汤烫伤。

（4）灶台下方不应设置腿部可以伸入的空间。

（5）沿灶台前面的边缘可做一挡板，减少烫伤危险。

（6）燃气栓处应设安全装置，因老年人嗅觉不敏感。

（7）自动电饭锅最好附加自动断电设施。

5）其他

冰箱最好选择能向两侧打开的两扇门的冰箱，便于轮椅使用者使用。烤箱宜与操作台同高，不宜安装在微波炉下方，便于轮椅使用者使用。烤箱底部宜装上可以伸缩的挡板。储藏空间宜安装推拉门；空间可延伸到屋顶，可考虑与健全人一起使用。

餐具柜上端以高出轮椅座面900mm为限，深度在300~400mm为宜；下部为下肢伸入留出地面以上300mm、进深200mm的空间。柜门宽度以400~450mm为宜。

图5-85所示为可供乘轮椅者使用的厨房设备高度，包括吊柜、洗涤台、操作台、煤气灶台、冰箱等的尺寸。

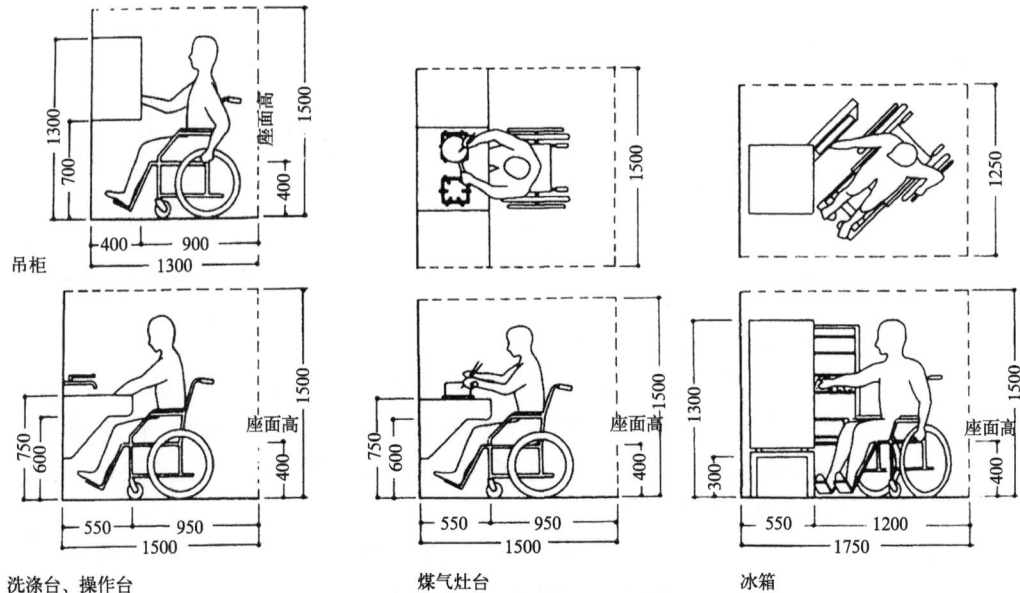

图5-85 无障碍厨房的设备尺寸

5.3 主要建筑构件设计

5.3.1 门

门是保证房间完整、独立使用的不可缺少的构件，同时也是干扰残障者通行的主要障碍之一。由于出入口的位置和使用性质的不同，门扇的性质、规格、大小各异。一般来说，开启和关闭门扇的动作对于肢体残障者和视力障碍者是很困难的，容易发生碰撞的危险。因此，门的部位和开启方向的设计需要考虑残障者使用的安全。便于残障者使用的门的选择顺序是：自动门、推拉门、折叠门、平开门、轻度弹簧门、重度弹簧门和旋转门，玻璃门不适合残障者使用，当采用玻璃门时，应设置醒目的提醒标志。

从使用的难易程度来看，最受欢迎的是自动推拉门，其次是手动推拉门，最后是手动平开门。折叠门的构造复杂，不容易把门关紧，但轮椅使用者操作起来较容易。自动式平开门存在着由于突然打开而发生碰撞的危险，通常是沿着行走方向向前开门，所以需要区分入口和出口。乘轮椅者不能使用旋转门，对视力障碍者和步行困难者也较容易造成危险。图 5-86 为无障碍门扇的类型示意。

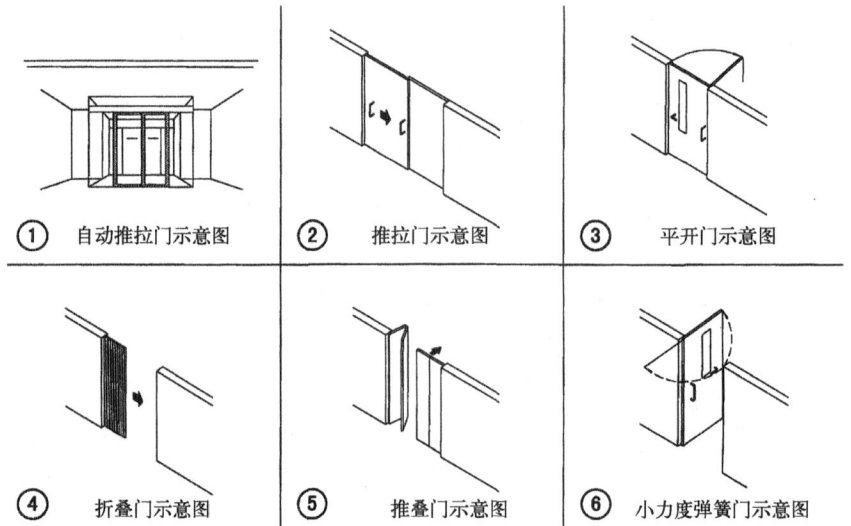

① 自动推拉门示意图　② 推拉门示意图　③ 平开门示意图

④ 折叠门示意图　⑤ 推叠门示意图　⑥ 小力度弹簧门示意图

图 5-86 无障碍门扇类型

1）总体要求

（1）供残障者使用的门不得采用旋转门且不宜使用弹簧门。

（2）门扇开启后的通行净宽度不得小于 1000mm。轮椅通过较窄的出入口有一定难度，其宽度需适当加宽，在门扇周围应留有直径1500mm 的轮椅回转空间。

（3）门扇及五金等配件应考虑方便残障者使用。

（4）门上安装的观察窗及门铃按钮高度应考虑乘坐轮椅者及儿童的使用要求，以 1400~1600mm 为宜。

（5）公共走道的门洞，其深度超过 600mm 时，门洞的净宽不宜小于 1100mm，以保证轮椅正常通过。

（6）残障者开关门存在困难，因此大门应尽量设为电控自动门，开关按钮应设在残障者易于触摸到的位置。

（7）门扇在开关时需要足够的空间，门的前后左右要有一定的平坦地面。根据安装方式的不同，需要的空间大小也不同，左右各留300mm的宽度，门开启方向需留出宽1500mm的空间，相反一侧留出1100mm（图5-87b）。当两个乘轮椅者相错通过门时，需要在门的一侧留出足够的空间（图5-87a）。

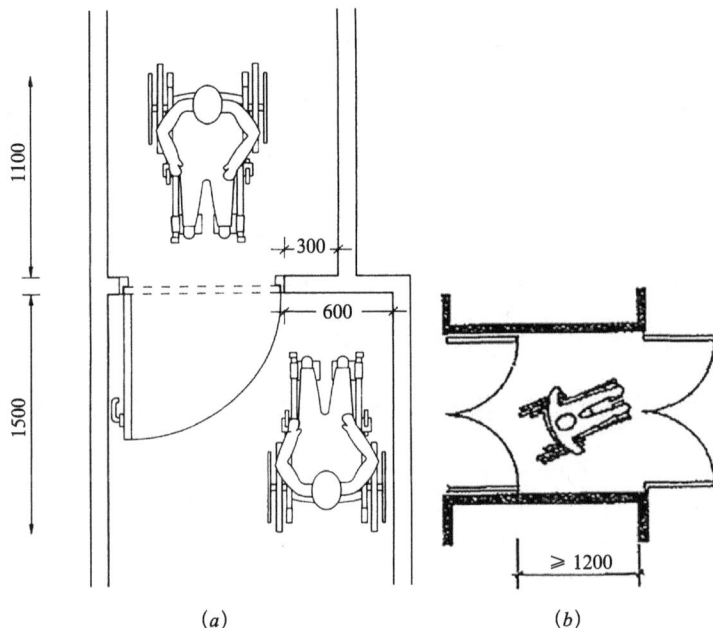

图5-87 门开启时乘轮椅者相错通过需要的尺寸

（a）　　　　　　　　（b）

2）无障碍设置门应考虑的问题

（1）门把手应考虑轮椅使用者或儿童可以利用的高度和形状。横向条状把手的高度为800~1100mm，其他把手标准高度为850~900mm（图5-88），宜设事先观察玻璃，并宜在距离地面350mm处设置护门板。圆形门把手对上肢或手部残疾者来说，使用起来有困难，宜用椭圆形把手。轮椅使用者在关闭推拉门时，应在门的铰链固定侧加上辅助把手，使开关较为容易。同样，辅助把手水平向安装时与门把手平行设置，可给下肢障碍者等支撑身体提供方便。

（2）要防止夹手指。推拉门的铰链固定侧也会发生夹手指或被夹骨折的情况，幼儿园更容易发生这种问题，因而在此部分应该考虑手指无法伸进的措施。

（3）轮椅的脚踏板很容易撞在门上，需要在距地面350mm左右以下安装保护板。

（4）出于安全的考虑，带观察窗（孔）的门可以使开门者在门的内外彼此看到，不至于发生碰撞。对一些有私密性要求的房门，只允许安装向内打开的单向门，这样可以减少碰撞事故的发生。而双向门则应特别注意这方面的安全。在逆光的地方，如果设有透明大门，因不容易分辨其存在，也会发生碰撞事故，需要考虑在1400~1600mm高的地方，

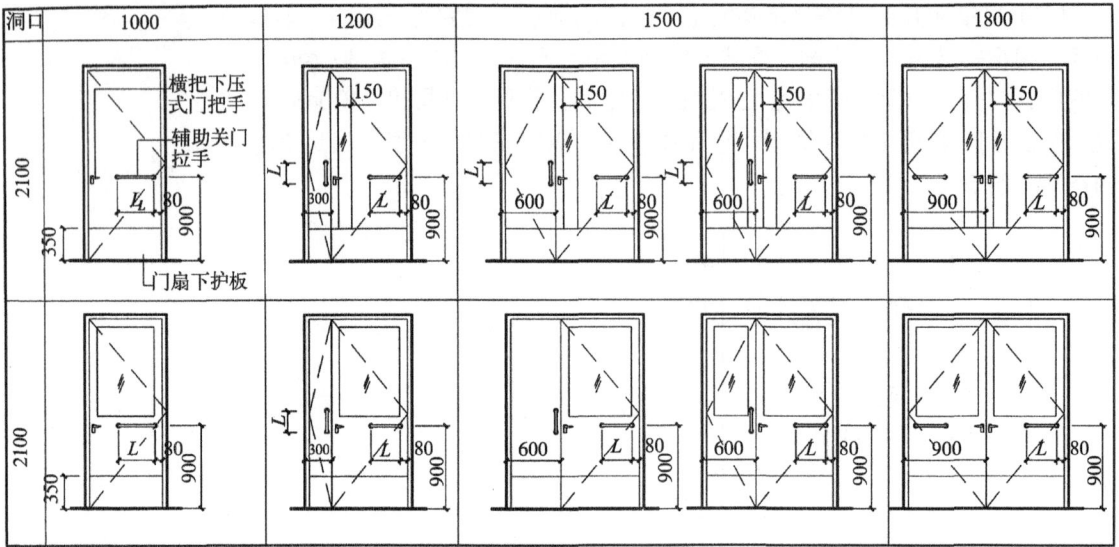

图 5-88 平开门拉手、辅助拉手的位置

粘贴有颜色的警示标志。图 5-89 所示是一些常见的观察窗的位置。

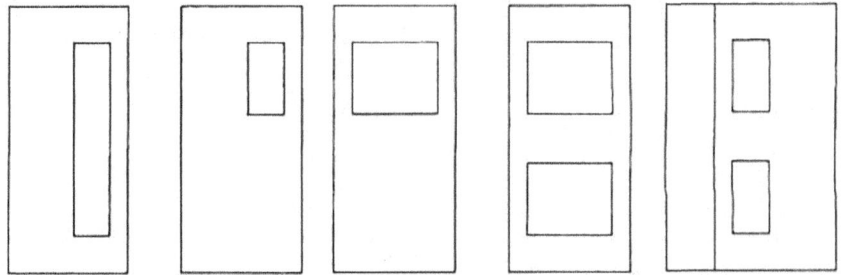

图 5-89 观察窗的位置

（5）装有防火门自动关闭装置的大门，其幅宽需要考虑轮椅使用者通行不受阻碍，门槛不能过高，门槛高度及内外高差不应大于 15mm。此外，应考虑上肢残障者可以方便打开防火门的操作形式。

（6）为了防止视力障碍者等误入通往锅炉房、机械室等容易发生危险的房间，可以考虑将门把手做成粗糙的形式。在大门前后的地面上铺设提示盲道或改变铺装材料。

3）门的种类和特点

（1）自动门的开关有很多种类。残障者是否方便使用还需要根据具体情况进行选择。对于轮椅使用者来说，应充分考虑以下两点：手能够接触的范围是有局限的，脚一般放置在前轮前方 500mm 处，会最先接触物体。对于步行困难者来说，因为行动较为缓慢，应注意避免还没有完全通过大门时前门就自动关闭的情况。对于视力障碍者来说，需要明确开关位置，与此同时，也希望能够听到门开关的声音。图 5-90 表示的是考虑了残疾人使用的自动门实例。

常用的开关有：

a. 受力后通过电气的接点进行感应，并接通电源的橡皮垫开关及硬铝垫开关。

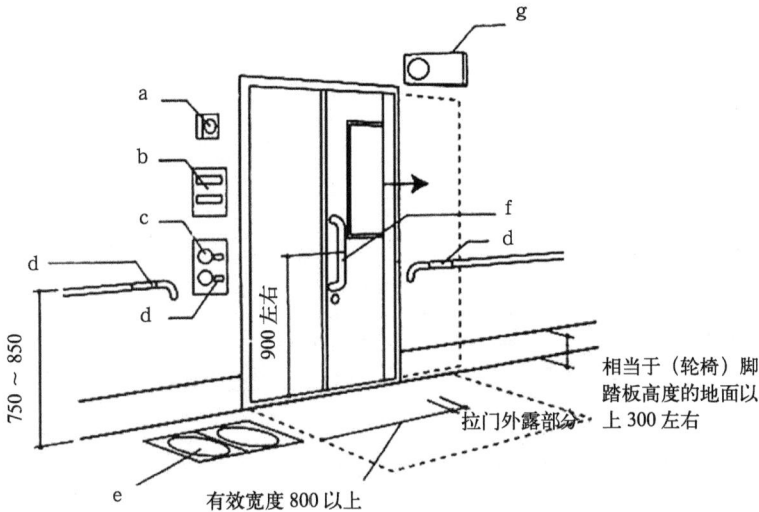

图5-90 自动门实例
a—应急指示灯；b—附盲文标识；c—开关按钮；d—盲文标示；e—提示盲道（示意）；f—门把手；g—凸出型指示标识

b. 通过超声波反射接通电源的超声波开关。

c. 通过电磁波的反射接通电源的电磁波开关。

d. 通过投光与受光器间的光线来接通电源的光线开关。

e. 通过接触开关点来接通电源的触摸式开关。

f. 通过按压电钮来接通电源的按压式开关。

（2）推拉门能够保证安全操作，但是门越大，重量也越大，有可能发生靠残障者自身力量很难打开的情况。虽然可以考虑在推拉门上加装滑轨装置，但是下滑轨式的推拉门容易发生故障，而且占地面积大，可以考虑悬吊式推拉门。图5-91列出了推拉门的实例，门扶手和护板考虑了乘轮椅者的使用需求。

（3）平开门的开闭方向和开口部分大小是根据走廊的幅宽、墙壁的位置等考虑决定的，开启后通行净宽度不应小于800mm，有条件时不宜小于900mm。在没有特殊情况时，门的开关方向以内开式为宜。如果门的内侧和外侧都没有障碍，则采用双向式门，使得出入门时都可以按推动的方向打开大门，这对轮椅使用者来说是较理想的。平开门的实例如图5-92所示。

5.3.2 窗

窗户对于到室外活动不便的残障者来说非常重要。它既是残障者了解外界情况的重要媒介，也是久居家中的人的一种心理上的寄托。一些视力障碍者能够感觉到光线，并以此辨别方向，因此，视力障碍者对窗户的要求更为强烈。

窗的无障碍设计要考虑到残障者使用的方便和安全。对轮椅使用者

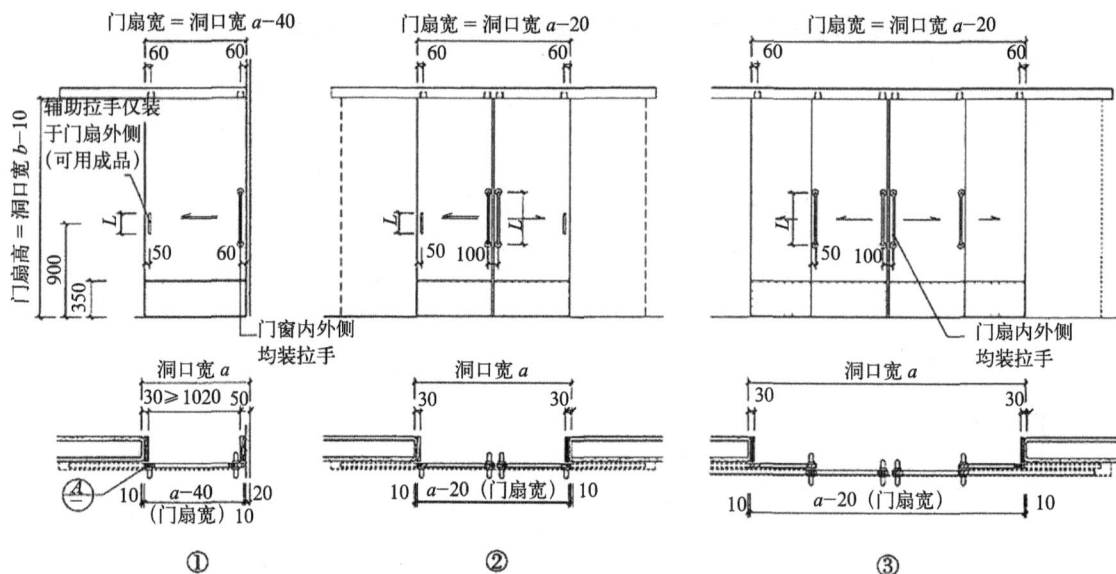

图 5-91 推拉门拉手、辅助拉手及护板的位置及尺寸

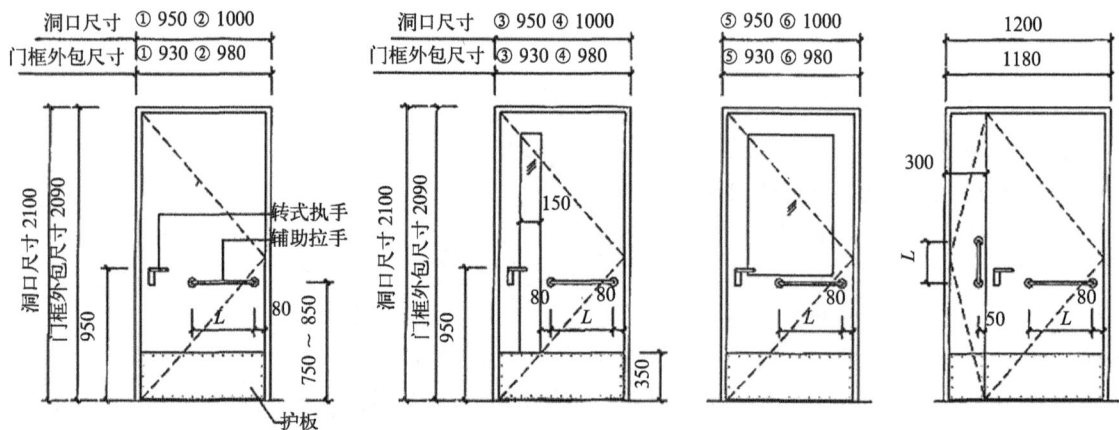

图 5-92 平开门拉手、辅助拉手及护板的位置和尺寸

而言，窗的设置应考虑不遮挡视线和容易开启。窗台的高度要根据轮椅使用者和重度残障者的视线要求确定。窗台较低的情况下，为防止突发性危险，应设置扶手。须考虑轮椅使用者擦窗时手能触及玻璃，尽量避免危险的开窗形式。在残障者使用的通道处开窗，应避免对通道的正常宽度产生影响。窗户应尽可能地容易操作而且安全。

1）窗台高度

窗台的高度是根据坐在椅子上的人的视高来决定的（图 5-93），一般在 1000mm 以下，但是太低会增加坠落的危险。高层建筑需要装防护扶手或栏杆等防止坠落的设施。当从地面到屋顶全部采用落地式透明玻璃时，要防止因为逆光、眩光导致看不清玻璃而引发的危险。

2）开闭形式

开闭形式有推拉、上下滑窗、旋转（横向、纵向）等，推拉的形式比较便于操作。向室内推拉的旋转窗容易发生碰撞事故，应尽量避免。残障者在擦玻璃时手能触及的面积不是很大，需要考虑轮椅使用者的手较容易触及的尺寸。

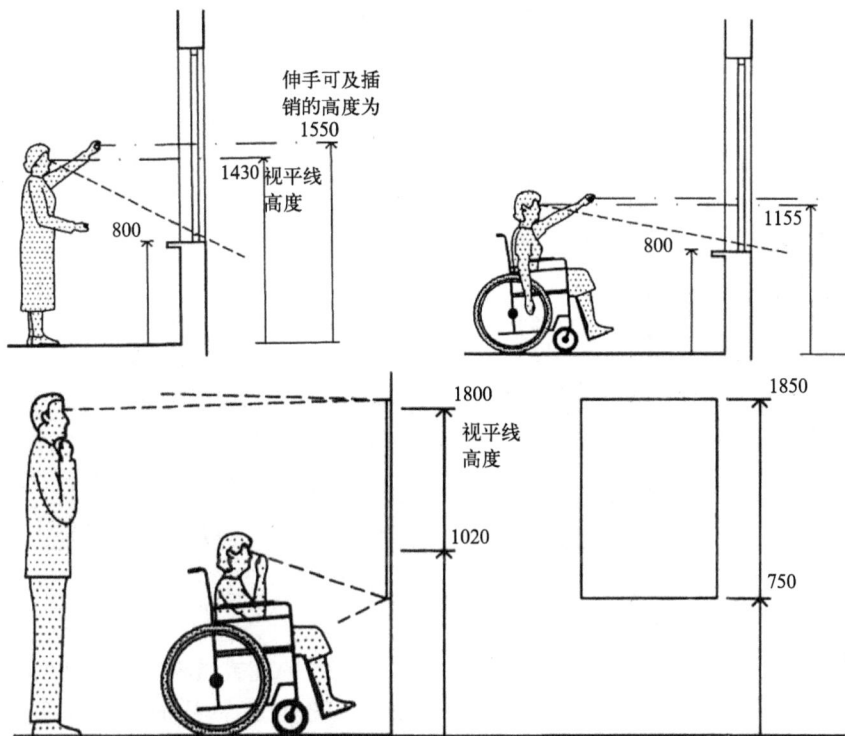

图5-93 健全人和轮椅使用者的视线差别

3）防止夹手

安装铰链的窗口以及铝合金窗出现锐角边框的地方应安装海绵条防止夹手。

4）遮阳板、百叶窗帘

为了能够调节室内的环境，宜设置遮阳板、百叶窗、窗帘等。残疾人在操作复杂的机械装置时会产生困难，应尽量选择容易操作、性能安全的形式。

5.3.3 扶手和护板

扶手是残障者通行中的重要辅助设施，用来保持身体平衡和辅助使用者行进。扶手不仅能协助乘轮椅、拄拐杖者及视力障碍者行走，也能给老年人的行走带来安全和方便。通常在坡道、台阶和通道的凌空侧和靠墙侧须设置扶手，扶手的位置、高度和形状直接影响到使用效果。

护板则通常安装在墙和门距离地面较近的部位，用来避免轮椅使用者磕碰墙面和门，以保护身体和墙面。

1）扶手

（1）设置部位应在坡道、台阶、楼梯、走道的两端（图5-94）。

图5-94 坡道扶手详图

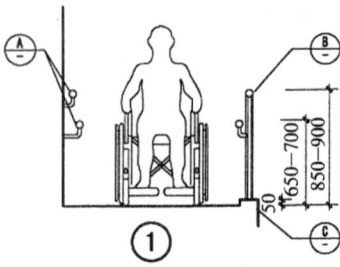

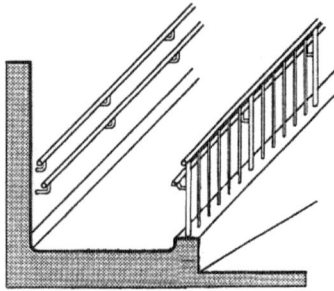

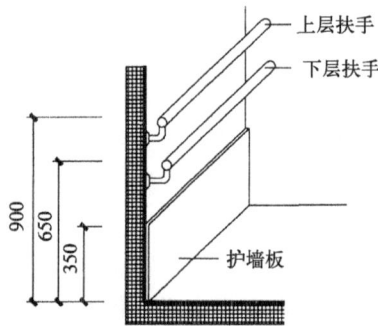

坡道双层扶手示意图

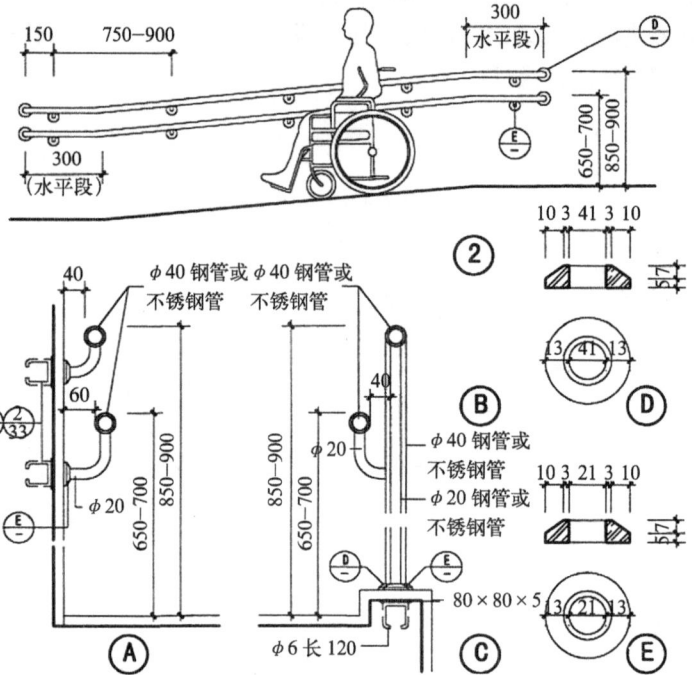

图5-95 双层扶手的高度

（2）靠墙或楼梯的扶手高度为850~900mm。两层时，上层扶手高度为850~900mm，下层扶手高度为650~700mm（图5-95）。

（3）扶手上受力，要求任何一个支点都能承受100kg以上的力。

（4）不同截面形状的扶手中，圆形外径为35~50mm的扶手把握起来最为舒适。在墙和扶手之间应至少有40mm的距离，扶手的起点、终点宜并向侧壁或向下弯曲不小于10mm。手底部与扶手支撑点之间的垂直距离应为50mm，使手可以方便地握紧扶手（图5-96）。

2）护板

（1）墙护板最好采用橡胶、木制或塑料等有弹性的材料，从地面开始高度为350mm（图5-97、图5-98）。

（2）门护板通常是在原来的门的面板上加装100mm宽的铝合金板，也可用钢板喷塑或不锈钢板（图5-99）。

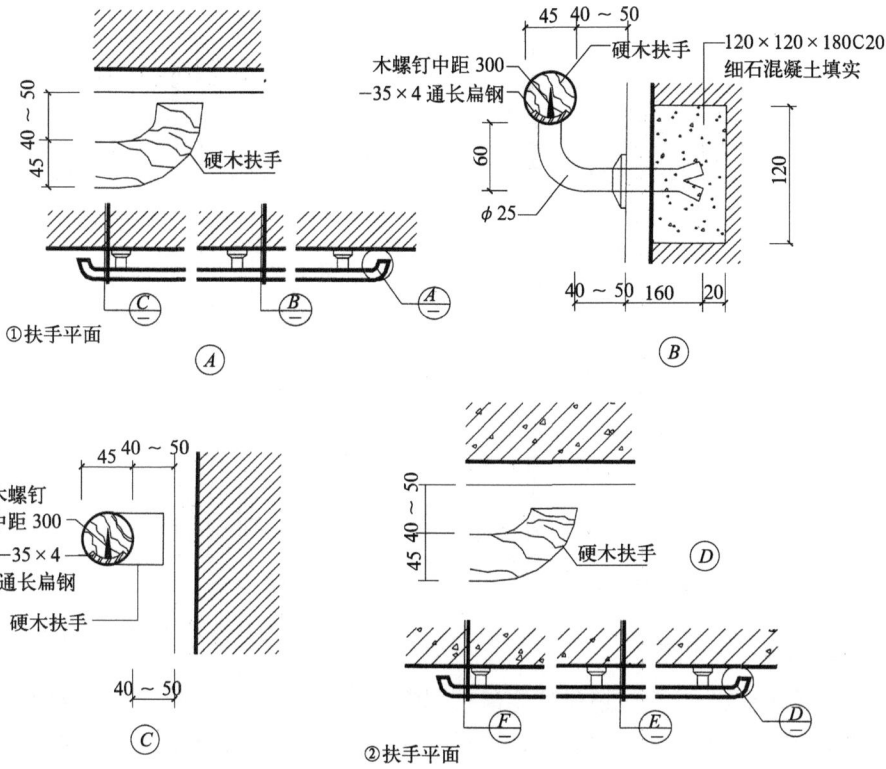

①扶手平面

图5-96 走道木扶手详图

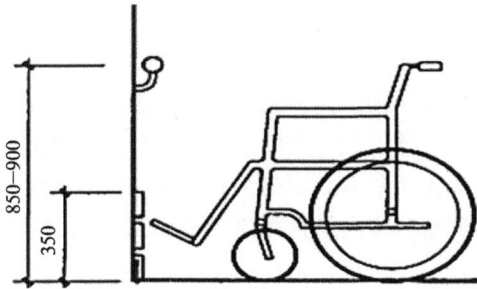

图5-97 护板位置

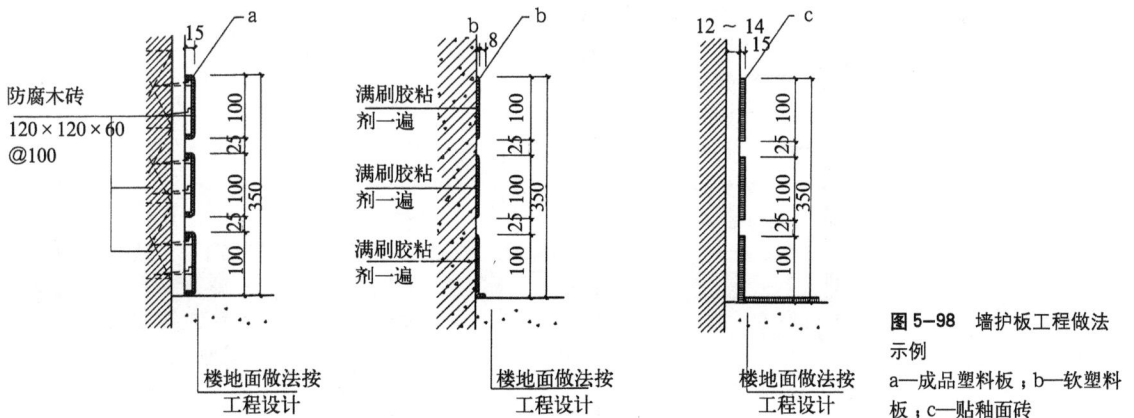

图5-98 墙护板工程做法示例

a—成品塑料板；b—软塑料板；c—贴釉面砖

167

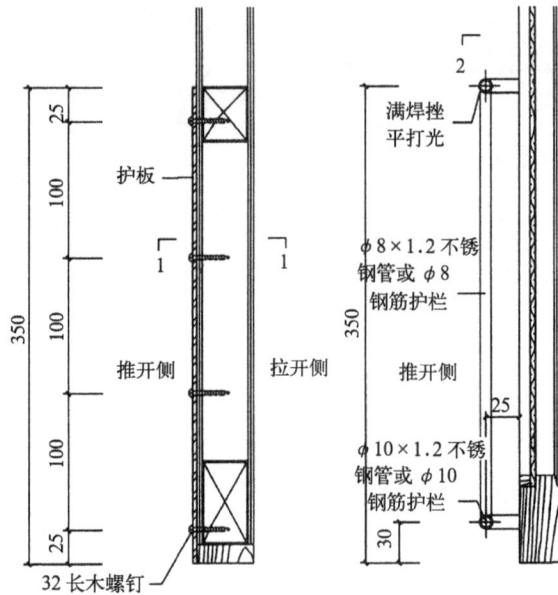

图 5-99 门护板工程做法
示例

5.3.4　地面

无论是公共建筑还是住宅建筑都应考虑地面的无障碍设计。粗糙和
松动的地面（如地毯）会给乘轮椅者的通行带来困难，积水地面对拄拐
杖者的通行造成危险，光滑地面对任何步行者的通行都会有一定影响。

1）防滑

室内外通道及地面的坡道应平整、坚固、耐磨，地面宜选用防滑且
不易松动的表面材料并应设防风避雨设施。防滑表面设计包括铺设素混
凝土、粗糙的混凝土铺设板、人字形路砖和涂防滑涂料的混凝土。比较
高级的防滑处理可使用掺入石英砂的环氧树脂地坪漆并定期更新，油漆
类的产品须定期更新。室内坡道可选用防滑聚乙烯地面或橡胶地面系统
（图 5-100）。

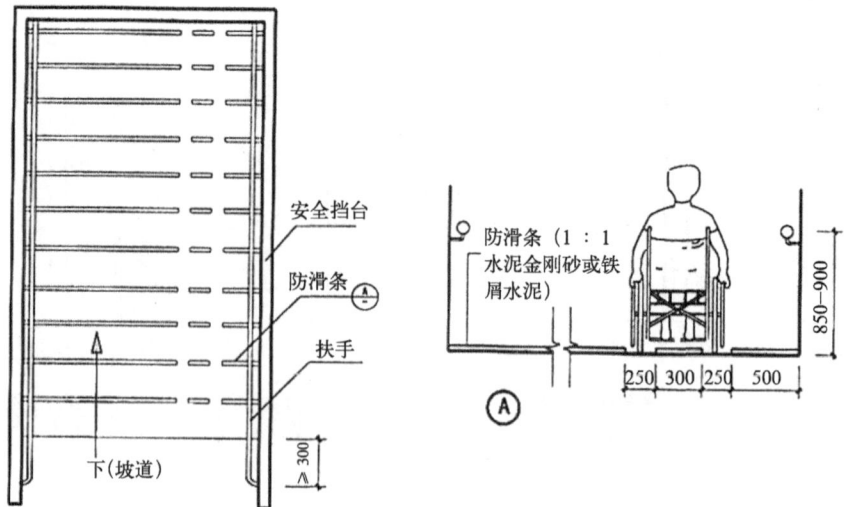

图 5-100　过街坡道防滑条
做法

2）警示

宜选用比较醒目的颜色，如人字形的色带涂在坡道上，以免视力障碍者忽略坡道的存在。尤其在边坡处，可用醒目的颜色区分，加以提醒。视力障碍者使用的出入口踏步的起点和电梯的门前应铺设有触觉提示的材料及提示盲道。

3）坡度

室外平台至室内地面以及通往卫生间的地面经常存在高差，但高差不宜大于15mm，并且需用坡度不大于1/12的坡道过渡。

4）排水

坡道平台要注意不能存水，为此有必要进行竖向设计，可在平台上向两侧适当起坡，但倾斜度不应超过1/50，否则会引起轮椅的失稳。通道及入口处集雨水的铁算子应有隔栅，且隔栅应垂直于坡道延伸的方向，以免轮椅陷入，隔栅间距或空洞不宜大于15mm。

5.4 室内家具、器具及设备

5.4.1 室内家具

家具的要求应与设计同步。总体原则是方便残障者使用，避免因这些设施引发的伤害或危险，提高房间的使用价值。

1）触摸式平面图

（1）在建筑物出入口附近，宜设表示建筑内部空间划分情况的触摸式平面导向图（盲文平面图，图5-101）。

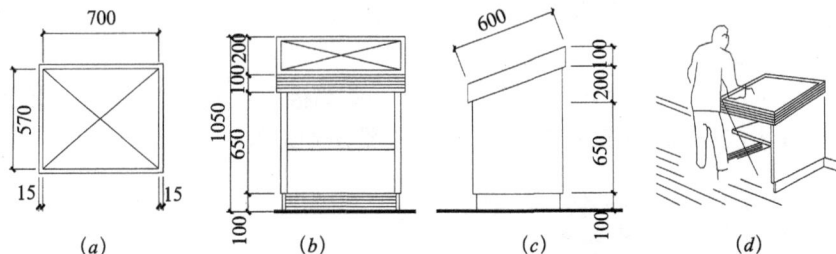

图5-101 触摸式平面导向台示例
(a) 平面；(b) 正立面；(c) 侧立面；(d) 整体示意

（2）触摸式平面图处最好安装发声装置（图5-102）。

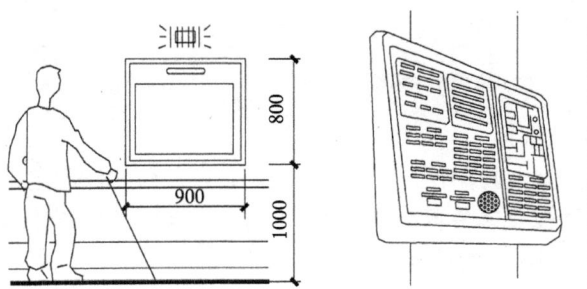

图5-102 安装发声装置的触摸式导向台

（3）触摸式平面图旁宜设有指示板，以方便轮椅使用者。

2）服务台

（1）对于轮椅使用者，服务台高应在800mm左右，下部能插入轮椅脚踏板（图5-103）。

（2）对于拐杖使用者，需设置座椅及拐杖靠放的场所（图5-104）。

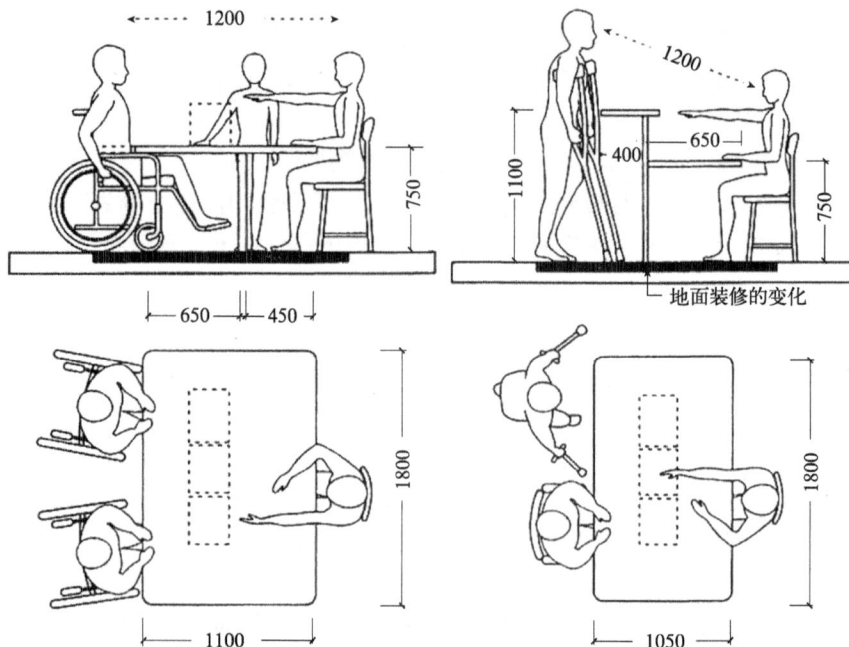

图 5-103 供乘轮椅者使用的接待台（左）
图 5-104 供拄拐者使用的接待台（右）

（3）对于站立者，其高度最好能同时支撑不稳定的身体或另设扶手。

（4）对于视力障碍者，不应设置玻璃隔墙。

3）桌子

（1）对于轮椅使用者，其下部要留出脚踏板插入的空间（图5-105）。

（2）宜做成固定式或不易移动式（图5-106）。

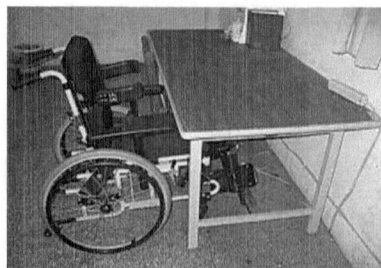

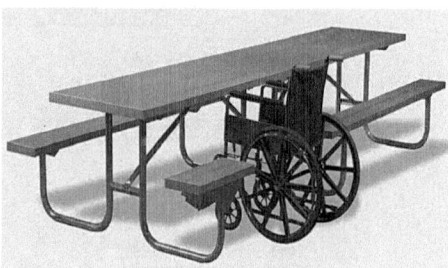

图 5-105 电脑桌（左）
图 5-106 固定式桌子（右）

4）橱柜类家具

（1）尺寸宜大些，有一定的备用空间，存放位置宜固定。

（2）高度视具体情况而定。对于轮椅使用者，使用空间应考虑手可以触及的最低到最高的范围。

（3）轮椅使用者经常使用的设备不应放在角落处，书架类的进深最好在 400mm 以下。

（4）碗柜门最好采用推拉门或上下拉门，且表面宜做成硬质的。采用反光或反射较少的材质，方便视力障碍者。

5）电话

（1）建筑物内，至少有一部公用电话供轮椅使用者使用，电话机的中心应设置在距地面 900~1000mm 的高度处，电话台的前方应有足够接近的空间（1000mm×1000mm）（图 5-107）。

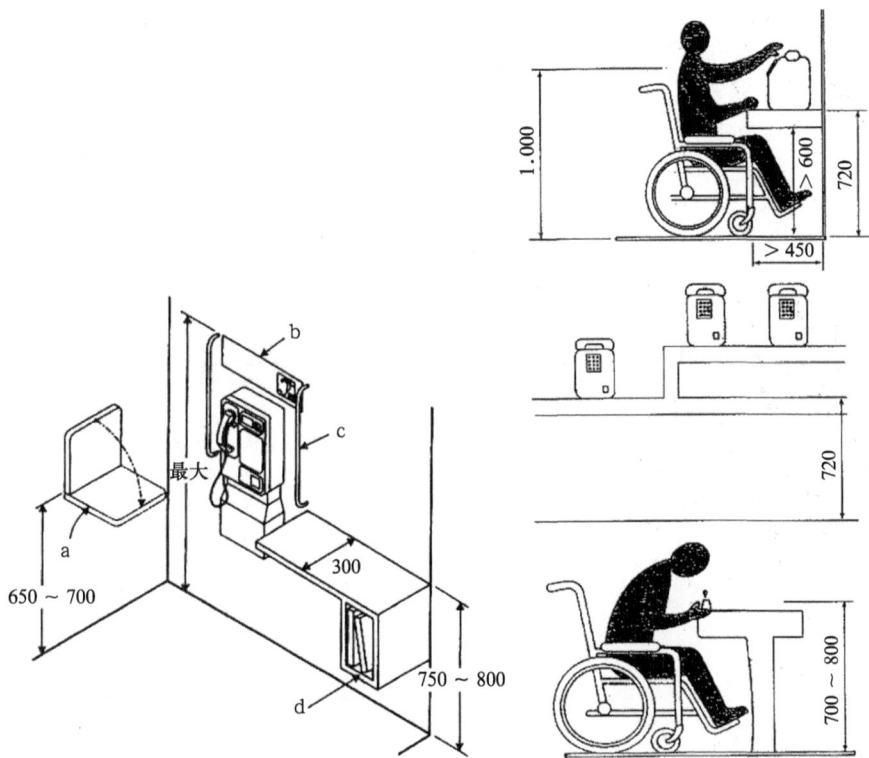

图 5-107 乘轮椅者使用的公用电话
a—折叠板；b—指示板；c—安全抓杆；d—电话簿放置处

（2）供残障者使用的电话应在显著位置安装国际无障碍通用标志。

（3）若是台式公用电话，在电话机下方应有高度不小于 650mm 和深度不小于 400mm 的空间，使轮椅使用者能够接近并使用电话（图 5-108），拨号盘中心距地面 900~1000mm。

（4）在数个话筒中要有一个是为听力残疾者而安装扩声器的，最好附加照明信号。

（5）对于视力障碍者，应安装带有沟状物或凸起物的转盘式或按钮式电话机。

（6）对于行动不便者，两侧要设扶手，并提供拐杖靠放场所。

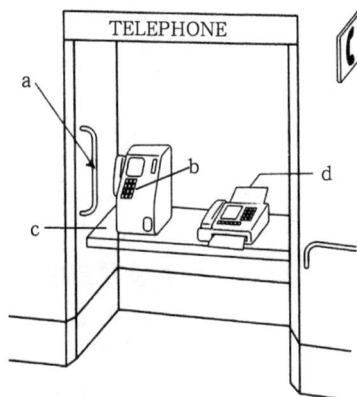

图 5-108 台式公共电话、公用传真机
a—安全抓杆；b—拨号盘；c—安置台面；d—公用传真机

6）饮水机

（1）对于轮椅使用者，饮水机下方要有能插入脚踏板的空间，最好选用从墙壁中凸出的饮水器。

（2）考虑到视力障碍者，凸出饮水器最好配置在离开通行路线的凹陷处。

（3）饮水器及开关统一设在前方，最好手脚都能进行操作。

（4）饮水器高为 700~800mm（图 5-109）。

7）自动售货机

（1）操作按钮的高度为 1100~1300mm，前方及售货机下方留有轮椅使用者接近的空间。

（2）取物口及找钱口的位置应高于地面 400mm 以上（图 5-110）。

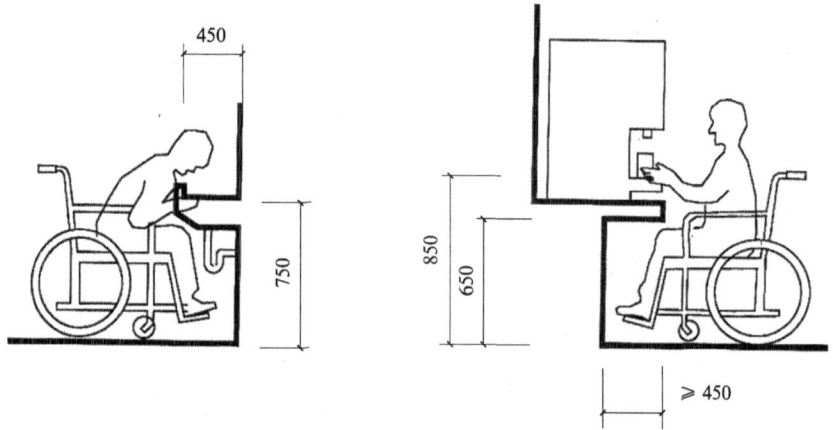

图 5-109 供乘轮椅者使用的饮水器高度

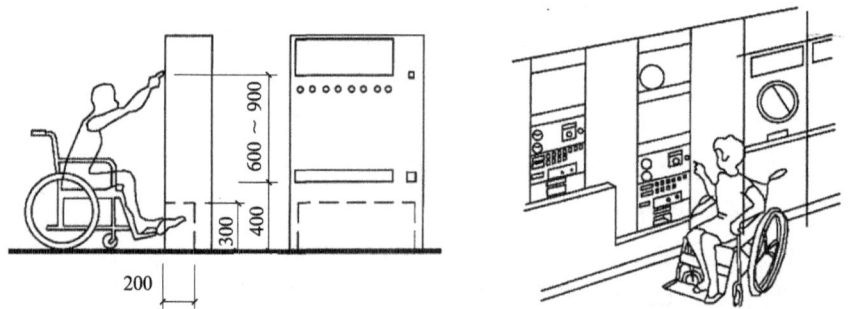

图 5-110 低位自动售货柜和低位自动售票机

8）控制按钮

（1）主要控制按钮的高度必须设置在轮椅使用者能够触及的范围，并设在距地面 1200mm 以下的位置（图 5-111），所有的控制系统都需要做成使用容易的形状和构造。

（2）同一用途的控制开关，在同一建筑物内应尽可能为同一种设计。

（3）考虑视力障碍者使用方便，简单的控制开关要明确说明其内容，如电源插座、电视插座、电话、警报器标识等。

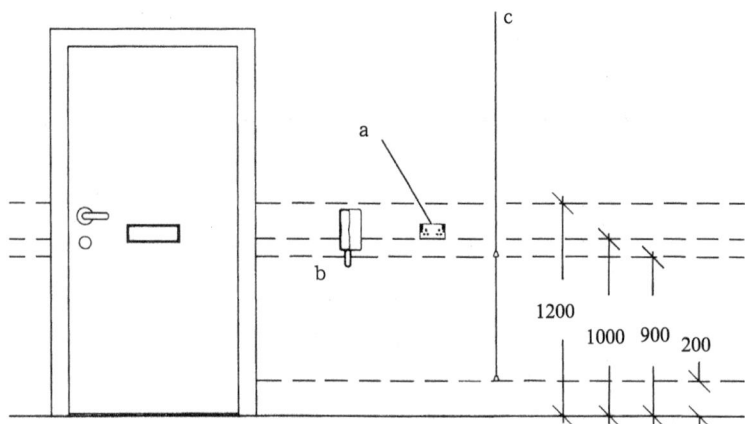

图 5-111　家庭和办公室中电气和控制元件的基本分布图

a—综合插座；b—电话；c—警报器拉线延伸位置

5.4.2　轮椅席

在会堂、法庭、图书馆、影剧院、音乐厅、体育场馆等的观众厅及阅览室，观众厅内座位数为 300 座以下时应至少设置 1 个轮椅席位，300 座以上时应不少于 0.2% 且不少于 2 个轮椅席位。应设置残疾人方便到达和使用的轮椅席位（图 5-112），轮椅的通行宽度为 1200mm，轮椅席设置在中间时，可用撤除 6 席普通座椅的方式解决，而在最后排时，撤除 3 席便可。图书馆还应备有视力障碍者使用的盲文图书、录音室。

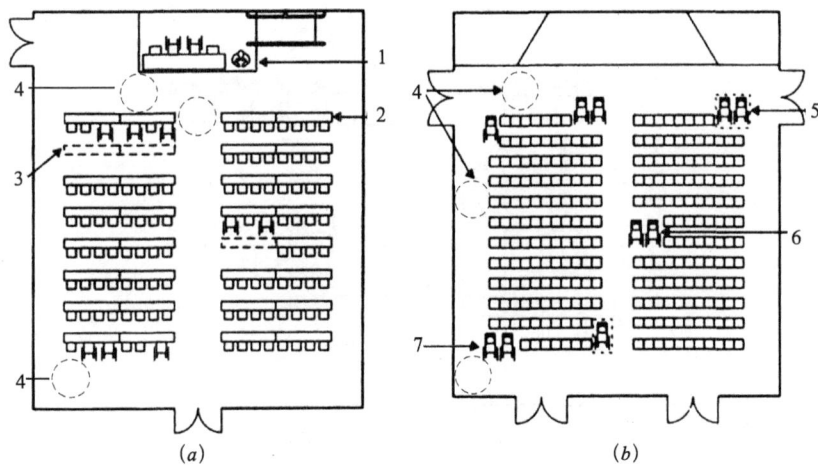

图 5-112　轮椅席的设置
(a) 教室轮椅席；(b) 剧场轮椅席
1—手语翻译；2—听觉残障者席位；3—撤除桌子设轮椅席；4—轮椅回转空间；5—前排轮椅席位；6—中间轮椅位置；7—后排轮椅席位设置

（1）轮椅席应设在便于疏散的出入口附近，不得设在公共通道范围内。图 5-113 所示为蒂斯河畔斯托克顿的阿克电影院轮椅席位设置。

（2）影剧院可按每 400 个观众席设 1 个轮椅席位。最好将 2 个或 2 个以上的轮椅席位并列布置；在轮椅席位旁或在邻近的观众席内宜设置 1：1 的陪护席位，会堂、报告厅及体育馆的轮椅席位，可根据需要设置（图 5-114）。

（3）轮椅席位深为 1100mm，宽为 800mm（图 5-115）。

（4）轮椅席处的地面应无倾斜坡度，若有高差，宜设高850mm的栏杆或栏板（图5-116）。

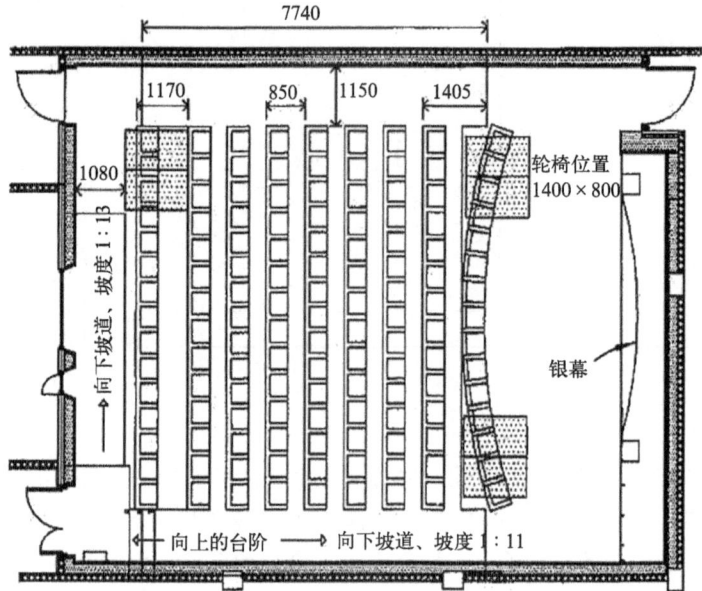

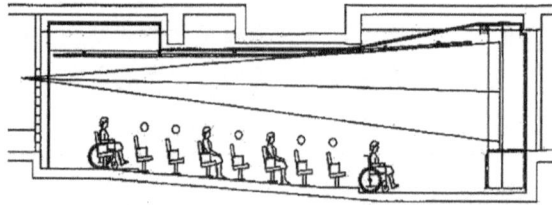

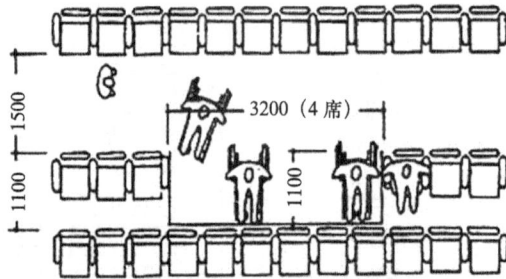

图 5-113 轮椅席的设置位置

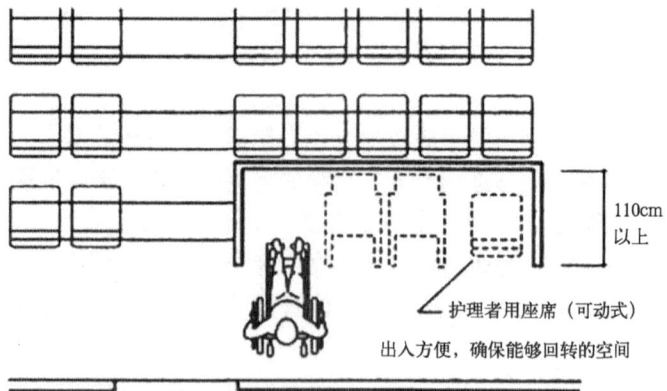

图 5-114 轮椅陪护设置位置

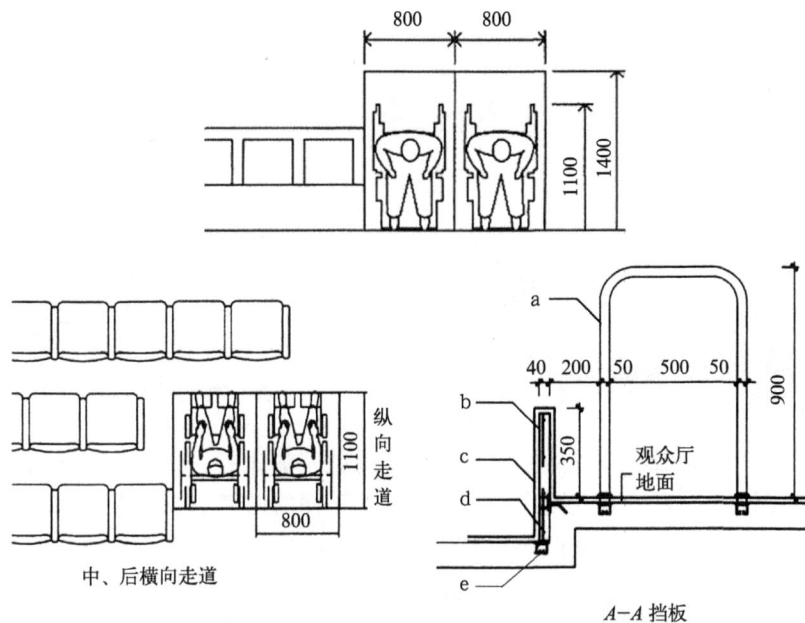

图5-115　轮椅席的具体尺寸要求（上）

图5-116　轮椅席处的栏杆尺寸及做法（下）

a—ϕ50不锈钢管；

b—40mm预制钢筋混凝土栏板；c—面层按工程设计；

d—ϕ4中距150mm（双向）；

e—预埋件40×40mm中距800mm

5.5　历史文化遗产和文物保护建筑的无障碍设计

5.5.1　改造原则

我国是世界文明古国，具有大量珍贵的历史建筑遗产，文物建筑的保护与改造在文化建设事业中具有重要地位。为了满足文化遗产对公众开放参观或使用的要求，有必要进行环境的无障碍设计改造，但因其具有历史特殊性及不可再造性，在进行无障碍设施的建设与改造时存在很多困难，为保护文物不受到破坏必须遵循一些最基本的原则：

（1）文物保护建筑中的建设与改造，不得对文物建筑本体造成任何损坏。无障碍设施应为非永久性设施，且无障碍设施与文物建筑应采取柔性接触或保护性接触，不可直接安装固定在原有建筑物上，也不可在原有建筑物上进行打孔、锚固、胶粘等辅助安装措施。如雅典卫城在2004年残奥会时期加装了升降电梯（图5-117）。

（2）文物保护建筑中建设与改造的无障碍设施，不应影响古建环境氛围。在色彩和质感上，使用与原有建筑物相协调的材料，宜采用木材、有仿古做旧涂层的金属材料、防滑橡胶地面等。在设计及造型上，宜采用仿古风格，无障碍设施的体量不宜过大。例如瑞典拉科堡的无障碍改造，先期通过实验审慎地改造了内庭院地面材料，以适合轮椅通行（图5-118）。

图5-117　雅典卫城加装的无障碍电梯（左）
图5-118　瑞典拉科堡内庭院地面材料的无障碍改造实验（右）

（3）文物保护建筑应结合无障碍游览线路的设置，优先进行通路及服务类设施的无障碍建设和改造，使行动不便的游客可以按照设定的无障碍路线到达各主要景点外围参观游览。文物保护建筑要全面进行无障碍设施的建设和改造，往往十分困难，应首先保证游览线路可到达景观外围，有条件则可以进行主要景点内部改造，使游客可以最大限度地游览设定在游览线路上的景点。

（4）各地各类各级文物保护建筑，需要根据实际情况进行相应的个性化设计。由于客观条件各不相同，因此不应以统一的标准进行无障碍设施的建设和改造。对于一些保护等级高或情况比较特殊的文物保护建筑，无障碍设施的建设和改造还应在文物保护部门的主持下，请相关专家作出可行性论证。

5.5.2　重点设计部位

1）无障碍游览线路

对外开放的文物保护单位应根据实际情况设计无障碍游览路线，尽可能到达各主要景点外围参观游览，路线上的文物建筑宜尽量满足游客参观的需求。

无障碍游览路线上的游览通道的路面应平整、防滑，其纵坡不宜大于1/50，有台阶处应同时设置轮椅坡道，坡道、平台等可为可拆卸的活动设施。如巴黎卢佛尔宫就在内部增设了无障碍电梯和升降平台（图5-119、图5-120）。

2）出入口

无障碍游览路线上对游客开放参观的文物建筑至少应设1处无障碍出入口，其设置标准要以保护文物为前提，坡道、平台等可为可拆卸的活动设施。如巴黎小皇宫改造无障碍入口，增加了玻璃无障碍坡道（图5-121）。

展厅、陈列室、视听室等，至少应设1处无障碍出入口，其设置标准要以保护文物为前提，坡道、平台等可为可拆卸的活动设施。开放的文物保护单位的对外接待用房的出入口宜为无障碍出入口。

图 5-119　卢佛尔宫内部的无障碍电梯（左）
图 5-120　卢佛尔宫内部的升降平台（右）

图 5-121　巴黎小皇宫的玻璃无障碍坡道

3）院落

开放的文物保护单位内可不设置盲道，当需要设置时应与周围环境相协调。

位于无障碍游览路线上的院落内的公共绿地及其通道、休息凉亭等设施的地面应平整、防滑，有台阶处宜同时设置坡道，坡道、平台等可为可拆卸的活动设施。院落内的休息座椅旁宜设置轮椅停留空间。

4）服务设施

至少应设置 1 处符合规范的无障碍卫生间；供公众使用的服务用房至少应有 1 处无障碍出入口，并宜选择主要出入口处。售票处、服务台、公用电话、饮水器等应设置低位服务设施，纪念品商店如有开放式柜台、收银台，应配备低位柜台。设有演播电视等服务设施的，其观众区应至少设置 1 个轮椅席位。建筑基地内设有停车场的，应设置不少于 1 个无障碍机动车停车位。

5）信息与标识

主要出入口、无障碍通道、停车位、建筑出入口、厕所等无障碍设施的位置，应设置无障碍标志，无障碍标志应符合规范的有关规定。重要的展览性陈设，宜设置盲文解说牌，如瑞典拉科堡在展厅内配备了铜制可触摸的建筑模型地图（图5-122），不仅提供了部分导向信息，还可供视觉障碍人士了解文物建筑的体量与建筑造型风格。

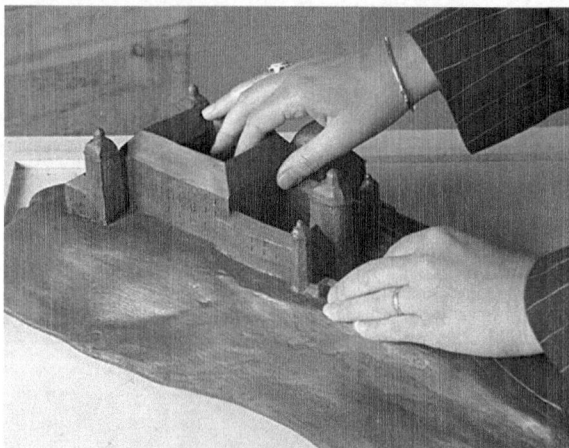

图 5-122　瑞典拉科堡可触摸模型地图

第6章 外环境无障碍设计

城市环境的无障碍设施，已是当今城市建设的重要内容之一。从人们在城市环境中的交通行动轨迹，到各类公共服务设施的使用空间，处处都涵盖着无障碍设计，都需要形成系列化和完整的配套设施。因此，无论是建筑内部空间还是城市外部环境，无论是新建项目还是扩建与改建工程，都要同步达到无障碍设计标准的基本内容和要求。

6.1 城市环境无障碍设计内容

城市环境的无障碍设计包含内容复杂，涉及环节众多，是一项系统性的庞大工程。涉及城市环境中的城市道路、公园景观、社区环境、服务设施等，其具体设计内容、基本要求参见表6-1。

城市道路、景观园林和居住区无障碍设计的内容　　表6-1

环境类型	设计范围	设计设施部位
城市道路	城市各级道路；城镇主要道路；步行街；旅游景点、城市景观带周边道路；城市道路、桥梁、隧道、立体交叉中的人行系统	
	人行道	人行坡道、盲道、轮椅坡道、服务设施
	人行横道	宽度、安全岛、音响提示装置
	人行天桥及地道	盲道、坡道、电梯、扶手、防护设施
	公交站	站台、盲道、盲文信息
城市广场	公共活动广场、交通集散广场	公共停车场、地面、盲道、坡道、电梯、服务设施、公共厕所、无障碍标识
城市绿地	城市中的各类公园，包括综合公园、社区公园、专类公园、带状公园、街旁绿地等	停车场、售票处、出入口、游览路线、游憩区、常规设施、标识与信息
	附属绿地中的开放式绿地	
	对公众开放的其他绿地	
居住区	道路	居住区路、小区路、组团路、宅间小路的人行道

续表

环境类型	设计范围	设计设施部位
居住区	居住绿地	出入口、游步道、体理设施、儿童游乐场、休闲广场、健身运动场、公共厕所等
	配套公共设施	停车场、公共厕所等
历史文物保护建筑	开放参观的历史名园、开放参观的古建博物馆、使用中的庙宇、开放参观的近现代重要史迹及纪念性建筑、开放的复建古建筑等	无障碍游览路线、出入口、院落、服务设施、信息与标识

注：大型园林建筑及主要旅游地段必须设无障碍专用厕所。

6.2 景观空间无障碍设计

6.2.1 景观空间的无障碍设计原则

景观园林的建造为人们接近自然、融入自然提供了机会，各类植物的合理配置也为人们欣赏"绿色"艺术创造了条件。随着科学技术和生活水平的日益提高，残障人士也迫切希望能够走出居所、走进城市空间，和健全人一样拥抱自然、拥抱生活，因而景观园林的无障碍设计势必成为城市环境建设的课题之一。设计者和建设者在景观规划设计中应充分考虑弱势群体的特殊需要，将无障碍的理念贯穿于景观园林规划建设的每一个环节。无障碍景观空间的设计应遵循以下原则：

1）安全性

首先，景观环境设计中应消除一切障碍物和危险物（图6-1）。作为景观空间规划设计者，必须真正建立以少数人为本的思想，以健全人的动作行为作参考的同时，注重肢体残疾者和视力残疾者的特点及尺度，创造适宜的景观广场和园林空间，以提高他们走进自然、参与自然环境的能力。

此外，植物的选择要避免种植带刺植物，以免造成不必要的伤害。应选用一些易于管理的树木，以无毒、无刺激、有特色的优良品种作为园林的主要树种。

2）易识别性

易识别性主要指景观环境的标识和提示信息（图6-2）。残疾人和老年人由于身体机能不健全或衰退，缺乏合理的标识设置往往会给他们带来方位判别、预感危险上的困难，随之带来行为上的障碍和心理上的不安全感。为此，设计上要综合运用视觉、听觉、触觉的感受方式，给予他们重复的提示和告知，通过划分空间层次和个性创造，以合理的空间序列、形象的特征塑造、鲜明的标识指示以及悦耳的音响提示等，来提高园林景观空间的导向性和识别性。

图6-1 园林安全标识（左）
图6-2 园林导向标识（右）

3）便捷性和舒适性

要求环境场所及其设施具有易用性，避免虽有无障碍设施但却极其费力、盘绕的情形，从规划上确保残疾人和老年人从入口到各景观空间有一条方便、舒适的无障碍通道及必要设施，保障他们能够舒适、悠闲、便捷地游览、欣赏园林景观，得到心理上的满足。

4）生态和健康

由于园林植物能释放大量氧离子，能净化空气、调节气温、吸尘防噪，利于身心健康，因此园林的设计应尽可能以绿为主，坚持植物造景的原则，除了必要的园林建筑、小品、道路外，其余尽量采用绿化，减少硬质铺装，广场的设计也应尽可能地增加有效绿化面积，充分利用垂直绿化扩大绿色空间、改善生态环境、丰富园林景观。

5）可交往性

可交往性主要强调景观环境中应重视交往空间的营造及配套设施的设置。使残疾人和老年人愿意走出室外，接近自然环境，融入其中，利于心胸开阔，心情爽朗。因此，在具体的规划设计上，应多创造一些便于交往的围合空间、坐憩空间等，以便于相聚、聊天、娱乐和健身等活动，尽可能满足残疾人由于生理和心理上的特点而对空间环境产生的特殊要求和偏好。如当前比较热门的"康复景观"，其观点之一就是提倡障碍人士在景观中参与栽培、社交活动（图6-3、图6-4）。

图6-3 景观中参与栽培活动（左）
图6-4 康复景观的社交活动（右）

6.2.2 园林绿地空间无障碍设计

园林绿地空间中的无障碍设计，主要涉及城市各类公园，包括综合公园、社区公园、专类公园、带状公园、街旁绿地，还包括一些旅游景点，除了对环境空间要素的宏观把握外，还应对一些非绿化景观元素，如出入口、园路、坡道、台阶、小品等细部的构成进行深入的考量。

1）出入口

满足轮椅使用者的出入口宽度应在 1200mm 以上；设车挡时，间距要大于 900mm。有高差时，坡度应控制在 1/10 以下，两边宜加安全挡台，宜用黄色涂料警示（图 6-5），并采用防滑材料。出入口周围要有 1500mm×1500mm 以上的平台空间，以便轮椅使用者停留。

售票处、问讯处不应有阻止轮椅靠近的障碍物。售票处应设低位窗口，高度不能超过 850mm，低位窗口前地面有高差时，应设轮椅坡道以及不小于 1500mm×1500mm 的平台；售票窗口前应设提示盲道，距售票处外墙应为 250~500mm。

检票入口至少有一个通道宽度能够使乘轮椅者轻松通过，自动检票入口也应有专供乘轮椅者使用的入口。

入口如有牌匾，其字迹要做到弱视者可以看清，文字与底色对比要强烈，最好能设置盲文说明。

图 6-6 所示为大连森林动物园入口。大连森林动物园是一座无障碍动物园，位于两座山峰之间的坡地上，利用两侧的山坡和谷地，开发布置了多层次的动物展舍和休憩景点。该园入口大门台阶旁有带扶手的坡道并行，台阶前设有提示盲道。

2）园路

各部位铺装的地面可采用不同的形式和不同的做法，但地面统一要求平整、不光滑和不积水。路面要防滑，且尽可能做到平坦无高差，无凹凸。路宽应在 1350mm 以上，以保证轮椅使用者与步行者可错身通过。

无障碍游览主园路应能到达部分主要景区和景点，并宜形成环路，无障碍游览支园路应能连接主要景点，并和无障碍游览主园路相连，形成环路；小路可到达景点局部，不能形成环路时，应便于折返。无障碍

图 6-5 北京天坛公园无障碍入口

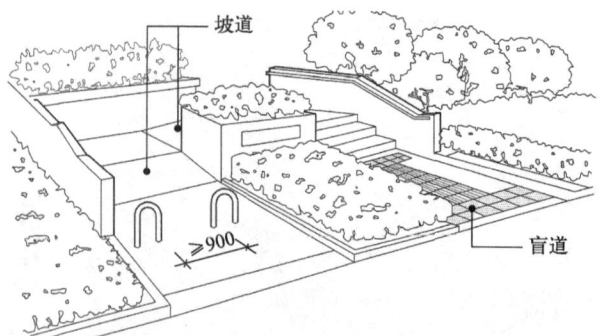

图 6-6 大连森林动物园无障碍入口

游览主园路纵坡宜小于 5%，山地主园路或支路的纵坡不应超过 8%；无障碍游览主园路不宜设置台阶、梯道，必须设置时，应同时设置轮椅坡道；园路坡度大于 8% 时，宜每隔 10~20m 在路旁设置休息平台。

紧邻湖岸或侧面高差较大的无障碍游览园路应设置护栏，高度不低于 900mm。公园道路不应设排水明沟，若不得不修建排水明沟时，必须上覆盖子。明沟盖子上的孔洞不应大于 15mm，以免拐杖或是轮椅的轮胎被卡住。

图 6-7 为大连森林动物园的园路与坡道，其采用了石材，平整而不光滑，台阶处都配合设置了坡道。

3）坡道和台阶

各级公共绿地内的人行通道、凉亭茶座、休息座椅、老幼设施等部位的入口和通道地面有高差或有台阶时，应设置方便轮椅通行的坡道和轮椅席位。坡道可以与台阶并设，坡道的宽度应大于 1500mm，应防滑且宜缓，纵向断面坡度宜在 1/20 以下，条件所限时，也不宜大于 1/12。坡长超过 10m 时，应每隔 10m 设置一个轮椅休息平台。

台阶踏面宽应为 300~350mm，级高应为 100~160mm，幅宽至少在 900mm 以上，踏面材料要防滑。坡道和台阶的起点、终点及转弯处，都必须设置水平休息平台，并视具体情况设置扶手和照明设施。

前述大连森林动物园的坡道以不同方位、不同高度分布在山坡上，各坡道的坡度保持在 1/10~1/12，宽度为 1500~2500mm，给游园的残疾人、老年人和幼儿提供了登山的便利。图 6-8 为天坛公园改造后的无障碍坡道，其采用了石材，平整而不光滑，由于台阶较长、高差较大，坡道旁设置了栏杆扶手。

4）园林建筑小品

单体建筑和组合建筑包括亭、廊、花架等，入口应设置坡道，建筑室内应满足无障碍通行；建筑院落的出入口至少应设一处坡道，内廊或通道的宽度不应小于 1200mm。

小卖部、餐厅、茶座、摄影等服务设施对外窗口应设低位窗口，座席应设轮椅席位。公共厕所、饮水器（图 6-9）、自动售货机、座椅、小桌、垃圾箱等服务设施及园林小品的设置要尽可能使轮椅使用者容易接近并便于使用，而且其位置不应妨碍视力残疾者的通行。长椅、垃圾箱

图 6-7　大连森林动物园的园路

图 6-8　天坛公园的无障碍通路

图 6-9　多种高度的饮水器

和饮水处周围的空间应大小合适，以便乘轮椅者使用，应留出 1500mm 的轮椅空间（图 6-10）。

邻近公共绿地的厕所，从入口到室内要全方位地安排无障碍设施，如入口坡道、轮椅可回旋的通道、轮椅可进入的厕位、小便器及安全抓杆，洗手盆周围也应设置安全抓杆。

无障碍游览路线上的桥应为平桥或坡度在 8% 以下的小拱桥，宽度不应小于 1200mm，桥面应防滑，两侧应设栏杆。动植物园观赏空间的栏板、栏杆不应阻挡残疾人的视线（图 6-11）。

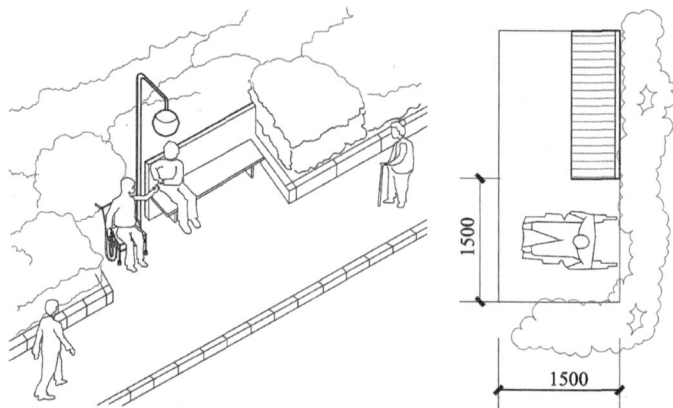

图 6-10 座椅旁的轮椅停留空间

图 6-11 上海西郊动物园中虎园的透明栏板（左）
图 6-12 南京盲人植物园中的触觉标识（右）

5）信息提示设施

公园内应设置相关设施的信息提示板标识牌，出入口应设置无障碍设施位置图、无障碍游览图。信息板应相对较大，对比鲜明，且配有照明设施，以便于阅读。同时也应附有盲文说明，宜设置音响提示装置。图 6-12 是我国首家盲人植物园的信息板，板上附有盲文介绍。此外，园中部分植物还设置了语音提示系统，撤动按钮，就可以听到一段关于该植物的讲解录音。

危险地段应设置必要的警示、提示标志及安全警示线。另外，应重视盲道诱导标志的设置，特别是对于身体残疾者不能通过的道路，一定要有预先告知标志。对于不安全的地方，除设置危险标志外，还须加设护栏，护栏扶手上最好注有盲文说明。

6.2.3　广场无障碍设计

城市广场包括公共活动广场和交通集散广场，后者实质上可作为交通设施。广场的基本无障碍设计要求是：地面应平整、防滑、不积水；当有高差时，应设置轮椅坡道（图6-13），有困难的情况下可设置无障碍电梯或升降平台；设置台阶或坡道时，应在每段距离起点与终点250~500mm处设提示盲道，其长度应与台阶坡道的宽度对应。

城市广场内如果还有卫生间以及饮水机、服务台、自动售货机等设施，也应做无障碍设计，即卫生间符合公共卫生间无障碍建筑设计要求，其他服务设施应同时设计轮椅低位设施。这些无障碍设施的位置均应设置无障碍标识，在标识导向系统中宜同时配置无障碍设施的方向指示标志牌。

图6-13　广场台阶和无障碍坡道示意

6.2.4　景观空间停车场无障碍设计

公园绿地等景观空间若配置停车场，总停车数在50辆以下时应设置不少于1个无障碍机动车停车位，50~100辆时应设置不少于2个无障碍机动车停车位，100辆以上时应设置不少于总停车数2%的无障碍机动车停车位。无障碍停车位的设计见本章6.3.8节。

6.3　道路交通设施无障碍设计

在我国实施城市道路无障碍设计的范围：城市的所有道路、城镇主要道路、步行街、旅游景点和城市景观带的周边道路，并包含桥梁、隧道、立体交叉、人行天桥的人行系统。

6.3.1　慢行道

1）人行道无障碍设施

城市人行道路应设置的无障碍设施种类较多，主要包括：缘石坡道、盲道、轮椅坡道和无障碍服务设施。

缘石坡道解决轮椅在城市道路中的通行问题，因此在各种路口、出入口以及人行横道两端都应设置。

盲道尤其是行进盲道并非要求所有城市道路都设置，行进盲道只要求在人流集中的商业街、步行街以及视力障碍者较多的场所（如盲人学校、医院等）设置，提示盲道在坡道起点终点处均应设置。

在人行道上如果有台阶或 15mm 以上高差，应设置轮椅坡道。

无障碍服务设施主要有标识等信息无障碍设施、低位饮水机和自动售货机等低位服务设施、休息座椅旁的轮椅空间等。

2）室外无障碍通道的宽度与坡度

为适应轮椅通行的要求，非机动车道和人行道的纵断面设计应符合下列规定：

（1）非机动车道和人行道通行的宽度不得小于 1500mm。

（2）非机动车道和人行道通行的最大纵坡一般不大于 2.5%；地形困难的路段、桥梁、立体交叉桥，路面最大纵坡不大于 3.5%。

6.3.2 缘石坡道

缘石坡道是最早出现的无障碍设施之一，位于人行道口或人行横道两端，是为了避免人行道路缘石带来的通行障碍，方便行人、乘轮椅者进入人行道的一种坡道。所有的路口、出入口、人行横道，只要路缘石与道路有 10mm 以上的高差，均应设置缘石坡道。

1）缘石坡道的具体设计要求：

（1）缘石坡道应设在人行道的范围内；人行横道两端有高差需设缘石坡道时，应与人行横道相对应。

（2）缘石坡道可分为单面坡缘石坡道、三面坡缘石坡道和其他形式的缘石坡道，宜优先选用全宽式单面坡缘石坡道（图 6-14）。

（3）缘石坡道的坡面应平整，且不应光滑。

（4）缘石坡道下的坡口与车行道之间宜没有高差；若有高差，不得大于 10mm。

2）单面缘石坡道设计：可采用方形、长方形或扇形，方形、长方形坡道应与人行道的宽度相对应（图 6-14、图 6-15）。全宽式单面坡缘石坡道坡度不应大于 1/20，其他形式的缘石坡道坡度不应大于 1/12（图 6-16、图 6-17）。单面坡缘石坡道坡口宽度不应小于 1500mm（图 6-14、图 6-16）。

3）三面坡缘石坡道设计：三面坡缘石坡道的正面坡道宽度不应小于 1200mm，正面及侧面的坡度不应大于 1/12（图 6-18）。

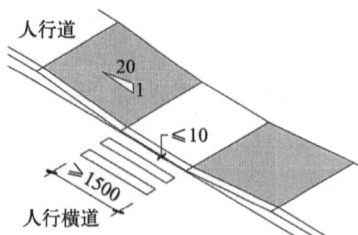

图 6-14 全宽式单面坡缘石坡道

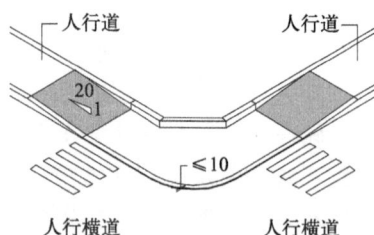

图 6-15 转角全宽式单面坡缘石坡道

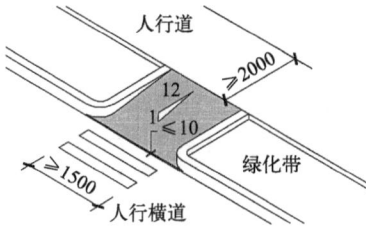

图6-16 单面坡缘石坡道

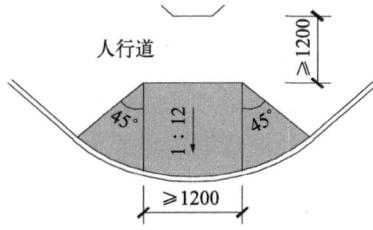

图6-17 转角处单面直线缘石坡道

6.3.3 盲道

盲道是常见的无障碍设施，方便视觉障碍人士使用触觉获得通行引导信息。指引残疾者向前行走的盲道为条形，称作"行进盲道"，在行进盲道的起点、终点及拐弯处设置的圆点形的盲道称作"提示盲道"（图6-19）。人行道设置盲道的位置和走向，应方便视力残疾者安全行走和顺利到达无障碍设施位置。盲道的设计要求为：

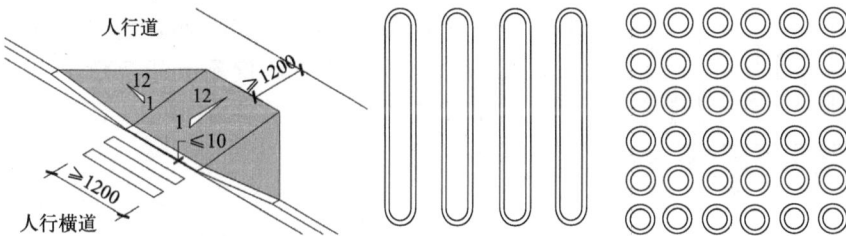

图6-18 三面坡缘石坡道（左）

图6-19 行进盲道与提示盲道（右）

（1）盲道表面触感部分以下的厚度应与人行道砖一致。

（2）行进盲道应连续，中途不得有电线杆、拉线、树木（穴）等障碍物，宜避开井盖铺设。

（3）盲道的颜色宜与相邻的人行道铺面的颜色形成对比，并与周围景观相协调，宜为中黄色；材料应防滑。

1）行进盲道的设置要求

（1）人行道外侧有围墙、花台或绿化带，行进盲道宜设在距围墙、花台、绿化带250~500mm处（图6-20）。

（2）行进盲道宜设在距树池边缘250~500mm处。

（3）人行道如无树池，行进盲道与路缘石上沿在同一水平面时，距路缘石不应小于500mm；行进盲道比路缘石上沿低时，距路缘石不应小于250mm。盲道应避开非机动车停放的位置。

图6-20 沿花台的行进盲道

（4）行进盲道的宽度宜为 250~500mm，可根据道路宽度选择低限或高限。

（5）人行道成弧线形路线时，行进盲道宜与人行道走向一致。

（6）行进盲道触感条规格应符合表 6-2 的规定（图 6-21）。

盲道触感条规格　　　　　　　　　　　　　　表 6-2

部位	设计要求（mm）
面宽	25
底宽	35
高度	4
中心距	62~75

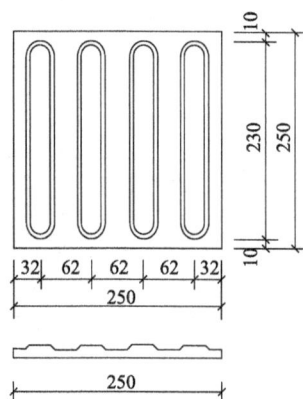

图 6-21　行进盲道规格

2）提示盲道的设置要求

（1）行进盲道的起点、终点和转弯处应设提示盲道。提示盲道的宽度宜为 300~600mm，当盲道的宽度不大于 300mm 时，其宽度应大于行进盲道的宽度（图 6-22、图 6-23）。

（2）人行道中有台阶、坡道和障碍物等，宜在相距 250~500mm 处设提示盲道（图 6-24）。

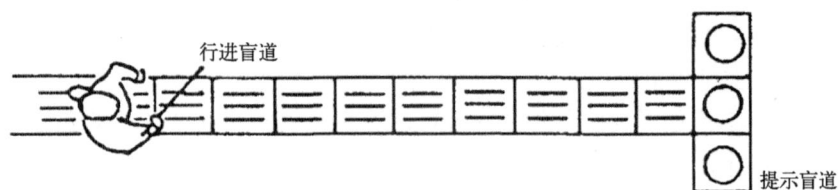

图 6-22　盲道起点与终点提示盲道

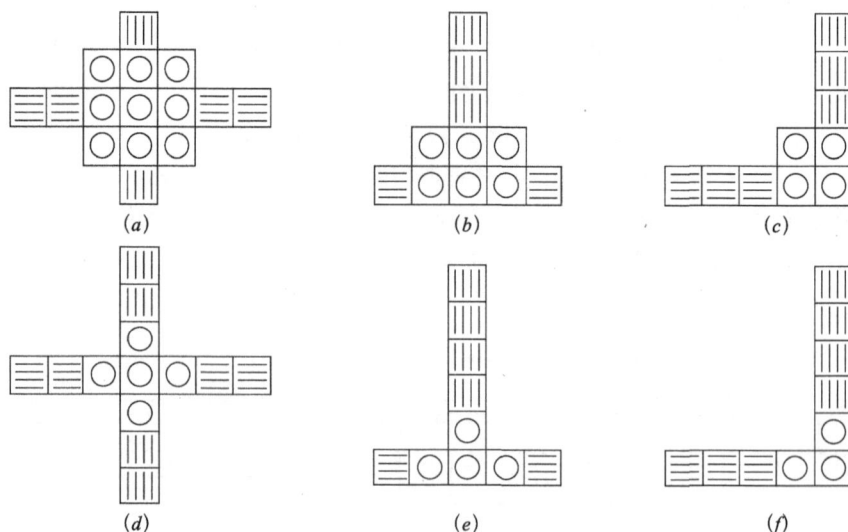

图 6-23　盲道转弯、交叉处的提示盲道
(a) 十字走向（盲道宽度 250~300）；(b) T 字走向（同左）；(c) L 字走向（同左）；(d) 十字走向（盲道宽度 400~500）；(e) T 字走向（同左）；(f) L 字走向（同左）

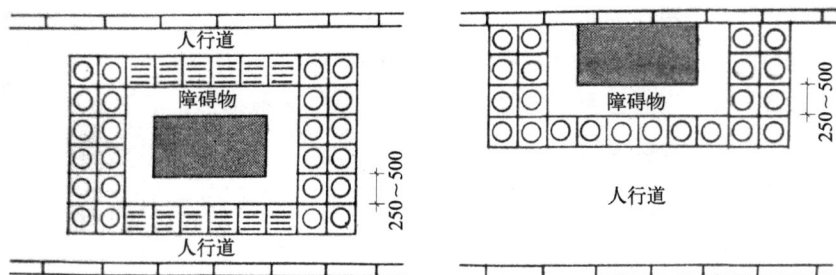

图 6-24 人行道障碍物的提示盲道

（3）人行横道入口、广场入口、地下铁道入口等，宜在相距250~500mm 处应设提示盲道，提示盲道长度与各入口的宽度应相对应（图 6-25）。

（4）提示盲道触感圆点规格应符合表 6-3 的规定（图 6-26）。

提示盲道触感圆点规格 表 6-3

部位	设计要求（mm）
表面直径	25
底面直径	35
圆点高度	4
圆点中心距	50

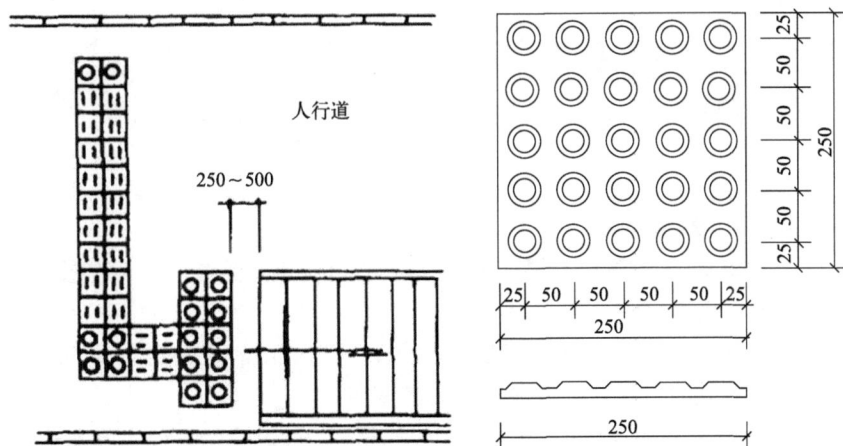

图 6-25 地铁入口的提示盲道（左）
图 6-26 提示盲道触感圆点规格（右）

6.3.4 人行横道

人行横道连接车行道两端的人行通路，必须满足轮椅连续通行；若其穿越双向车道隔离带位置，也应满足轮椅通行，还应考虑视力障碍者的需求。具体要求是：

（1）人行横道宽度应满足轮椅通行需求。

（2）人行横道安全岛的形式应方便乘轮椅者使用，应有1500mm×1500mm的轮椅停留空间，并宜与路面无高差。

（3）城市中心区及视力障碍者集中区域的人行横道，应配置过街音响提示装置（图6-27）。

6.3.5　交通信息无障碍设置

无障碍标识在第4章已作讲解，这里重点介绍音响交通信号。对于视力残疾者和部分老年人，由于视力的问题，在通行时，原有的可视信号可能起不到应有的作用，因此必须采用音响提示装置或信号来完成导向，以便能顺利通过或疏散（图6-28）。具体要求如下：

（1）在城市中人行交通繁忙的路口和主要商业街，应设置音响交通信号。

（2）在必要的位置设置报警器（可触摸、可听）和报警程序。

（3）残疾人通过街道所需的绿灯时间，按残疾人步行速度50mm/s计算。

（4）必要时应在报警系统上安装高强度信号灯或音响装置。

安全岛

图6-27　人行横道、安全岛、过街音响提示装置与缘石坡道（左）
图6-28　过街音响信号（右）

6.3.6　公交车站

公交车是城市重要交通工具，公交站也应满足残疾人出行的要求。公交车站的无障碍设计要点为：

（1）公交站台有效通行宽度不应小于1500mm；在车道之间的分隔带设公交车站时，站台应方便乘轮椅者使用。

（2）城市主要道路和居住区的公交车站，应设提示盲道（图6-29、图6-30）。提示盲道距路缘石应为250~500mm，其长度应与公交车站的长度相对应；人行道中有行进盲道时应与公交车站的提示盲道相连接。

（3）宜设盲文站牌或语音提示服务设施，其位置高度、形式与内容应方便视力残疾者使用。

（4）公共汽车站应设置顶棚和长椅。

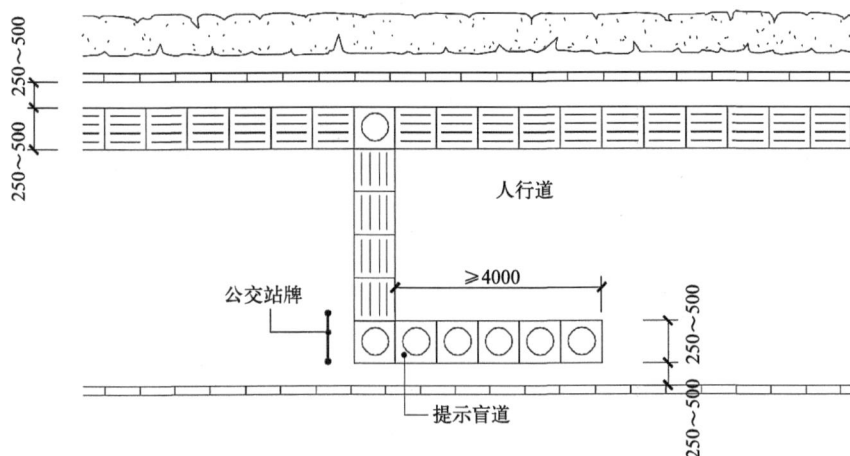

图6-29 公交车站与盲道

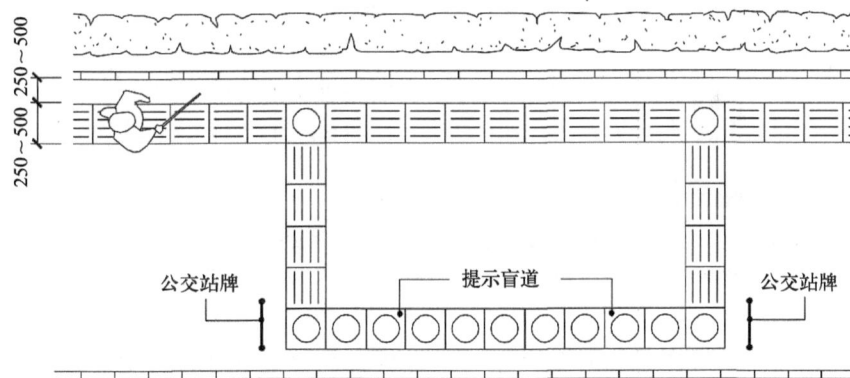

图6-30 两个站牌的公交站与盲道

6.3.7 人行天桥、人行地道

城市中心区、商业区、居住区及公共建筑设置的人行天桥与人行地道，应设坡道和提示盲道，当设坡道有困难时应设置无障碍电梯；其他区域不能无障碍通行的人行天桥与人行地道，宜考虑地面安全通行。

人行天桥、人行地道的坡道应适合乘轮椅者通行，梯段应适合挂拐杖者及老年人通行。在坡道和梯段两侧应设扶手。

1）人行天桥、人行地道的坡道和无障碍电梯设计应符合下列规定：

（1）坡道的宽度不应小于2000mm，坡度不应大于1/12。

（2）弧线形坡道的坡度，应以弧线内缘的坡度进行计算。

（3）坡道的高度每升高1500mm，应设深度不小于2000mm的中间平台。

（4）坡道的坡面应平整、防滑。

2）人行天桥、人行地道的盲道设计应符合下列规定：

（1）距坡道与梯道的起点和终点250~500mm处应设提示盲道，提示盲道的长度应与坡道、梯段的宽度相对应，提示盲道的宽度应为300~600mm（图6-31）。

（2）人行道中有行进盲道时应与人行天桥、人行地道及地铁入口的

191

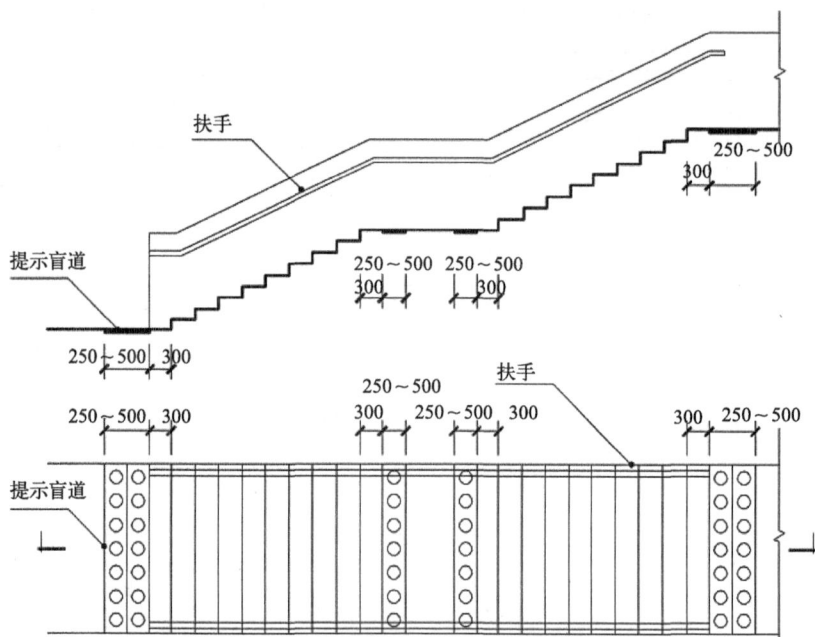

图 6-31 梯道中的提示盲道

提示盲道相连接。

3）人行天桥、人行地道的扶手设计应符合下列规定：

（1）扶手高应为 850~900mm，宜设上下两层扶手，下层扶手高应为 650~700mm。

（2）扶手应保持连贯，在起点和终点处应延伸不小于 300mm 的长度。

（3）扶手截面直径或尺寸宜为 35~50mm，扶手托内边缘与墙面的距离宜为 45~50mm。

（4）在扶手起点水平段宜安装盲文铭牌。

（5）栏杆下方宜设置安全阻挡设施。

4）人行天桥下面的三角空间区高度在 2000mm 以下时应安装防护设施，并应在结构边缘外设提示盲道（图 6-32）。

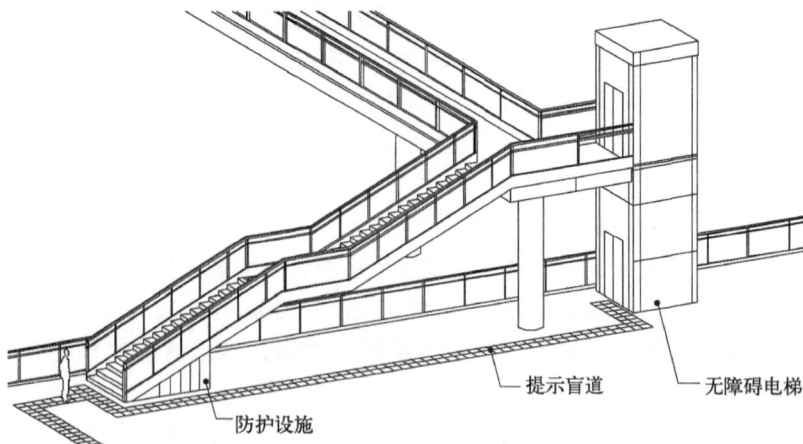

图 6-32 人行天桥防护提示盲道

6.3.8 停车场无障碍设计

无障碍停车场的基本原则是将通行近便的停车位安排给残疾人使用，明确标识，并设轮椅通行空间。具体要求如下：

1）无障碍停车位

（1）应将通行方便、行走路线最短的停车位设为无障碍车位。

（2）应在无障碍停车位地面涂黄色或白色表示停车线、轮椅通道线和通用无障碍标识符号，并宜同时用蓝色背景、白色图文的地牌式标志牌或墙面标志牌明确标出无障碍停车位的位置（图6-33、图6-34），高度宜为1400mm。

（3）残疾人停车位的数量不应少于总停车数的2%，且至少有1个残疾人停车位。

（4）停车位应尽量靠近残疾人通道，应加设顶棚，并有一定的宽度，以供轮椅使用者使用（图6-35）。

图6-33 预留停车位标识

图6-34 无障碍停车位标识

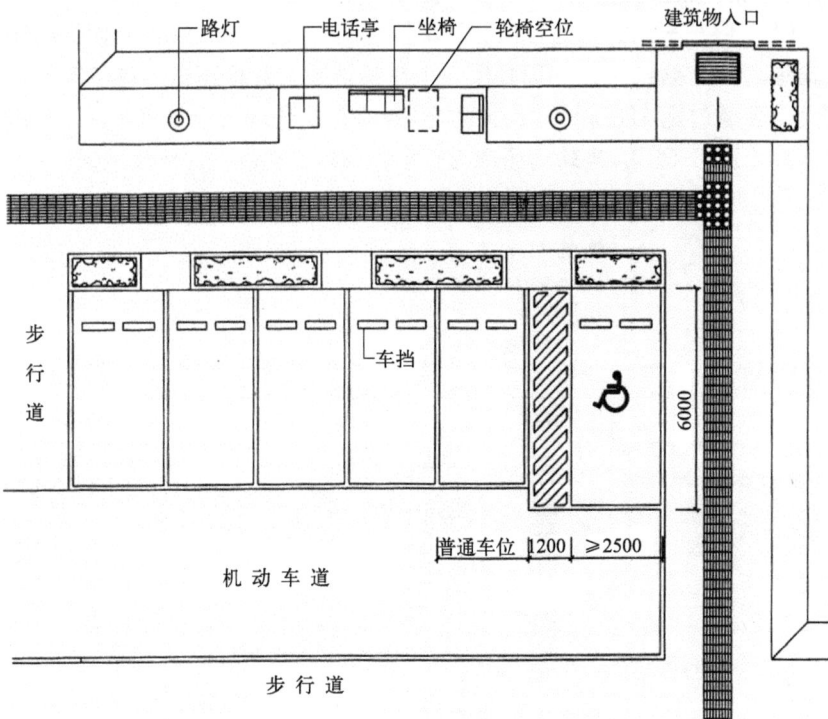

图6-35 停车位与残疾人通道的关系

图6-36 残疾人停车场的标志

（5）应在靠近停车位的墙上或标志牌上标示出预留残疾人停车位标志，使用高50mm的蓝色背景下的白色大写字体。

（6）指示通往无障碍停车位（场）标志，应采用国际无障碍停车位标志，且符号中轮椅人图形的前进方向应与实际去往无障碍停车位（场）方向相一致，字体高度至少为75mm，大写与小写字体并用（图6-36）。

（7）路边停车场：平行式停车的车道应有进入车辆后部的通道，面积至少为6600mm×2400mm，宽度以3300mm为宜。

（8）停车场地面有坡度时，最大坡度不宜超过1/50。

2）停车场

（1）残疾人停放机动车的车位，应布置在停车场进出方便的地段，并靠近人行通道。

（2）停车位和乘降区应以黄色清楚地标示。停车位应以国际残疾人通道标志标示。标志上亦应说明进行定期检查，以确保只有残疾人使用。

（3）残疾人可进入的商店和建筑物的停车场车位分配可参考下列规定：每25个停车位，设1个加宽的停车位；每50个停车位，设2个加宽的停车位；每75个停车位，设3个加宽的停车位；每100个停车位，设4个加宽的停车位；超过100个停车位的大型停车场，加宽的停车位应酌情设置。

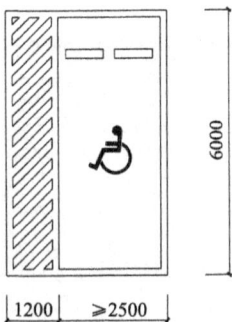

图6-37 残疾人机动车停车位的尺寸

（4）停车位的界限：标准停车位的面积为2400mm×4800mm。轮椅使用者的停车位至少应为3600mm宽。残疾人停车场应有一个宽1200mm的乘降区（图6-37），在停车位的后部用黄色交叉线在路面标出。有残疾人通道的停车位可与标准尺寸停车位一起排列，共用乘降区。

（5）停车车位的一侧与相邻的车位之间，应有宽1200mm以上的轮椅通道。两个残疾人车位可共用一个轮椅通道，轮椅通道不应与车行道交叉，要通过宽1200mm以上的安全步道直接进入人行道和到达无障碍出入口（图6-38），当轮椅通道与安全步道地面有高差时应设坡道。

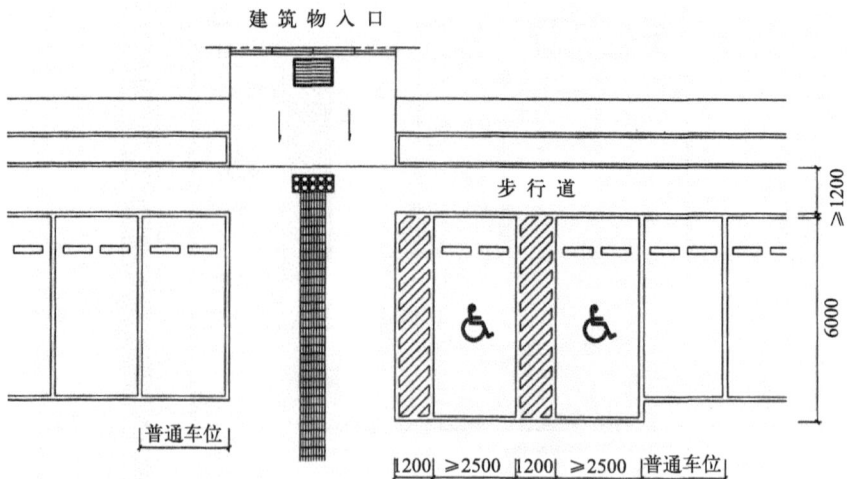

图6-38 残疾人停车位轮椅通道与停车位到建筑入口设置示例

6.4 社区环境无障碍设计

1）社区活动场地和绿地

居住区活动场地和绿地内进行无障碍设计的范围：出入口、游步道、休憩设施、儿童游乐场、休闲广场、健身运动场、公共厕所等（图6-39）。

900

图6-39 社区活动场地和绿地

（1）基地地坪坡度不大于5%的居住区的居住绿地均应满足无障碍要求，地坪坡度大于5%的居住区，应设置至少1个满足无障碍要求的居住绿地。无障碍绿地宜靠近无障碍居住建筑。

（2）居住绿地的主要出入口应设置为无障碍出入口；有3个以上出入口时，无障碍出入口应不少于2个。组团绿地、开放式宅间绿地、儿童活动场、健身运动场出入口应设提示盲道。

（3）居住绿地内的游步道应为无障碍通道，轮椅园路纵坡不应大于4%，轮椅专用道不应大于8%。园林建筑、园林小品如亭、廊、花架等休憩设施不宜设置高于450mm的台明或台阶，否则应设坡道并在入口处设提示盲道。休息座椅旁应设轮椅停留位置。

（4）林下铺装活动场地，以种植乔木为主，林下净空不得低于2.20m；儿童活动场地周围不宜种植遮挡视线的树木，保持较好的可通视性，且不宜选用硬质叶片的丛生植物。

2）道路

居住区所有级别的道路都应进行无障碍设计，包括居住区路、小区

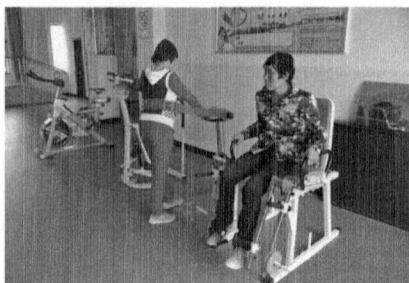

图6-40 酒泉瓜州为残疾人建设的社区康复活动室

路、组团路、宅间小路的人行道,并符合《无障碍设计规范》的要求。设有红绿灯的路口,宜设盲人过街音响装置。

3)残疾人社区协作网

随着残疾人融入社会的要求的出现和残疾人、老年人生活的社区化,残疾人福利设施出现了从集中隔离向社区化和家庭化发展的趋势,建议完善残疾人设施的社区协作网络。如在社区居委会和入托型设施中增加残疾人生活援助中心(图6-40),以此为核心建立起设施和社区、家庭的关系,为住家残疾人、老年人提供自立生活援助和家庭援助。

4)其他服务设施

售票处、服务台、问讯处等是常见的服务设施,同时也是残障人士获得信息的重要途径,电话已成为当今不可缺少的联系工具,饮水器、公共厕所、垃圾箱、自动售货机等服务设施也非常普及。在城市道路旁和公共建筑中及公园、旅游点等处,为使残疾人能够方便地使用这些设施,应降低其中一个服务设施的高度,留出轮椅通行的面积,并为步行困难者设置扶手,还应设置方便视觉残疾人使用的电话机等设施。设施的设置尺寸及要求参见第5章家具设计的相关内容。

6.5 无障碍交通工具

1)公共汽车

(1)门:汽车门的宽度应足够一个轮椅上下车,最小900mm;台阶应安装得低一些;门道要有扶手、地灯,地板应为防滑材料;在可能的情况下,最好提供必要的设施,如升降平台或坡道,供坐轮椅者使用(图6-41、图6-42)。

(2)轮椅空间:在车内应给轮椅提供适当的空间,且不影响其他旅客上下车;轮椅空间在车内和车外都应有符号标识,便于轮椅进入;应提供轮椅固定器和安全带(图6-43)。

(3)座位:在靠近车门的位置应设两个特定的座位供残疾人和老年人使用。

(4)发光蜂鸣器:在车内提供适当数量的发光蜂鸣器,且应布置在

图6-41 带升降平台的无障碍公交车

图6-42 无障碍公交车坡道

图6-43 无障碍公交车厢内的轮椅空间

或坐或站的旅客都很容易触摸到的地方；发光蜂鸣器的按钮应清晰，且大小合适。

（5）信息标志牌：公共汽车站沿线的所有站名都应在车厢内合适的位置用文字标示出来，最好能够用广播播放；公共汽车站沿线及其终点站都应在车体的前方和侧面用大字标明，且此信息应用灯光照亮，以便人们在黑夜也能够看清。

2）火车和地铁车厢

在站台上最好有标识指示无障碍车厢或车门入口（图6-44）。火车和地铁车厢的车门，其宽度应足够轮椅上下，最小宽度为900mm，车门和站台的距离与高差应减小到可能达到的最低程度（图6-45）。

长途列车应设无障碍卧铺和卫生间（图6-46）。

通道的宽度必须能满足乘轮椅旅客的要求。在靠近门的一侧应留出能够停放轮椅的空间（图6-47），轮椅的位置不论在车内还是车外都应用无障碍符号标示，应设置轮椅使用者可以抓握的安全抓杆（图6-48）。

图6-44 天津地铁6号线无障碍车厢上车口有标识提示（左）
图6-45 石家庄地铁，电动轮椅能够自助上车（右）

图6-46 K27列车的无障碍卧铺和卫生间

图 6-47 北京地铁车厢中的轮椅空间（左）

图 6-48 石家庄地铁车厢的轮椅空间及安全抓杆（右）

车厢内设置沿线地图，并且宜使用高对比度的电子显示屏以方便视力残疾者，在每节车厢还应广播告知沿线各站的名称和到达时间、停车时间。

地铁是直接面对大众的公共交通工具，所有车站都同步建设无障碍设施，要求每一个车站都必须保证从地面到站台、站厅的无障碍通行。一般考虑至少有一个出入口设置轮椅牵引设备，站厅到站台设一部垂直电梯，同时从色彩区分和感觉判别的角度设置导盲带，无障碍设施通向的车厢尽量固定，便于上车和下车。

3）飞机

门和通道的宽度、卫生间的设置应符合轮椅使用者的要求。但目前多数飞机的通道宽度不能满足普通轮椅行进要求，需要换用窄型轮椅（图 6-49）；只有大型宽体客机才能满足设置无障碍卫生间的要求（图 6-50、图 6-51）。

当旅客要使用呼吸保护器时，插头应在容易拿到并易于插到插座内的位置。

4）出租站台与出租车

出租站台的设计要求包括：人行道上距出租车站牌 300mm 的地方，应为盲人提供两排提示区域；出租站牌在夜晚也应看得到；为使轮椅使

图 6-49 机舱用窄型轮椅

图 6-50 波音 777 的无障碍卫生间

图 6-51 波音 787 的无障碍卫生间

用者能够方便地上下出租车，从出租车的位置到道路之间，应避免突然的高差变化。

出租车内部：应改造部分出租车，使其能够适应旅客坐在轮椅中上下车。图 6-52 所示分别为 2008 年为服务北京奥运会和青岛奥帆赛，我国生产改造的一批奥运无障碍出租车。可以看出，北京的轮椅出租车分别使用了坡道和升降平台方式，可以使旅客坐在轮椅中上下车，但是需要较大的车厢；青岛的转动座椅的出租车也为轮椅使用者提供了方便的上下车方式，并且能够用普通出租车改造。

图 6-52 无障碍出租车
(a) 坡道式；(b) 升降平台式；(c) 转动座椅式

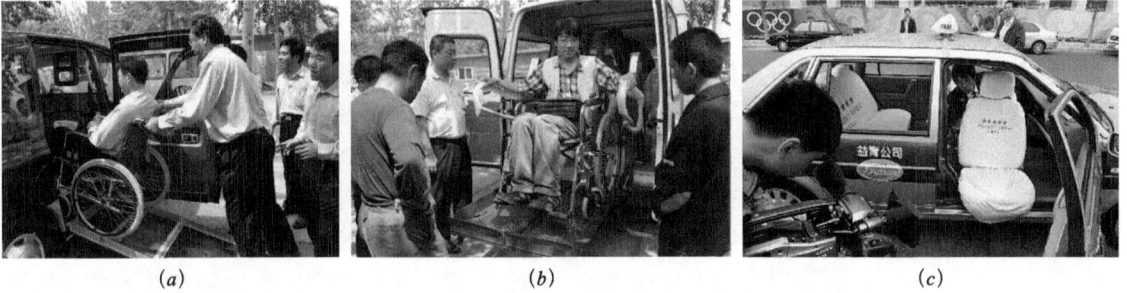

(a) (b) (c)

第 **7** 章　无障碍设计实例分析

7.1　居住类建筑实例分析

7.1.1　无障碍住宅建设

1）旧有住宅改造事例

日本的传统住宅多为木结构建筑。如果是推拉门，门扇占据空间较小，保证了移动的方便和改造的可能性。如果是平开门，在开门时须避开用手拉开的那扇门，身体需要做躲闪动作，因而对于使用轮椅的下肢残疾者不适用。但是传统平面设计欠缺功能性、合理性，尤其是到达厕所、浴室的线路较长而且使用复杂，加上没有空调设备，老年人起夜时多使用便携式替代设施，颇为不便。A住宅便是在这种条件下进行的改造（选自《高龄者适用住宅改造实例集》）。

A住宅地处冈山县津山市，为132m² 木结构独立住宅。残疾者为79岁女性（称为A），日常生活中无子女同居照顾。A因中风导致右半身麻痹，出院后进入老年人保健设施，因不能走路，其主要的移动方式是轮椅，如果站立则必须借助护理人员的帮助。其80岁的丈夫在能够帮助护理的情况下，强烈希望接回A在自己家中生活，日间为其预订了残疾人日托所，并希望在A离开老年人保健设施之前改造好自家的厕所和浴室。

A夫妻的住宅是独院式住宅，厕所为蹲式便器，使用时在其上放置座便椅。浴室入口处有150mm高门槛，门口的有效宽度为650mm，门厅入口有300mm的高台。这样的格局使得A在行动上存在三个问题：①厕所无法使用轮椅。②浴室入口有高差，且门口狭窄，使轮椅无法通过。③门厅的入口高台妨碍轮椅自由出入（图7-1）。因而，A住宅改造的目的是：A在丈夫的帮助下能够使用浴室和厕所；A每天去残疾人日托所时，轮椅能够轻松出入。综上所述，改造设计必须解决厕所、盥洗室、浴室中能够使用轮椅，入口出入方便，行动线路尽可能简单等问题。考虑到A入浴的护理负担较重，应设置介护人员的助力空间，进出浴盆可与升降设施并用，应设置升降滑轨。图7-2所示为A住宅改造前后平面的比较，主要是卫生间部分。此外，改造完成后卧室直接连接坡道，取消台阶，出入方便。坡度为1/12，道旁扶手也可以用来晾晒座垫等（图7-3、图7-4）。厕所空间宽敞，内置多功能便器（可自动冲洗），盥洗室可直接使用轮椅，浴室空间尺度为1970mm×1970mm，入口有效宽度扩至1200mm（图7-5~图7-7）。A住宅改造工作的流程（从商谈到完成）为：丈夫申请→社会福利协会→实地调查及意向确认→残疾人残存机能确认→现场设计认可→图面最终审核→施工，由建筑师负责施工管理安排。

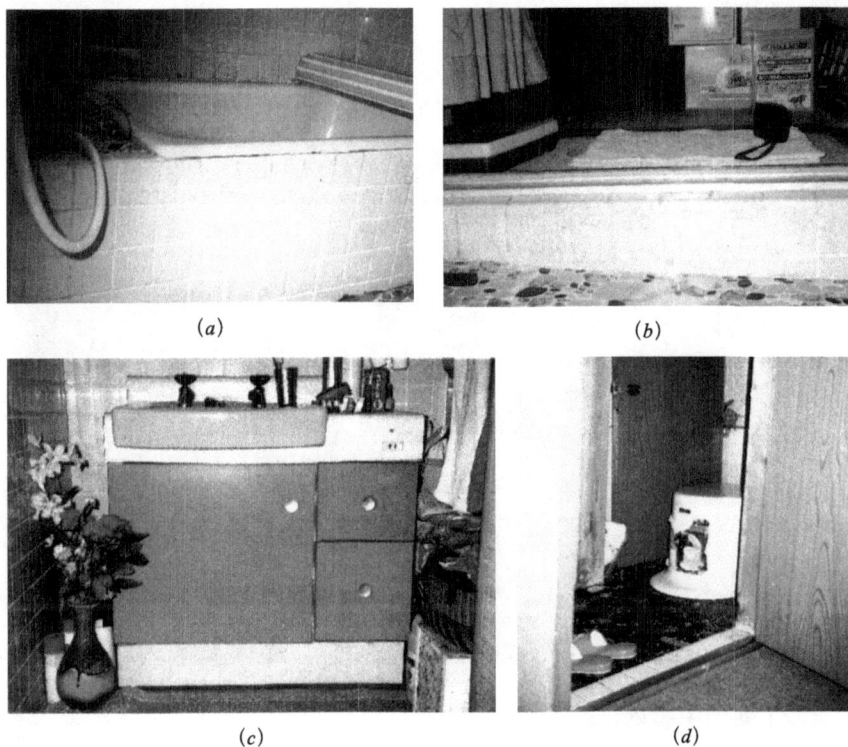

图7-1　改造前现况
(*a*) 浴室；(*b*) 门框和坡道；
(*c*) 盥洗室；(*d*) 厕所高差

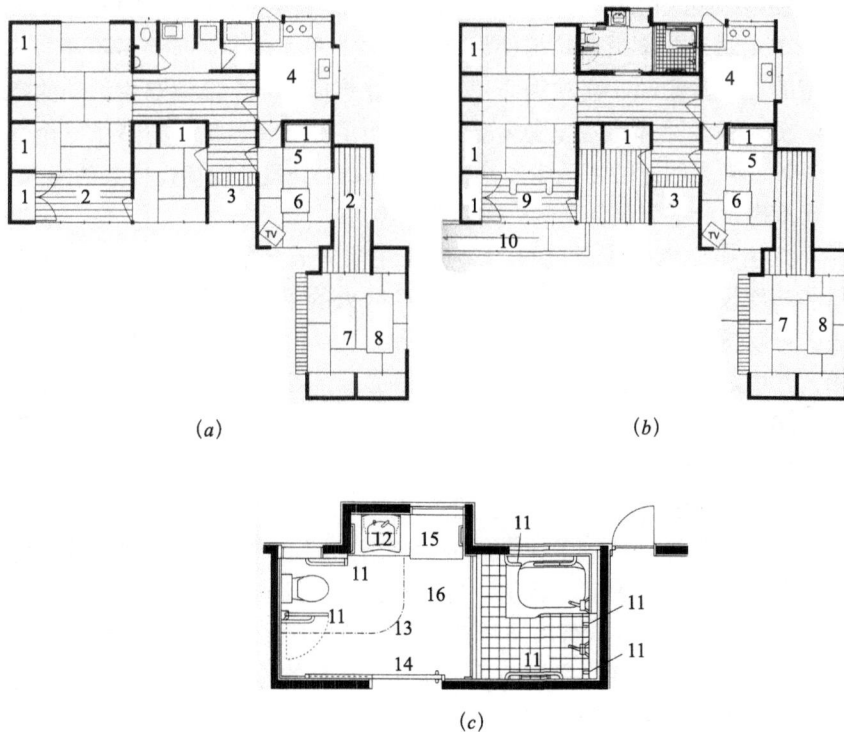

图7-2　A住宅改造前后平面图比较
(*a*) 改造前平面；(*b*) 改造后平面；(*c*) 改造后卫生间平面
1—壁橱；2—宽檐廊；3—门厅；4—厨房；5—起居室；6—电热小桌；7—卧室；8—床；9—沙发；10—坡道；11—扶手；12—洗面盆；13—浴帘；14—单扇单向滑轨门门；15—洗衣机；16—更衣处

图 7-3　改造后坡道连接卧室和道路

图 7-4　改造后卧室门口的高差用小坡解决

图 7-5　改造后的盥洗室，左为厕所右为浴室

图 7-6　改造后的厕所，其扩大的空间可以使用助行设施（左）

图 7-7　改造后的浴室，轮椅可以进入浴室（右）

2）新建无障碍住宅设计

（1）德国格施塔特住宅

住宅的主人由于车祸只能依靠轮椅生活。发生车祸后的 10 年里，夫妇一直生活在并不适合轮椅使用者居住的空间里，生活有诸多不便。此住宅的主人爱运动、喜欢独立生活，因此想拥有一个能够自由活动的空间。主人和设计师弗洛里安·霍菲在进行了充分沟通后，打造了一个宽敞开阔、阳光明媚的生活空间，在内部格局上满足了轮椅使用者的需求，使无障碍设计成为该住宅的一大特色。

红色抛光木板以及马鞍状屋顶使住宅与周围的环境相协调。主入口和车库设在正面，另外三面形成一个较大的平台。从楔形的前窗望进去，可以看见室内长长的坡道（图 7-8）。主人对此新住宅提出了很多要求，其中最重要的就是：要清除所有不必要的障碍，保留足够的活动空间，确保能自由地出入房间；雨篷的设置为保证雨雪天出门取车不受影响；此外，房间不设门槛，连接室外的活动平台采用短坡道（图 7-9）；洗面盆以及厨房用具设置在适当的高度。

主人和设计师在施工初期就很多细节问题达成一致，包括：改变传统的室内格局，将卧室、客房、游戏室与大厅共同设在一层，餐厅、厨房和客厅设在二层；所有房间都安装推拉门，适合轮椅自由通过。此外，住宅中央设置了电梯，房间内只有通往地下室的楼梯，而一、二层之间则通过取代了楼梯的坡道和电梯联系（图 7-10）。

洗手盆和桌椅下部空间的设计、安装，考虑了乘轮椅者接近和使用方便（图7-11），电器控制面板设在家具端头，其布局和高度方便了乘轮椅者的使用（图7-12）。

图7-8　从窗外看残疾人坡道

（a）

（b）

图7-9　无障碍细部处理
（a）遮雨篷的设置；（b）短坡道连接活动平台

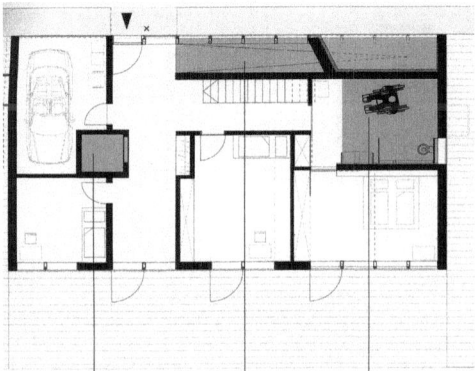

Elevator　　　　Ramp　　　Bathroom for the disabled
电梯　　　　　　坡道　　　残疾人专用浴室

（a）

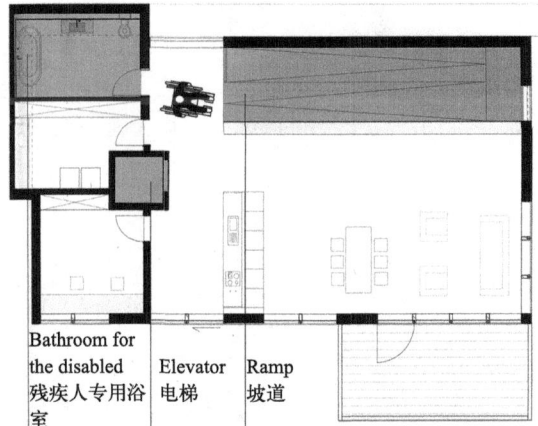

Bathroom for
the disabled　　Elevator　Ramp
残疾人专用浴　电梯　　坡道
室

（b）

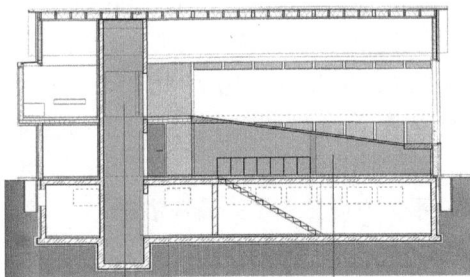

Longitudinal section　　　　Ramp
纵剖面图　　　　　　　　　坡道

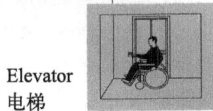

Elevator
电梯

（c）

（d）

图7-10　楼梯、坡道、电梯的设置
（a）一层平面；（b）二层平面；（c）剖面图；（d）坡道透视

图7-11 洗手盆下部空间
设计（左）

图7-12 电器控制面板及
写字台下部空间设计（右）

（2）日本 N·K 无障碍住宅

N·K 住宅位于熊本县山鹿市，施工期限为 1 年零 5 个月。N·K 为 36 岁女性，以下肢残疾为主，活动轻度受限，在无人帮助的状态下生活基本能够自理。考虑将来可能的行动方式为助行器或轮椅。N·K 的愿望是以最低的造价建造一个将来能够一个人生活的无障碍住宅。因而于1994 年 5 月中旬开始探寻合适的地方，准备适当的材料，7 月下旬做出了满足要求的平面图提案（图 7-13）。

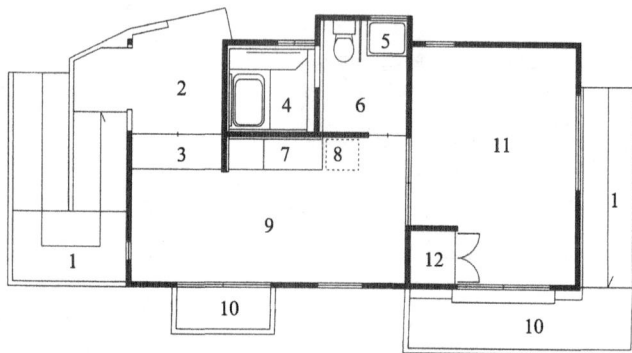

图7-13 新建住宅平面图
1—坡道；2—停车处；
3—门厅；4—浴室；5—洗
衣机；6—厕所＋更衣处；
7—厨房操作台；8—冰箱；
9—餐室＋起居室；10—阳
台；11—卧室；12—壁柜

为此，1995 年 2 月设计工作小组的 PT[①] 和建筑师在西日本残疾人身体机能康复训练学院的 ADL[②] 室确定了扶手安装位置和浴缸的高度（图 7-14）。为了确认进入浴盆的移坐动作，先使用长椅子移动到浴盆的边缘，作举起双腿等动作，然后测量浴盆的深度、长度，扶手的位置等，得出模拟实验结果后开始实际建造工程。图 7-15、图 7-16 所示为使用者（N·K）进入浴盆的行动路线及程序，可以先坐在淋浴台上移动至浴盆，进入浴盆前可坐在便器上脱衣服，然后使用纵向扶手向浴室移动。实测后，N·K 希望能够再加一根扶手，方便日后个人清洗浴盆。

---

① PT——运动疗法，是物理疗法的一种主要形式，是为了缓解症状或改善功能而进行全身或身体某一部分的运动以达到治疗目的的方法。目的是借助或不借助器械，科学地、有针对性地、循序渐进地恢复患者丧失或减弱了的运动功能，同时预防和治疗肌肉萎缩、关节僵直、骨质疏松、局部或全身畸形等并发症。简单地说，就是应用治疗性运动以保持、重新获得功能或防止继发性丧失功能的重要治疗方法。通常通过个体的功能评估，根据客观存在条件的好坏，对功能的未来转归作出合理的预测，然后选择合适和必要的运动治疗方法。此处指专业指导人员。

② ADL——ADL 室运用维持日常生活的必需物品，如厨房设备、家庭日常开关、电器插座、按钮组合设备、就寝设备、如厕设备等，训练患者自炊、更衣、沐浴、洗漱、净手的能力，最大限度地减少患者在日常生活中的依赖行为。

　　N·K住宅建造的工作小组由2名建筑师、1名PT及1名MSW[①]构成。根据设计目标，工作小组提议如下：

　　PT之说，通过模拟实验，大部分地方能够满足要求，厨房与门厅等其他室内空间地面无高差，操作台下面无柜橱，允许轮椅直接插入，使用者不必站立（图7-17），但操作台本身稍嫌狭窄。

图7-14　确定尺度的模拟试验（左）
图7-15　淋浴台至浴盆（右）

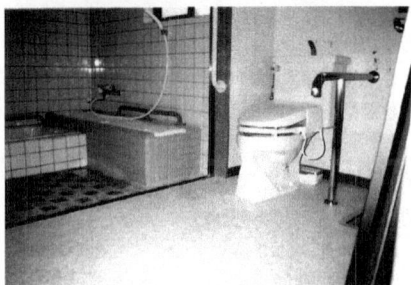

图7-16　坐便器与浴盆位置（左）
图7-17　坐轮椅可用操作台（右）

　　MSW之说，改造的经过应受业主（N·K）的活动性、行动能力、家庭护理态度、护理能力、房屋状况、资金来源、年龄、残疾状态等因素所左右。对N·K来说，从其本人住公司宿舍、身边无人照料等情况来看，应综合考虑在新环境中开始工作、生活等会遇到各种问题的连锁反应。当然，无障碍是必需的条件，首先反映在连续的多条坡道的建设上。须注意在不规则的用地处设置的坡道，其坡度宜缓（坡度接近5%）。图7-18所示为门厅前设置的电动轮椅用坡道。

图7-18　门厅前的坡道

---

　　① MSW——具有"以人为本，助人自助，公平公正"的专业价值观，掌握社会工作的理论和方法，熟悉社会政策，具备较强的社会服务策划、执行、督导、评估和研究能力，胜任针对不同人群及领域的社会服务与社会管理的应用型高级专业人才。

现场的模拟实验在工程完成前至少还需要 2 次现场确认，一是因为施工方面不会完全按照图纸和说明书施工，二是业主的身体机能也会发生变化，这一点必须注意。由于实际操作中当事人状态、护理者状态、住宅结构的不同，必须注意避免对侧重点和数据的估计错误，应以列出的检验单（表 7-1）为参照实施可行的检验方法。

设计实施中的要点　　　　　　　　　　　　　表 7-1

部位	要点
（门厅）简易坡道、台阶 门廊—门下框—门厅地表面	材料质地是否适宜 在门廊侧设置排水沟，雨水处理是否合适
由水泥、混凝土垫高的坡道	倾斜、强度、完成的好坏
（走道、门槛） 走道—门下框—榻榻米表面	高差是否完全取消，至少应满足 3mm 以下
门洞宽度	步行　　　　　750mm 以上 手杖、助行器　　800mm 以上 轮椅　　　　　850mm 以上 上述基本数据是否核实清楚
建筑配件	平开门、推拉门（手风琴式折门、折叠门）等能否替换，使用是否方便，门把手使用是否方便（棒状、把状），与本人手的大小是否吻合
内部空间	由于插入、撤去等变化，是否满足当事人及护理员充裕的使用空间
电源开关、电源插口	是否在使用方便的位置上
（厕所）适用于自身能够前往的情况 ★号部分也适用于轮椅的情况	★空间的扩展幅度是否合适 ★推拉门或是折叠门等形式和尺寸是否合适（开口 750mm 以上） ★有没有其他会导致败笔的地方 ★便器的形式、位置、高度是否适宜 ★靠自身机能是否能够处理 ★紧急情况的应对是否靠得住
使用轮椅行动的场所	室内是否有充足的空间 座便器的高度和轮椅坐面的高度是否在一个平面上，高度约450mm 开口宽度在 850mm 以上 排泄处理是否有问题
（浴室）适用于自身能够前往的情况 ★号部分也适用于轮椅的情况	★空间的扩展幅度是否合适 ★门洞开口在 800mm 以上，推拉门或是折叠门 从更衣处到浴室是否为平地面（使用浴帘的场所） ★浴帘、移坐台面、淋浴椅、防滑板等与无障碍器械的组合是否适宜 ★紧急情况的应对是否靠得住
使用轮椅行动的场所	室内空间是否充裕（护理空间） 门洞开口在 1000mm 以上，推拉门或是折叠门 由轮椅移坐时的辅助台、机械是否适宜 是否考虑了洗漱的方式 紧急情况的应对是否靠得住

由此，人们从"由人来适应房子"转而有了"由房子来适应人"的追求，考虑了轮椅使用者可能的生活状况。N·K 住宅便是依此想法完成的无障碍住宅实例。

7.1.2 老年公寓类设计

1）特别养护老人之家"矶子自然村"

"矶子自然村"位于日本高知县，由公开招募的社会福利法人在废弃的冰泽小学旧址上，进行特别养护老人之家与公园的规划建造，同时还要改造地区护理中心，完成后由横滨市政府购买并指定管理者运营。由 RIA 都市建筑设计研究所设计和监理，采用了"组团式的护理单元"布局形式。

项目用地面积为 9900m²，建筑占地面积为 3447.55m²，总建筑面积为 7868.14m²，建筑密度为 34.82%，容积率为 79.15%，钢筋混凝土结构，柱距为 5.8m×5.8m。特别养护老人之家地上 3 层，地区护理中心地上 1 层，整体最高高度为 9.99m，建筑高度为 9.48m，层高为 3.10m，室内净高为 2.4m。室外道路宽度为 6.49m，停车位 22 个。

（1）建筑整体规划布局：项目主要研究设施入口设计及公园入口关系的梳理（图 7-19），如何利用基地高差布置"特别养护老人之家"和"地区护理中心"，如何聚焦视线、增强设施的可认知性。

外观墙壁和檐口与特别养护老人之家本体呈钝角开敞（图 7-20），地区护理中心外墙壁设计为建筑物整体的标识性符号，也意欲阻挡踏上台阶通往特别养护老人之家设施的无关之人。

（2）室内动线及空间功能：在特别养护老人之家的平面构成上，将

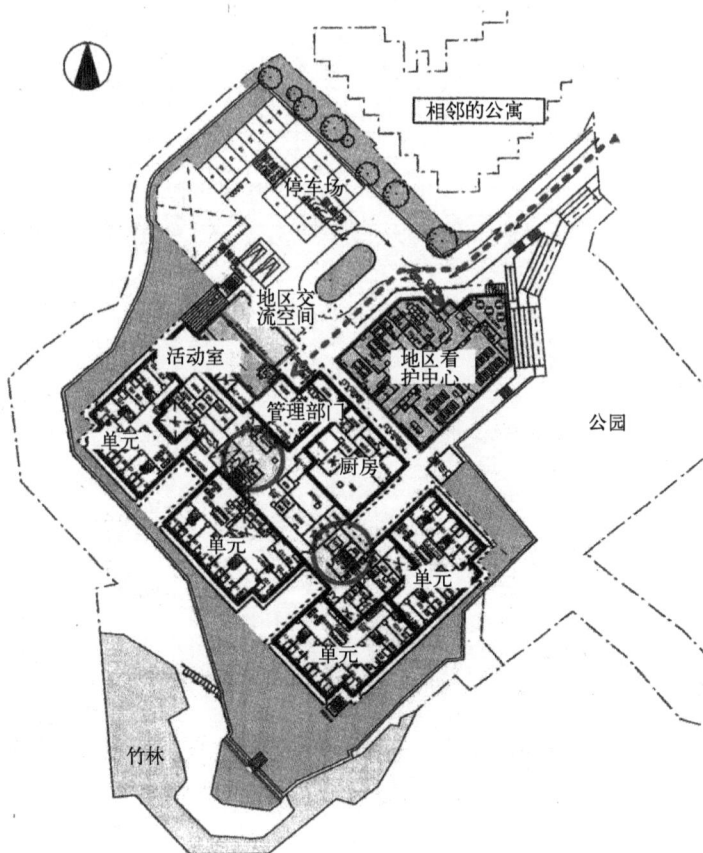

图 7-19 矶子自然村总图

成对单元作为一个管理单位，每10个房间形成一个基本单元，作为生活和护理的单位，每层设置6个单元及具有约束性的单元组连接空间（图7-21~图7-24）。

在垂直动线规划上，设置1部楼梯和2部电梯，确保提供食物和取走垃圾的动线分离，动线之间没有重复（图7-21）。

图7-20 矶子自然村建筑入口

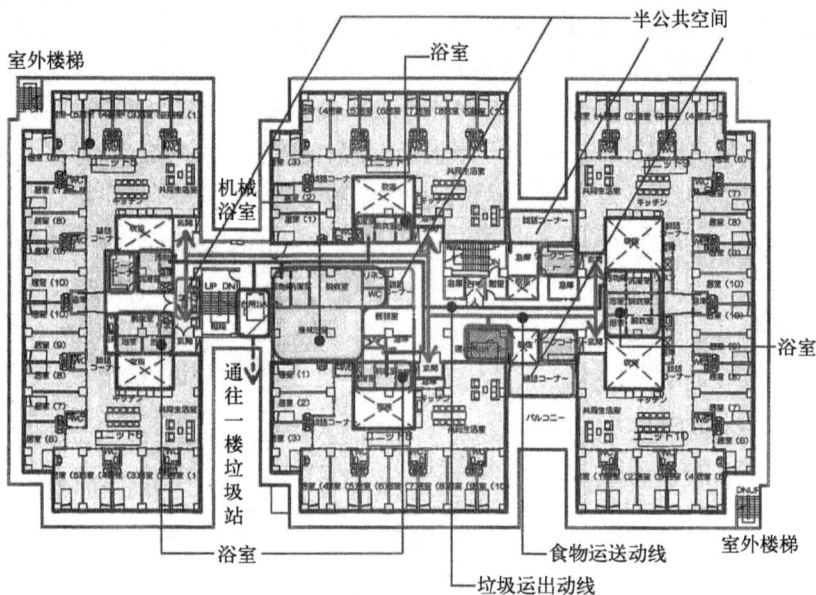

图7-21 室内功能分区及动线图

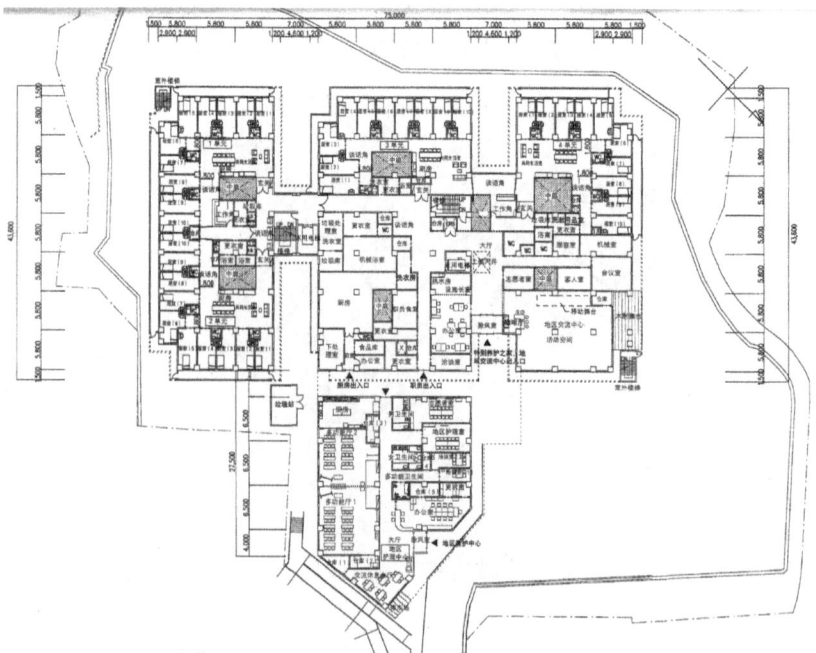

图7-22 一层平面图

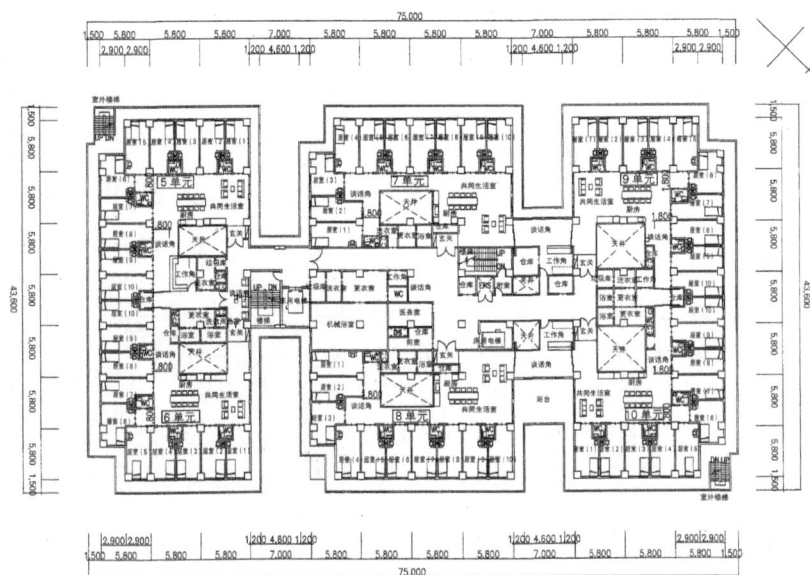

图7-23 二层平面图

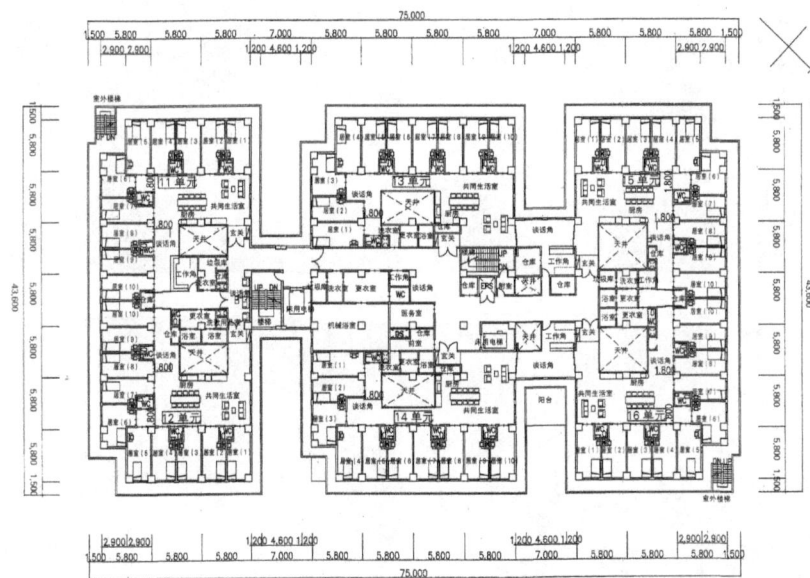

图7-24 三层平面图

（3）建筑设计要点：特别养护设施的楼与楼之间的距离设定为4.6m，以便可以相互看到（图7-25）。连接空间的设计可以适量控制护理单元的体量，还可以调节空间组合的灵活性。特别养护设施采用了连续阳台形式，阳台栏板底端为不透明的钢筋混凝土，上部采用具有透明性的镀锌栏杆扶手，既能够遮挡空调室外机，又营造了通阳台的特色。

（4）居室细部空间处理：特别养护老人之家外围的每个房间都能看到室外的绿地景观（图7-26）。每个单元拥有一个共同生活室，配备有厨房、餐厅以及交流空间（图7-27），老人们一起就餐、娱乐、交往。卫生间的设施配备也十分齐全（图7-28）。

设置在单元之间的交流空间是大家进行私人交往的主要场所之一（图7-29），与其他公共空间相连。作为地区交流场所，多功能厅空间宽敞，色彩明亮，并配有厨房，适合举办各种联谊活动（图7-30）。

（5）外部环境：外墙及檐口处外壁均采用橘色，以增强标识性，同时起到引导作用。设施内设有供内部人员休闲、观景并与周边的建筑、森林等形成交流的庭院，铺设环形散步道，中间种植景观树，与周边建筑、森林等融为一体（图7-31）。

图 7-25 楼栋之间的空间

图 7-26 环境安静的单人居室（左）
图 7-27 开放的共同生活室（合用起居室）（右）

图 7-28 设备齐全的卫生间（左）
图 7-29 特养设施内的半公共空间（右）

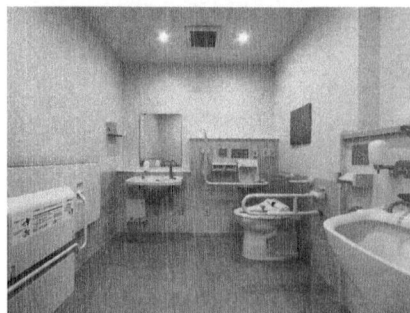

图 7-30 地区护理中心的多功能厅（左）
图 7-31 室外休闲交流空间（右）

2）瑞士埃姆斯老年公寓

施瓦茨建筑事务所设计的老年公寓坐落在瑞士的一个小山村，一侧紧邻公园，另一侧靠近火车站和村庄。鉴于其特殊的地理位置，设计师构思了一个长方形结构，一面朝向村庄，另一面朝向大山。从北面可以俯视村庄，在南侧的玻璃和金属结构中可以眺望花园和周边的乡村景色。

建筑内所有元素和设计，如房间格局、各种设备、出入口通道，都以方便老年人为目的。走廊和公共休息室之间没有清晰的界限，电梯设置在建筑的端头，轮椅能够自由进出。房间内无门槛，无障碍浴室和厨房均为行动不便者提供方便。此外，公寓内所有房间都朝向南面，卧室和客厅都安装了较大的窗户，冬季保暖，夏季通风。透过厨房的窗户（由防火材料制成）能够俯视私人休息室和公共楼梯，避免老年人感到孤独。

公寓的每一层都设计有宽阔的走廊，方便轮椅和活动床通过（图7-32）。每层走廊的北面都有一个小房间，供储存私人物品使用。

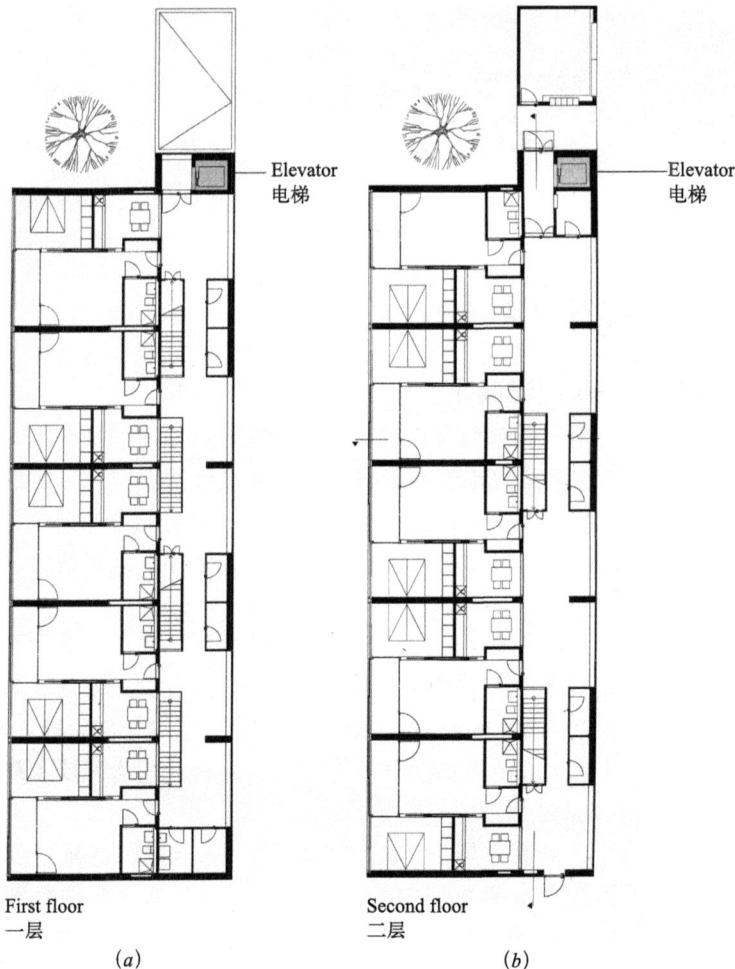

First floor
一层

(a)

Second floor
二层

(b)

图7-32　公寓的宽阔走廊设计
(a) 一层平面图；(b) 二层平面图

图 7-33 为老年公寓的北立面设计。

公寓南侧设计了宽阔的阳台，使行动不便的老年人在室内活动的同时有更多的机会接触自然和空气，并且可以随机地和院内的活动者打招呼，有利于缓解孤独的情绪（图 7-34）。

公寓所有房间内部都使用推拉门，客厅、卧室和餐厅可变成完全开放的空间，为那些整天蜗居在室内和床上的人提供便利，室内大面积的落地窗也使得室内外的视线关系更加紧密（图 7-35）。

图 7-33 北侧立面

图 7-34 宽阔的阳台提供了接触外界的平台

图 7-35 室内流动空间便于轮椅使用

7.2 公共建筑设计实例分析

7.2.1 旧建筑改造设计

位于德国科隆的卡尔克青年人冒险中心由一幢建于 1900 年的工厂改建而成，由内伯尔博索建筑事务所设计，被设计师埃里克·博索和托马斯·内伯尔称为"最后一个合法的青年冒险中心"。此中心面向社会开放，目的在于鼓励大家积极参与体育运动和社会活动，远离暴力、毒品和种族战争。

设计师在最大限度地保留原有建筑特色的同时，在室内增添了攀岩墙壁。中心由两个开放大厅组成，人行道和阳台的设置方便攀岩者在开始运动之前从各个角度观察岩壁的状况。所有活动区域都向残疾人开放，除了攀岩、列式滑冰、自行车越野等项目外，还有专门为残疾人轮椅设计的街头篮球活动。

主厅（暖厅）共有 3 层，一层包括门厅、休息室、咖啡厅和设备租赁处；二层为休息室和培训中心；三层设有办公室、会议室和研讨室。大厅被一座钢桥分成两个部分，上面设置照明设备供比赛使用。另一个大厅（冷厅）主要包括滑冰和赛车场馆，带顶棚的操场和其他活动场馆。两个大厅之间的三角区域设置了楼梯和电梯，便于游客通往各个楼层。

卡尔克青年人冒险中心入口设置了残疾人坡道，内部空间配备了无障碍设施（图7-36、图7-37），残疾人还可以通过图7-37所示长4300mm的双向坡道进入坐落在室内大厅的自助餐厅（图7-38）。

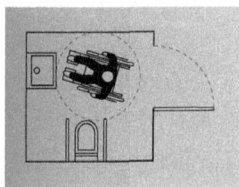

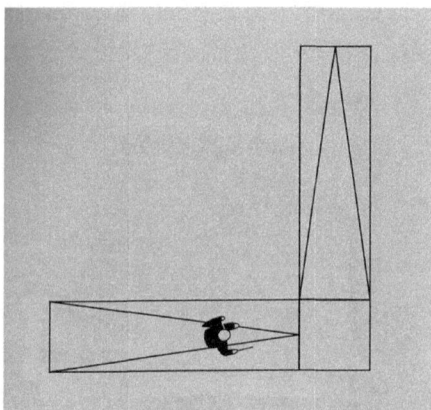

图7-36 门厅外的残疾人坡道（左）
图7-37 建筑中设置的无障碍设施（右）

(a)

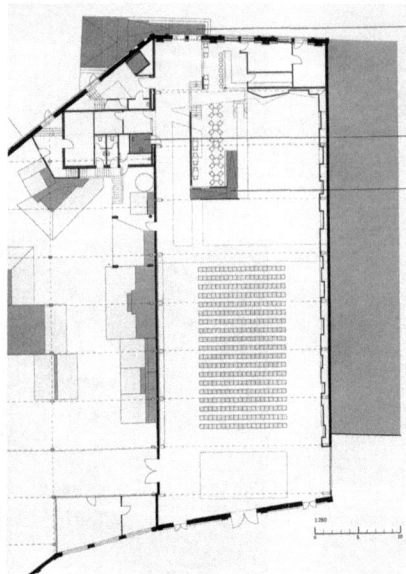

(b)

图7-38 残疾人可以通过双向的坡道进入自助餐厅
(a)坡道透视；(b)平面图中坡道和餐厅的连接关系

7.2.2 纽约古根海姆美术馆无障碍设计

著名的美国纽约古根海姆美术馆，全称为所罗门·R·古根海姆博物馆，是古根海姆美术馆群的总部。它是现代建筑大师赖特（Frank Lloyd Wright）晚期的作品，建成于 1959 年。

古根海姆美术馆的外观主题是向上、向外螺旋上升的体量（图 7-39），像一座巨大的雕塑。建筑内部螺旋上升的坡道直通到 6 层，螺旋的中心形成一个敞开的中庭空间，通过层顶玻璃采光（图 7-40、图 7-41）。

赖特对于参观流线的想法是用电梯将参观者运送到上层，然后他们可以沿着环绕中央天井的坡道盘旋而下。这样，参观者可以在任何高度乘坐电梯上下并可以到达地面层展览结束的出口处（图 7-42）。参观时，人们先乘电梯到最上层，然后顺坡而下，参观路线共长 430m。美术馆的陈列品就沿着坡道的墙壁悬挂，任何人都可以边走边欣赏，既生动又便捷，成为了人们分析通用设计理念的典范。

图 7-39 纽约古根海姆美术馆外观

图 7-40 纽约古根海姆美术馆中庭俯瞰

图 7-41 纽约古根海姆美术馆中庭仰视

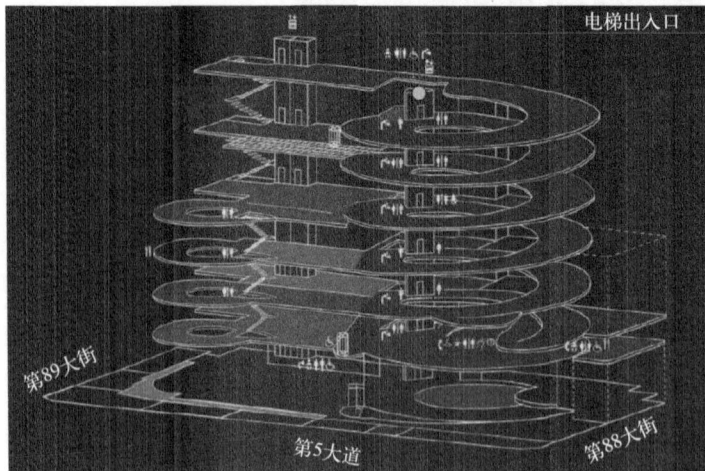

图 7-42 纽约古根海姆美术馆参观流线分析

7.2.3 阪急伊丹车站重建

1）日本阪急伊丹车站概要

在遭遇了阪神淡路大地震破坏之后，原来的站厅已经倒塌（图7-43），一段时间暂时转移到临时站台运营。1998年秋季，获得日本财团的经济援助，在原有站台位置上建设了全新的阪急伊丹站（图7-44），这个站台是市政府与阪急私企共同实施的事业。现在，车站内外的步行舒适化设计已实施，并进一步扩展了无障碍设计范围（图7-45、图7-46）。

图7-43 震灾毁坏的阪急伊丹站（左）

图7-44 重建后的阪急伊丹站综合楼（右）

图7-45 步行者优先道路（左）

图7-46 二层的步行者平台（右）

2）以通用设计观点，推动阪急伊丹站的建设

由市民组成委员会真正从方案设计阶段开始参与讨论、研究是阪急伊丹站的特色，其结果是成就了四个建造基本方针和由此带来的成果。

（1）通用设计的观点：既要设计、建设符合通用设计理念的车站，还必须能够反映以下工作经过的结果，因而在制作计划上花费了很长时间，最后提出了方便移动、以人为本等四个建造的基本方针。

工作经过：以委员会的形式广泛听取各方意见；将得到的建议反馈在方案设计中；进行事例调查；在建设阶段，实地考察和现场征询意见；委员会进行事后评价、总结；提出建造的基本方针：行动方便、易于使用、到达便捷、人性化环境。

（2）设计进度：伊丹站建设的推行组织是阪急伊丹站舒适交通建设

探讨委员会，由有经验的学者、老年人俱乐部、残疾人联合会、各铁路运输局、机动性财团等作为常务委员，从规划、设计阶段开始参与伊丹站建设。

车站建设的时间安排：从制作计划开始到站台完成后评估需要 3 年时间，此外，电梯、声音导向系统、卫生间等设施还要作为重点分别举行小型研讨会。第一年以提出舒适化设计方案为目标，慎重征询残疾人的意见，在确切了解残疾人愿望的基础上进行问卷调查，而后实施基本方针和主要设施设计方案的探讨（图 7-47、图 7-48），并且实施高龄者模拟体验以加深各委员对老年人行动方式的理解。第二年开始探讨设施的细部和站前广场建设的基本方针，完成车站全部的设计方案。

图 7-47 请盲人检验盲道的感觉（左）
图 7-48 引导盲道（与声音指导同步）（右）

（3）成果：随着上述计划的推行，阪急伊丹站对建设基本方针的每个细节都做到了细微的关怀。

基本方针 1：行动方便。保障了车站大厅、站前广场、周边设施行动线路的连续性的车站建设。

保障车厢口站台、站前广场、大厅内通路的连续性（取消台阶、明确流线）；关注周边商业网点的建设、周边商业设施的巩固；使用方便的垂直移动设施（电梯、扶梯）的建设；方便残疾人检票口的设置；保障候车厅安全、快捷的移动空间；保障使用者的休息空间。

基本方针 2：易于使用。所有人都能够安全、快捷、自如地使用的车站建设。

方便视觉、听觉残疾人的综合信息导向系统的建设；发生紧急情况时的信息向导、指挥装置；使用方便、简单的卫生间及长椅等设施的设置；改善车票购入设施。

基本方针 3：到达便捷。作为阪急伊丹站的中心问题，为老年人、残疾人实现了完善的交通体系。

　　保障了通往车站办公楼、站前广场的安全、快捷的引桥；设置了能够避雨的站前广场和上下车场所；使用方便的公交车、出租车、私家车升降设施的设置；附带升降设施的公交车、底盘超低的公交车停车场的设置；增加低车盘公交车。

　　基本方针4：人性化环境。在充实软件的基础上实现舒适站台。

　　以帮助使用公共交通工具者为目标的志愿者协助体制的建立；启发、教育全体民众关怀、护理老年人、残疾人；为保障车站区域环境内的自如，设置面对所有使用者的路标系统，包括各店铺广告牌、商品陈列，道上停车规则，电梯使用方法等。

　　图7-49~图7-51所示为阪急伊丹站新建站前广场，面积约为5400m^2，北侧4400m^2，东侧1000m^2，拓展了原有站前广场。由广场进入车站大厅，为残疾人设置了轮椅使用电梯（图7-52中时钟所示部位），并在各层都设置了各种为残疾人使用的无障碍设施，包括声音导向系统、电梯、坡道、步行空间、避难坡道、残疾人卫生间、轮椅用检票口、残疾人停车场等，如图7-53所示。图7-54所示为车站综合大厅入口空间设计。主要流线经入口便可一目了然，流线结构清晰、明白。电梯在

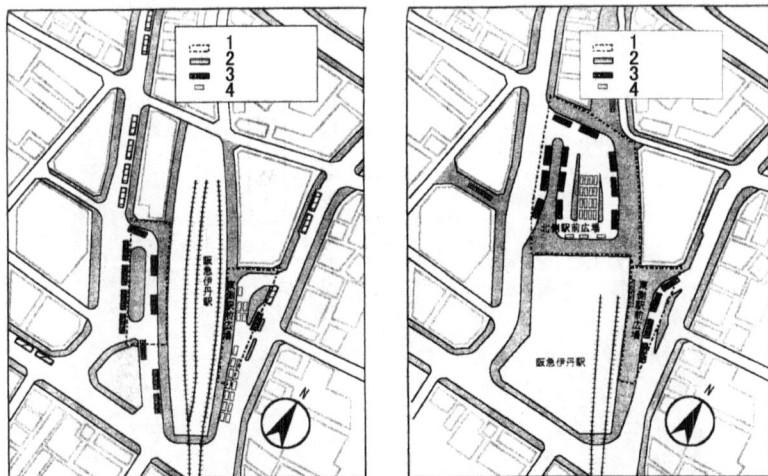

图7-49　重建前后站前广场比较

1—规划广场区域；2—公交车站（道路上）；3—公交车站（广场内）；4—出租车停车场

图7-50　北侧广场全景

图7-51　东侧站前广场全景

图7-52　为轮椅使用者设置的电梯

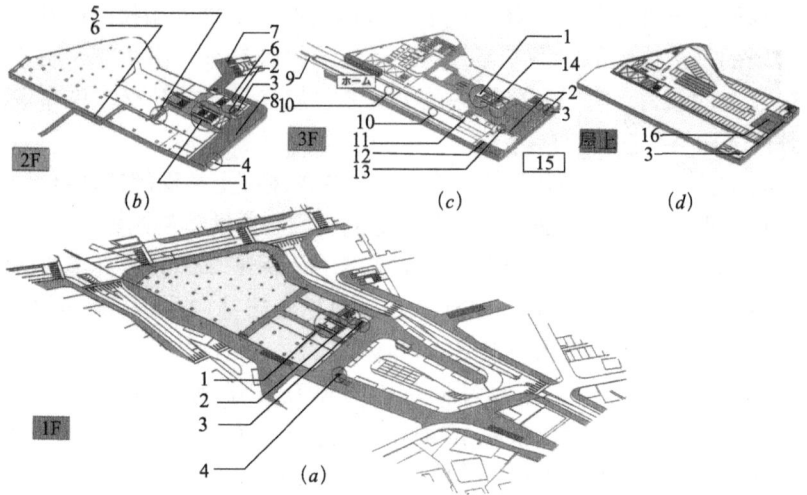

图 7-53　阪急伊丹站无障碍设施设计平面图
(a) 一层设施；(b) 二层设施；(c) 三层设施；(d) 残疾人停车场
1—设有 3 段平台的自动扶梯；2—声音导向系统；3—15 人、21 人乘坐的电梯；
4—连接步行道和停车场的电梯；5—设置坡道；6—坡道替代台阶；
7—连接步行道的电梯；8—步行者优先路；9—紧急避难用坡道（并设置避难空间）；
10—停发车指南；11—婴幼儿哺乳室；12—残疾人卫生间；13—无障碍自动检票口；
14—声控触摸式指示板＋声音导向系统；15—检票口；16—残疾人用停车场屋顶

图 7-54　车站综合大厅入口空间

接近入口处，另有电动扶梯及 2 部楼梯，交通流线具有选择性。图 7-55 为车站检票口内卫生间详图。图 7-56 为站内避难通道。当有紧急情况发生时，可从大厅经由坡道到达此空间。图 7-57 是车站内设置的信息导向板，其中视觉导向、感知导向、盲文导向、声音导向并存设置，可选择使用。图 7-58 为车站大厅各层具有声音导向系统的相关设施配置图，图 7-59 为设计中的声音导向系统示意。图 7-60 为车站"爱心集会所"

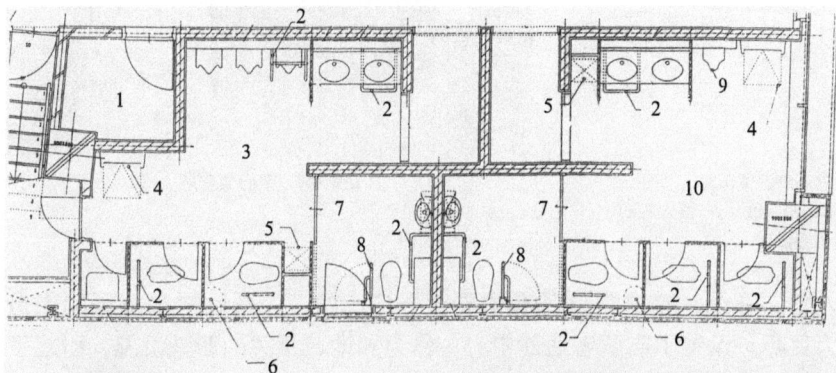

图 7-55 车站检票口内卫生间详图
1—乘务员休息室；2—扶手；3—男子厕所；4—活动婴儿床板；5—手纸自动贩卖机；6—婴儿守护椅；7—残疾人用厕所；8—可活动扶手；9—幼儿便器；10—女子厕所

图 7-56 车站内紧急避难坡道（左）
图 7-57 具有声控触摸功能的综合信息导向板（右）

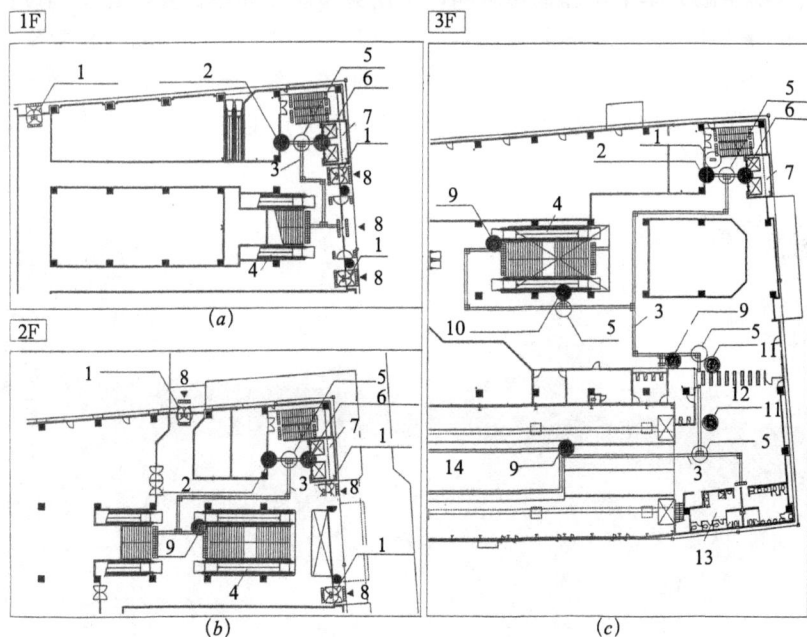

图 7-58 声音导向系统相关设施配置图
（a）一层配置；（b）二层配置；（c）三层配置
1—避难口指示灯；2—盲文指南＋扩音器；3—引导、警示盲道标示；4—自动扶梯；5—传感器；6—盲道铃＋扩音器；7—电梯；8—车站综合楼入口；9—盲道铃；10—声控触摸式指示板＋扩音器；11—扩音器；12—检票口；13—残疾人用厕所；14—站台

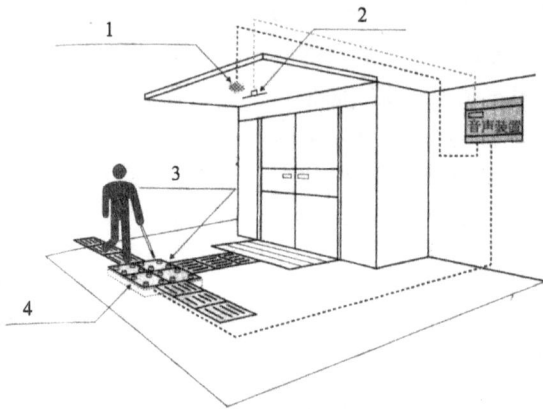

图 7-59　声音导向系统设置示意
1—顶棚预埋扩音器；2—接收信号天线；3—嵌入磁石；
4—磁性传感器

图 7-60　爱心集会所

入口。在此，首次创办了有护理业务的车站，以帮助需要护理的人员为目标，设置了志愿者活动中心，作为和地域相关的新型设施，引起了瞩目。

7.2.4　国际残疾人交流中心设计

国际残疾人交流中心为公共募捐型投资建筑（图 7-61），是于 1999 年由近畿地方规划局委托给日建设计（公司名称）的任务，目前日本还没有其他近似类型的建筑。这种以残疾人为使用对象，集研修、文娱、住宿为一体的满足残疾人的综合设施的建设，在设计中，包含对既存设施的改造，充分采纳了实际使用者——残疾人的意见，进行了探讨、研究，由摄南大学工学部建筑学科田中研究室和日建设计及日建空间设计共同协作完成，实验部分由田中研究室负责。最终结果由建设相关者组织"中心实施设计检证、评价组"作出报告，经过讨论、认证，确定方针，并做出实物模型供残疾人体验（图 7-62），以便在实际的施工中进行适当的调整。

图 7-61　国际残疾人交流
中心夜景

图 7-62　实验现场情景

1）建筑概要

国际残疾人交流中心位于大阪府堺市茶山台，业主为厚生劳动省。设计管理：国土交通省近畿地方规划局建设部建筑科＋日建设计。设计监理：摄南大学教授田中直人（专长：无障碍设计）。施工：三菱·森本特定建设工事共同企业体。主要用途：集会大堂＋住宿设施＋研究室＋餐厅。占地面积 7959.12m²，首层建筑面积 4954.26m²，首层占用率 62.3%（标准占用率 60%），总建筑面积 10970.15m²，计容建筑面积 9398.15m²，容积率 118.08%（标准容积率 400%）。停车场面积 1572.00m²，绿地面积 1554.00m²，绿地率 18.4%（必要绿地率 15%），停车辆数 69 辆（室内 42 辆，其中供轮椅使用的 11 辆，室外停车 27 辆），自行车停放 80 辆。建筑规模：地下 1 层、地上 3 层、塔楼 1 层。结构：钢筋混凝土为主，部分钢结构。建筑高度：SGL+27.6 m（SGL＝施工时作为基准的面的标高），竣工于 2001 年。

国际残疾人交流中心各层平面图如图 7-63 所示。

2）几个主要空间的设计

（1）入口、大堂设计：大堂入口侧面不仅设有文字说明，同时还设置了触摸式导向板。地面所设盲道从室外延伸到服务台，可以根据足底感受确认地面装修的不同，逐步前行（图 7-64）。

图 7-65 所示，触摸式导向板的对侧，设计了放置租借用轮椅的空间。

图 7-66 所示，从车站到残疾人中心的坡道上面全部架设了顶棚，雨天不需要打伞，地面无高差，可随盲道顺畅引入残疾人中心内部。

图 7-67 所示，盲道直达接待台，接待台台面较低，适合轮椅使用者。

图 7-68 所示，入口大堂的天花较高，由通窗洒下的自然光引人注目。

图 7-69 所示，为了不与轮椅发生冲突，落地窗的底边（根部）设置了底脚栏杆设施。

图 7-70 所示，休息平台和梯段之间，为唤起注意，设计了醒目的盲道标识，考虑到识别的方便，踏板和踢板采用不同的颜色。

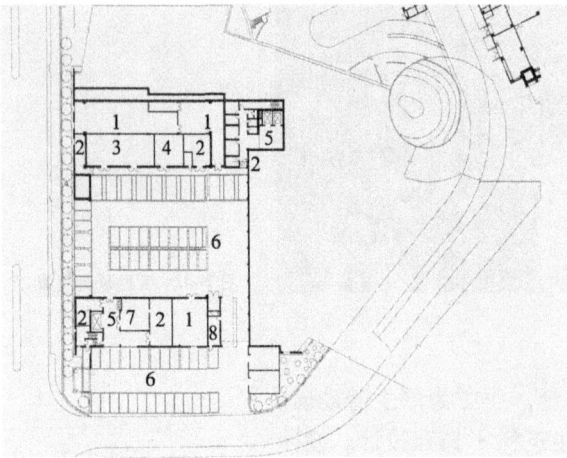

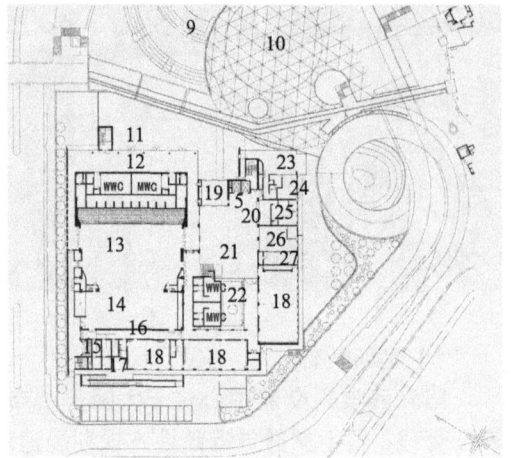

(a)

(b)

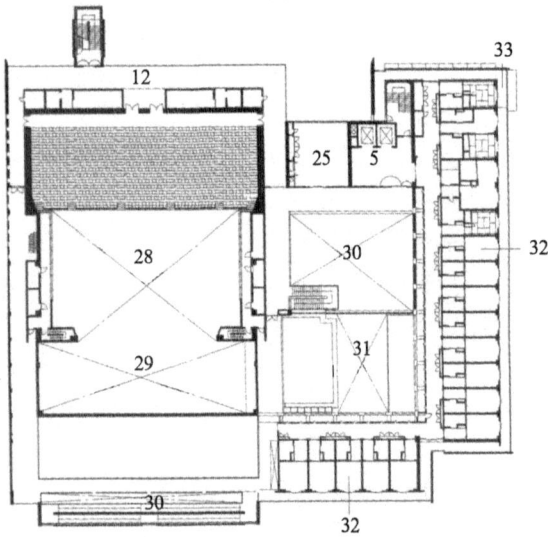

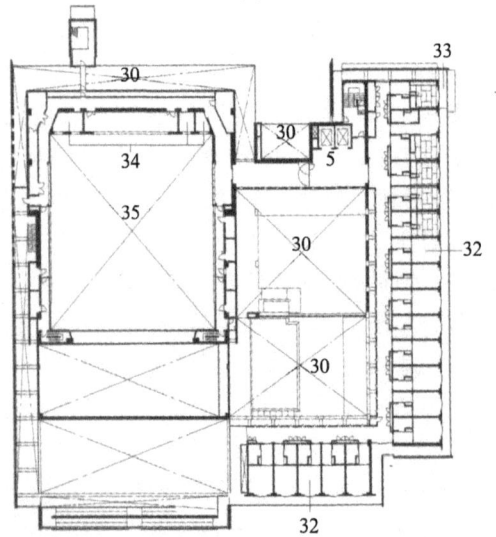

(c)

(d)

图7—63 国际残疾人交流中心各层平面图

(a) 地下层平面 ; (b) 首层平面 ; (c) 二层平面 ; (d) 三层平面

1—机房 ; 2—仓库 ; 3—配电室 ; 4—发电机室 ; 5—电梯 ; 6—停车场 ; 7—道具库 ; 8—防灾中心 ; 9—亲水平台 ; 10—交流广场 ;
11—前庭集会所 ; 12—剧场休息厅 ; 13—多功能大厅 ; 14—舞台 ; 15—厕所、淋浴室 ; 16—走道 ; 17—控制室 ; 18—研修室 ;
19—防风过厅 ; 20—接待服务台 ; 21—接待大堂 ; 22—中庭 ; 23—餐厅 ; 24—厨房 ; 25—办公室 ; 26—无障碍集会所 ; 27—信息室 ;
28—多功能大厅一层观众席上部共享空间 ; 29—舞台上部共享空间 ; 30—共享空间 ; 31—中庭上部共享空间 ; 32—客房 ; 33—阳台 ;
34—同步翻译室 ; 35—多功能大厅上部

图7—64 大堂入口

(a) 延伸的盲道 ; (b) 导向
板设置

(a)

(b)

图7-65 租借用轮椅安置空间（左）
图7-66 车站到中心的通路（右）

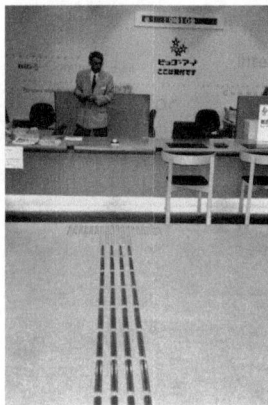

(a)

(b)

图7-67 大堂接待
(a) 接待大厅盲道设置；
(b) 接待台前盲道

图7-68 大堂的光线（左）
图7-69 细部构造处理（右）

(a)

(b)

图7-70 楼梯间的盲道标识
(a) 梯段前标识；(b) 识别楼梯（标识、色彩）

（2）餐厅设计：餐厅面向室外广场，可对使用设施外的就餐者开放（图7-71）。

图7-72所示，如有要求可以准备专用餐具，在餐桌的一角设计了挂靠手杖或雨伞等物的地方。

图7-73所示，餐厅的厕所较宽阔，是男、女兼用的多功能卫生间。考虑使用的方便，坐便器没有设置盖子。另外，为了保持如厕时身体平衡，设计了靠背板。

图7-71 餐厅

图7-72 餐桌

图7-73 餐厅卫生间

（3）多功能厅观众席转换的基本模式：由于演出形式的变化，观众席的轮椅席位可以随之增减。此外，多功能厅的使用人员（包括观众、演员、后台服务）全部假设为残疾人，因此设计取消了座位、舞台、乐器等所有功能空间的高差变化。图7-74所示为多功能厅平面设计，舞

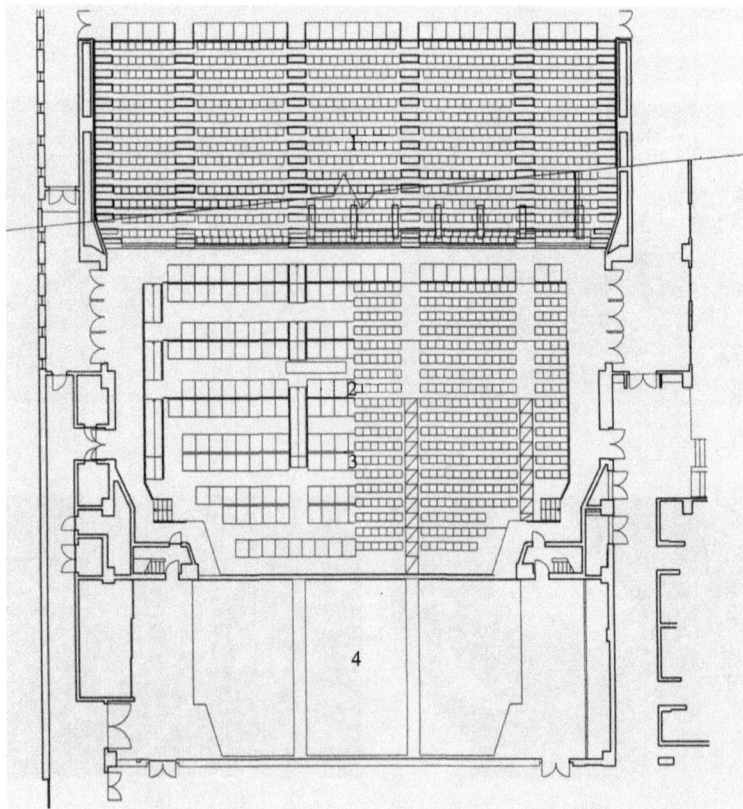

图7-74 多功能厅平面图
1—二层观众席；2—多功能大厅；3—一层观众席；4—舞台

台空间及二层地面升起部分席位的模式不变。图 7-75 展示了多功能厅观众席位转换的 6 种模式：全部是座椅的配置模式、前部舞台 + 后部座椅的模式、全平面舞台（日本歌舞伎剧场）的模式、前部舞台 + 后部轮椅席位的配置模式（附扶手）、全部为轮椅席位的配置模式（附扶手）、以舞台为中心的对话型座谈会模式。全部普通席位时可以容纳 1500 人，其中固定席位约 700 个，有大约 800 个席位可以在地板下隐藏（模式转换空间），这一空间可以容纳约 300 个席位的轮椅（图 7-76）。图 7-77 所示为座椅从地板下上翻时的情形。

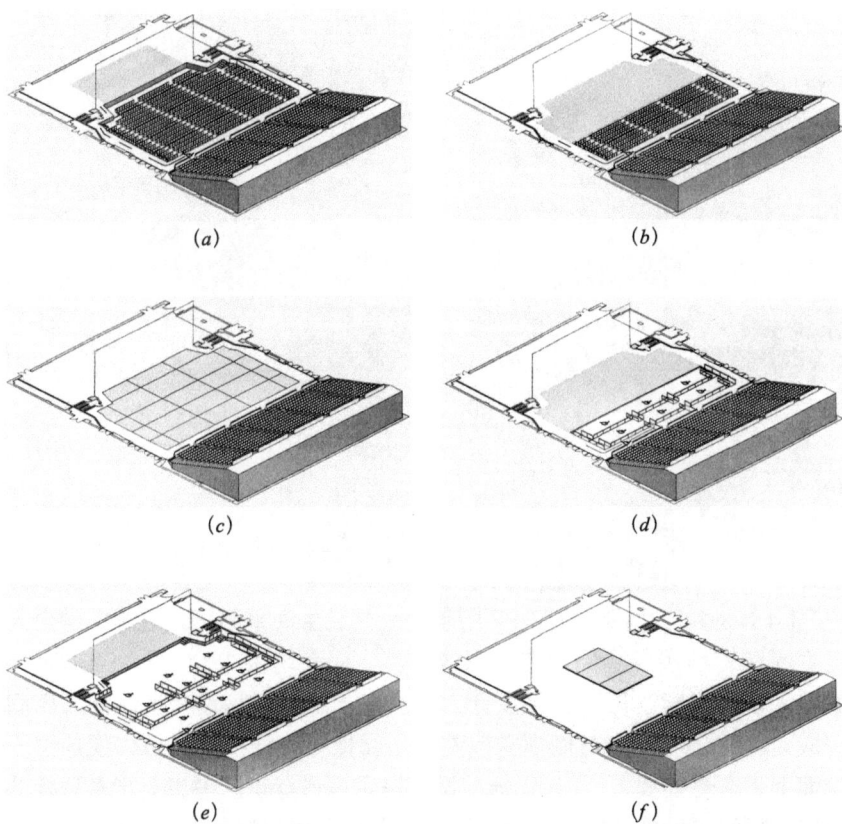

(a)

(b)

(c)

(d)

(e)

(f)

图 7-75　多功能厅观众席转换模式
(a) 全座椅；(b) 前舞台后座椅；(c) 全舞台；(d) 前舞台后轮椅；(e) 全轮椅；
(f) 中间舞台

图 7-76　中间通路在轮椅行走时转换为坡道（左）
图 7-77　地板面上为座椅的情景（右）

图 7-78 所示，从大堂进入多功能厅的入口大门为推拉门。

图 7-79 所示，俯瞰多功能厅观众席。其舞台两侧还设置了文字显示系统。

图 7-80 所示，多功能厅的门为隔声门，滑轨式。自动开闭的方向用图示、文字表示，同时可以由地面上的图案得到门的动向的暗示。门可以全部打开并固定，使得舞台训练和大量人、物出入时很方便。发生火灾时，此门手动开启、自动闭锁。

图 7-81 所示，包括门厅、休息室，所有混凝土墙壁均附设 1500mm 高柔性材料墙裙，以防万一。

图 7-78 多功能厅入口
（左）
图 7-79 观众席模式变
化之一（右）

图 7-80 多功能厅隔声
门（左）
图 7-81 休息厅墙裙处
理（右）

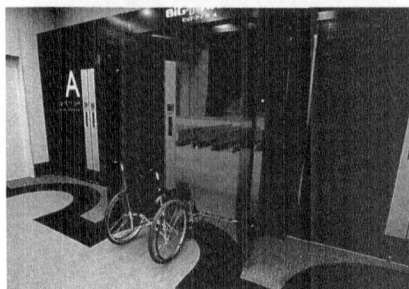

（4）公共卫生间：图 7-82 所示为公共卫生间平面图。这里，健全人卫生间和轮椅用卫生间二者没有区别，男、女均按 1800mm×1800mm 的较大模数设置，采取通用设计方式。在走廊附近另设有多功能卫生间以应对特殊情况。为方便视觉残疾人用脚探寻小便器的位置，便器置于地面上（非悬挂式），并在便器前设置提示盲道标识。考虑有半身残疾的情况，隔间内设施一部分反对称设置（左、右使用随意）。

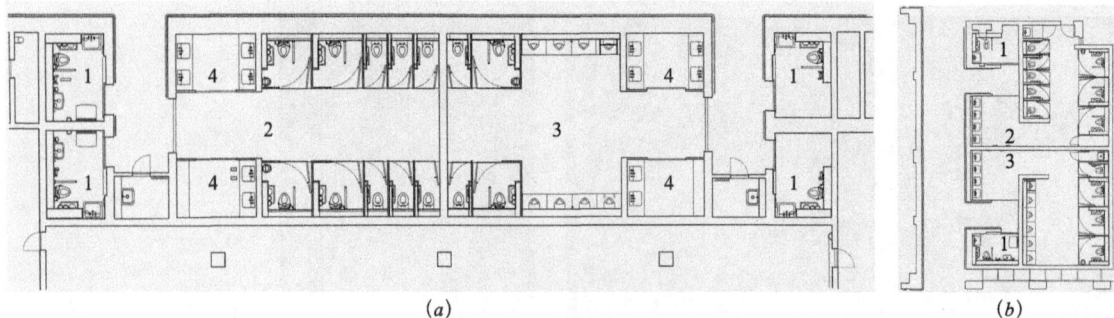

图 7-82 公共卫生间平面
（a）中庭部位卫生间；（b）休息厅部位卫生间
1—多功能卫生间；2—女子卫生间；3—男子卫生间；4—化妆间、洗手处

图 7-83 所示为多功能卫生间，是为应对重度残疾人所设的机能性较高的卫生间。它比以往的残疾人卫生间有了更大的空间，不仅设有能够使用喷头的洗污池和可折叠的便椅等附带设施，而且卫生间内部的扶手、洗手盆、水龙头、遥控器、紧急呼叫等各种设施的配置和位置关系进行统一安排。另外，考虑操作的方便性，坐便器不设盖子，水洗按钮采用鞋拔子式，以便不能用手的残疾人可以用身体的一部分来操作。按钮设置凸出于墙壁，方便视觉残疾人寻找。

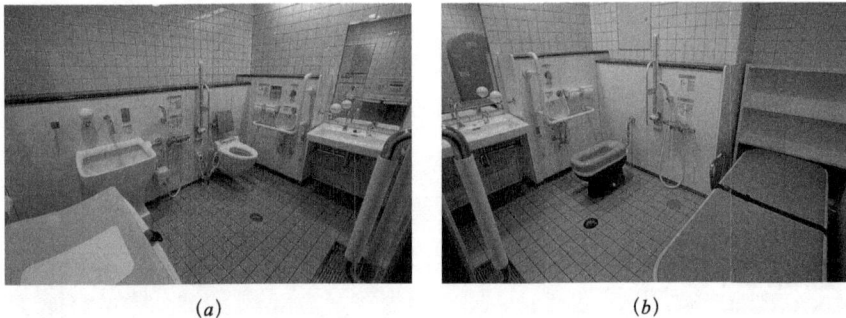

<table>
<tr><td>(a)</td><td>(b)</td></tr>
</table>

图 7-83 重度残疾人用多功能卫生间
(a) 卫生间之一；(b) 卫生间之二

图 7-84 所示，厕所的标志用较大浮雕来显示，引导的扶手平直向前延伸至入口后向上弯曲，以提示到达卫生间门口，地面上还设置了唤起注意的盲道驻足点，这是全馆共通的做法。

图 7-85 所示，男、女卫生间内部均拥有悠闲宽敞的空间，乘坐轮椅者可以轻松地交错移动。

图 7-86 所示，集中洗手处使用薄型台面，台面和洗手盆颜色不同，以强调设施的位置，台面的两侧设置了放置手杖的金属固定物。另外，为避免视觉残疾人不经意地弄湿袖子，舍弃了自动出水方式，而是采用棒状把手，手动出水方式。

图 7-87 所示，因隔间内部也很宽敞，视觉残疾人难以判定自身位置（不知身在隔间内还是隔间外），解决的方法是变换地面上的铺砖尺寸。

图 7-88 所示，隔间的门采用滑轨式，平时开着，使用时采用手动活动门销。

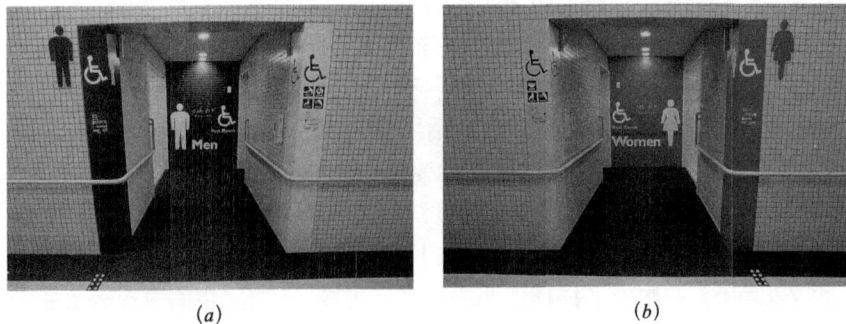

<table>
<tr><td>(a)</td><td>(b)</td></tr>
</table>

图 7-84 卫生间标识
(a) 男子；(b) 女子

图 7-85 卫生间内部空间
(a) 男子;(b) 女子

(a) (b)

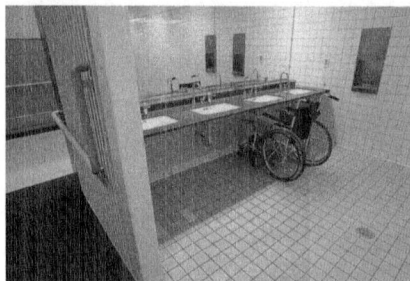

图 7-86 洗手盆设置（左）
图 7-87 地面铺砖有别于
共用空间（右）

（5）客房的类型:客房分为A、A'、B、C、D（图 7-89）5 种模式，以应对残疾程度不同的使用者。与普通宾馆客房相比，国际残疾人交流中心的客房卫生设施所用面积取值较大，也成为了此处客房的特征。另外，宽 850mm 的通往阳台的门、室内家具的合理分布，确保了避难线路的通畅。卫生间内不设开启门扇，考虑到健全人及轮椅使用者，上水管道设计了高度不同的二段式。全部浴室均可供乘坐轮椅者使用，且在浴缸外也可以洗澡。客房的床全部是没有侧板的四脚式，以使护理员将脚插进去，方便护理。因有质地较厚的床裙，可方便视觉残疾人确认床铺的位置。也设有

图 7-88 隔间设置滑轨门

固定的振动装置，若睡眠中发生特殊情况，听觉残疾人也能够立即起床疏散。电视也可在非常时刻强制性启动，在画面上显示催促避难的影像。此外，房间内还设置了与服务台对话用的附带传真的电话。

A、A'、B 客房是双床间（标准间），沙发也可转换为沙发床。图 7-90 所示是 A 客房，设定为重度残疾人使用，附设滑动升降机（移动用）。房间钥匙为感知型（非接触）卡片式，读卡处的设置高度为地面上 1220mm，并附设了操作说明的盲文，见图 7-91。夜间操控板上各开

关采用 25mm 大小的嵌入式装置，设置在床头柜的端部，伸手能够方便
地触及。操控板色彩与周围不同，方便识别，见图 7-92。图 7-93 为 A
客房卫生间。图 7-94 显示 B 客房为日式装修，以适应不同需求人的使
用要求。

C 客房是日式、西式兼并设置，既有日式的起居空间，又兼备西式
的客房设施（图 7-95）。在 C 客房，为方便洗澡、护理特设了较大的浴

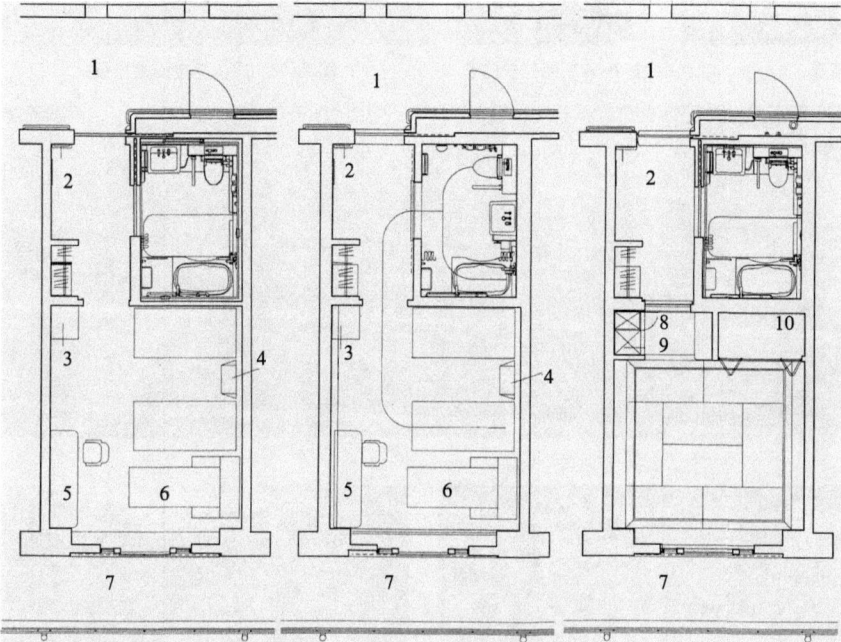

(a)   (b)   (c)

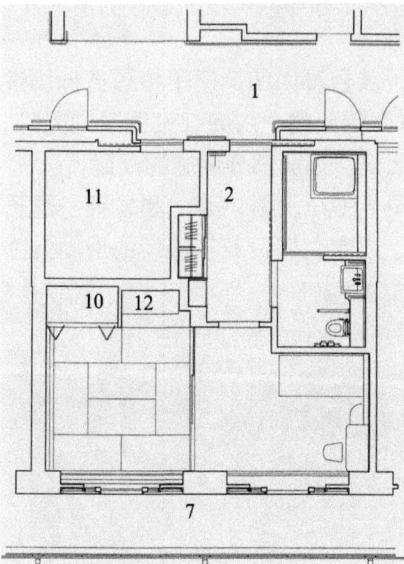

(d)

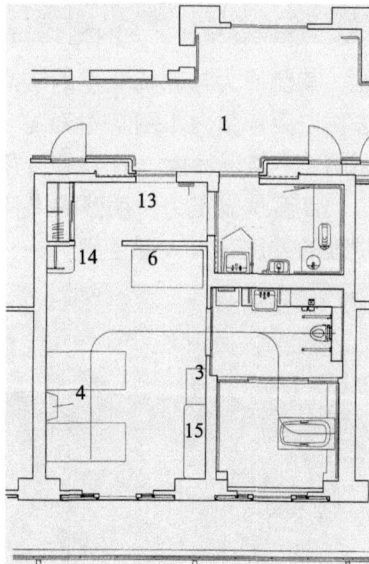

(e)

图 7-89　客房平面图
(a) A 客房；(b) A′客房；
(c) B 客房；(d) C 客房；
(e) D 客房
1—走廊；2—有避难标识的
前室；3—行李放置台；
4—附操控板的床头柜；
5—电视桌（下置冰箱）；
6—沙发床；7—阳台；
8—换鞋处；9—冰箱；
10—壁柜；11—被服储存室；
12—电视台及床头柜；
13—避难标识；14—小型吧
台；15—写字台

图 7-90 A 客房情景

图 7-91 感知式门卡

图 7-92 床头柜夜间操控板

图 7-93 A 客房卫生间
(a) 浴室部分；(b) 盥洗、
如厕部分

(a)

(b)

图 7-94 日式 B 客房（左）
图 7-95 C 客房空间（右）

盆，其侧面为与轮椅交接的浴间坐台，其台脚内凹，便于护理员伸脚进去，以腿部借力（图 7-96a）。从浴室开始，整个房间都设置了闪光灯，以防特殊情况发生。图 7-96b 所示为盥洗、如厕部分设施的设置。

D 客房设定为重度残疾人使用。图 7-97a、图 7-97c 是需要护理员护理的重度残疾人卫生间。床、厕所、浴室之间设置了连续的滑动升降

图 7-96 C 客房卫生间
(a) 浴室部分；(b) 盥洗、
如厕部分

(a)

(b)

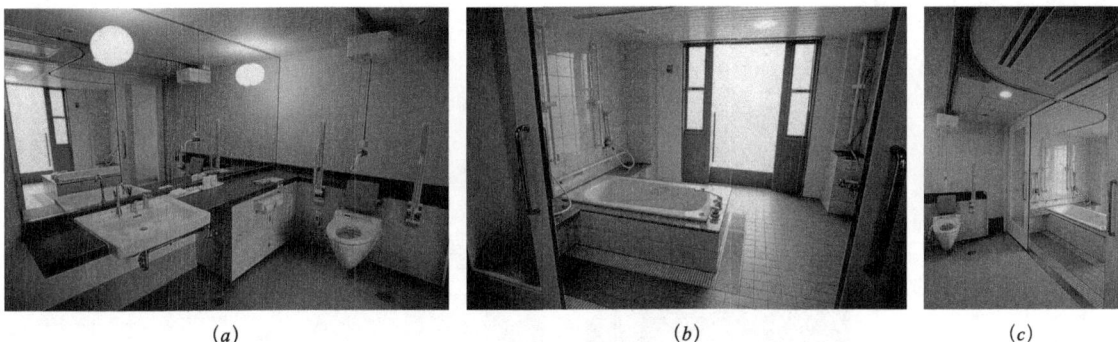

(a)　　　　　　　　　　　　　　　(b)　　　　　　　　　　　　　　　(c)

图7-97　客房卫生间

(a) 盥洗、如厕部分；(b) 中央浴盆护理模式；(c) 连接两部分的升降机滑轨

机设施。图7-97b所示为护理员可以从浴盆两侧进行护理的中央设置模式。图7-98所示，卫生间为不能保持一定姿势的残疾人增设了特殊坐便器和洗污池。不只是房客，其他残疾人也可以通过走道直接使用这个卫生设施。

图7-98　特殊卫生设施

（6）避难线路：从客房逃生，首先开启电子锁的门（图7-99a），从客房出来到达通阳台（图7-99b），然后使用坡道避难逃生（图7-99c）。阳台与室内地面无高差。

图7-100所示，避难通道地面上预埋了行走时发光的引导灯作为逃生向导。

（7）电梯：在电梯门上设置纵向细长状的屏幕，从外面可以看到内部的运行状态，也可以经常通过ITV（电视窗）核实状况。电梯按钮具备两种操作方式，既可以用手操作，还可以由脚进行操作（图7-101）。

图7-102所示，对应听觉残疾人的指示屏幕。

图7-103所示，电梯内部按钮尺寸较大，容易识别。

图7-104所示，梯厢可以容纳4把轮椅的空间。

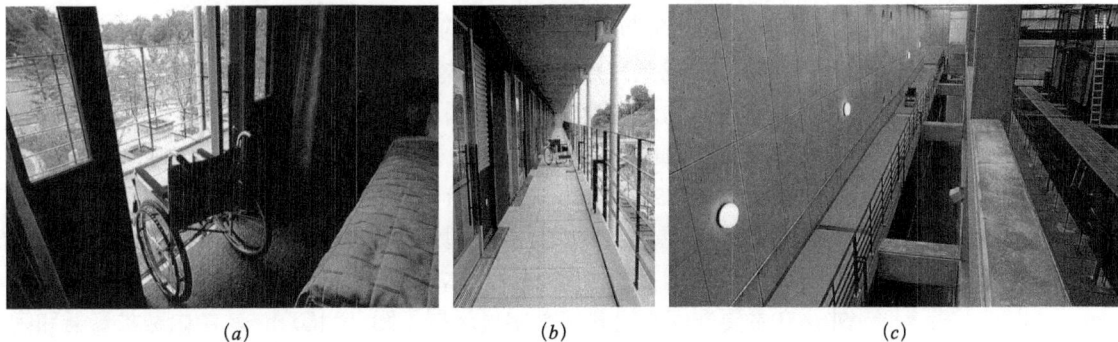

(a)　　　　　　　　　　　　　　　(b)　　　　　　　　　　　　　　　(c)

图7-99　避难空间

(a) 客房门；(b) 通阳台；(c) 逃生坡道

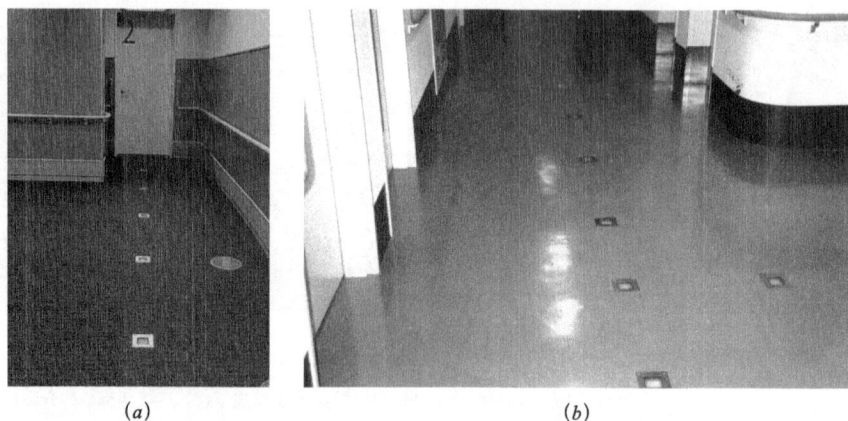

图 7-100 导向性引导灯
(a) 客房门口导向灯；
(b) 公共通道导向灯

(a)　　　　　　　　　　(b)

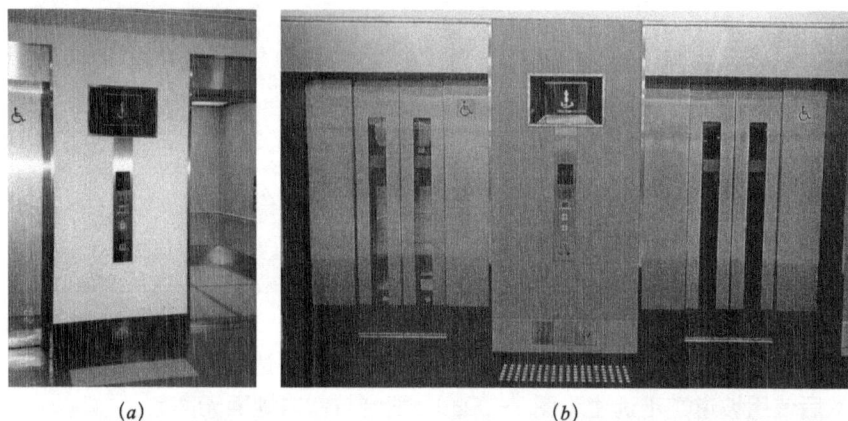

图 7-101 电梯操作指示屏幕
(a) 首层操作按钮；(b) 二层操作按钮

(a)　　　　　　　　　　(b)

图 7-102 电视窗　　　　**图 7-103** 电梯内部操作按钮　　　　**图 7-104** 梯厢空间

（8）其他细节：通往客房的走廊扶手在入口处设有点字盲文（图 7-105）。视觉残疾人在握住扶手行进时，便可触摸到盲文标识。为了避免不经意间滑过盲文提示的情况发生，设计者刻意在有盲文提示的扶手部分变换材质，使其手感发生变化，引起重视。图 7-106 所示为卫生间提示信息。在国际残疾人交流中心，所有卫生间的信息均使用雕刻画面的方式来标示，考虑到能够阅读盲文的视觉残疾人只占一部分，那么对后天失明的残疾人来说，具体的形态"文字"更容易理解一些。另外，在主要空间均设置了文字显示屏（图 7-107），其中内藏扩音器和闪光灯，在播放集会、文娱活动通知和显示时间的同时，还用于传呼和非常时刻广播。

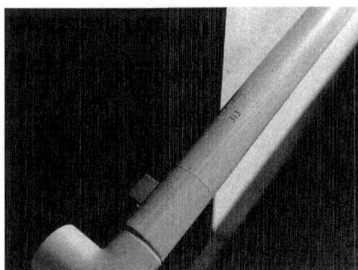

图 7-105　扶手处盲文标识

图 7-106　卫生间的标识

图 7-107　内藏扩音器和闪光灯的显示屏

7.3　外环境无障碍设计分析

7.3.1　人行天桥设计

1998 年，德国的埃斯林根市举行了一次竞标，除了扩宽通往市中心的人行道，还要在市区和普利恩斯郊区之间建立一条通道，旨在改善两地的交通状况。斯坦希尔伯＋韦斯事务所凭借"建立一个横跨主干道，铁路和内卡河的大桥"的方案而最终取胜。桥梁被设计成平行的结构，桥本身由箱式金属叠梁构成，桥墩也采用同样的部件。桥梁两侧的栏杆都装有闪电预警系统。

从设计的角度来说，人行天桥应尽量采取综合解决方案，满足老年人、残疾人和特定使用者等的出行、过街需求。在设计之前，还应对周围设施进行调查，了解使用人群的特性。楼梯适用于普通使用者，对于大量的行动不便者和提重物者的过街需求，坡道则较为合适。电梯更适于轮椅使用者以及不便使用楼梯、坡道的人群，但等待时间会较长，不适宜设置在瞬间需求较大的区域。这座人行天桥充分考虑了不同人士的过街需求，桥头设有楼梯、坡道和电梯，以方便行人、骑车人和乘轮椅的残疾人通过（图 7-108、图 7-109）。

钢筋混凝土结构的残疾人电梯入口，独立于桥梁本身，并一直延伸

图 7-108　桥头垂直交通状况（左）

图 7-109　桥头电梯整体外观（右）

233

到市区人行道上（图7-110）。电梯入口前有明确的无障碍标识，轿厢内设置低位选层按钮以方便轮椅使用者，并有运行方向、楼层的语音提示，四面壁上设置安全扶手。

这座人行天桥的坡道地面采用防滑材料，但未采用锯齿状坡道，以避免轮椅运行时造成不舒适的震动。坡道栏杆上设有可供轮椅使用者把握的安全扶手。

（a）　　　　　　　　　　　　（b）

图7-110 桥头电梯设计
(a) 在天桥上的出入口；
(b) 电梯控制按钮

7.3.2　中国香港维多利亚公园

维多利亚公园是中国香港最大的公园，建于1955年，以体育运动场地为主，有游泳池、网球场、足球场、手球场、篮球场、壁球场、泳池等活动场地，也有模型船水池、儿童游乐场和公众休憩区（图7-111）。公园拥有完整的无障碍设施，代表了香港地区的文明水平。入口处有维多利亚女皇的铜像，公园是以英国维多利亚女王（1837~1901年在位）命名的。

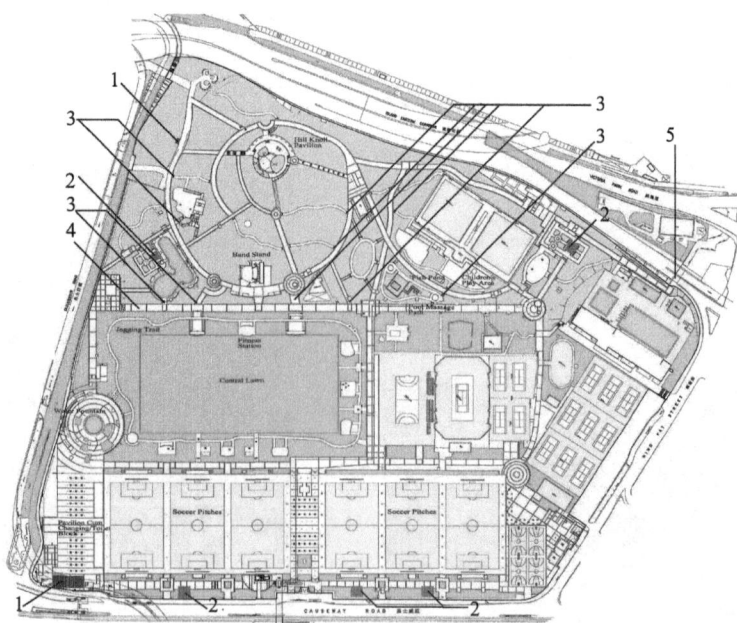

图7-111 中国香港维多利亚公园总图
1—无障碍厕所；2—无障碍电梯；3—无障碍坡道；
4—无障碍慢跑道；5—有盲道的天桥

公园位于铜锣湾之填海区，南背渣甸山，北隔维园道与铜锣湾避风塘毗邻，是香港市中心最大的一个公园。每逢中国传统节日到来之际，这里是人们聚会欢庆的重要地点。从中秋赏月到年宵花市，吸引着无数市民的光临。

公园内的休憩处绿茵遍布，可供各类市民使用的活动场地繁多，还有餐厅等设施，可满足不同市民及游客的需要。维多利亚公园吸引游客的不只是它的设施和环境，因维多利亚公园地点适中，交通方便，故每年港岛的年宵花市以及香港花卉展览都会将其作为展览场地，大型娱乐和国际活动也会在此举行。维多利亚公园集历史、文化、美貌、实用于一身，仿佛香港的一个小小的缩影。

由于晨练者、市民及游客众多，并包括了各个阶层，所以公园中的无障碍设施也很齐备，所有健全人能够到达的地方，残疾人和老年人均能到达。为了便于人们慢跑、散步，公园中的步道采用了很多种材质且设有一些高差，但连接处除了台阶均设有缓坡道，坡道处使用拼缝木板、石材等防滑材料（图 7-112），坡度略大处还设置了栏杆（图 7-113）；儿童活动区设置软材地面，即使摔倒也不会摔伤。在较宽阔的主园路设置了盲道（图 7-114），步行系统设计形成了贯通的无障碍通路，以方便视觉残疾者园中漫步、体会。通往海边及跨越干道的步行天桥、每段休息平台的上下口处都设有提示盲道（图 7-115），辅助的无障碍电梯则配备了盲文按钮（图 7-116a），电梯入口处设有残疾人使用标识（图 7-116b）。公园内的公共卫生间入口采用缓坡处理，各厕位均设有安全抓杆等无障碍设施（图 7-117、图 7-118），方便老年人等使用。

图 7-112 木质防滑坡道连接缓坡道（左）
图 7-113 不同高度地面的过渡坡道及栏杆（右）

图 7-114　维多利亚公园的盲道设置（左）

图 7-115　天桥、楼梯的提示盲道（右）

图 7-116　无障碍电梯
（a）电梯盲文按钮；（b）电梯无障碍标识

(a)

(b)

图 7-117　卫生间入口缓坡道（左）

图 7-118　厕位内安全抓杆设置（右）

7.3.3 上海辰山盲人植物园

该项目位于上海辰山植物园的辰山塘以东部位，华东植物区系内，用地面积 1965m²，四周为华东植物区内的道路。基地南北长 93m，东西宽度为 19~27m，以视力残疾人为主要服务对象，配以完善的盲道、扶手、音响等安全设施，可以进行触觉、听觉和嗅觉感知。根据公园的主题，盲人植物园设置了单向的行进路线和港湾式的体验节点。

考虑到视力残疾人的特殊生活习惯，游园路线要求简单顺畅且无回头路，园中唯一一条主游路线为单向序列，单一回路，无岔口、无支路（图 7-119）。出入口设置在东北角，统一入口、出口，主标识牌设盲文

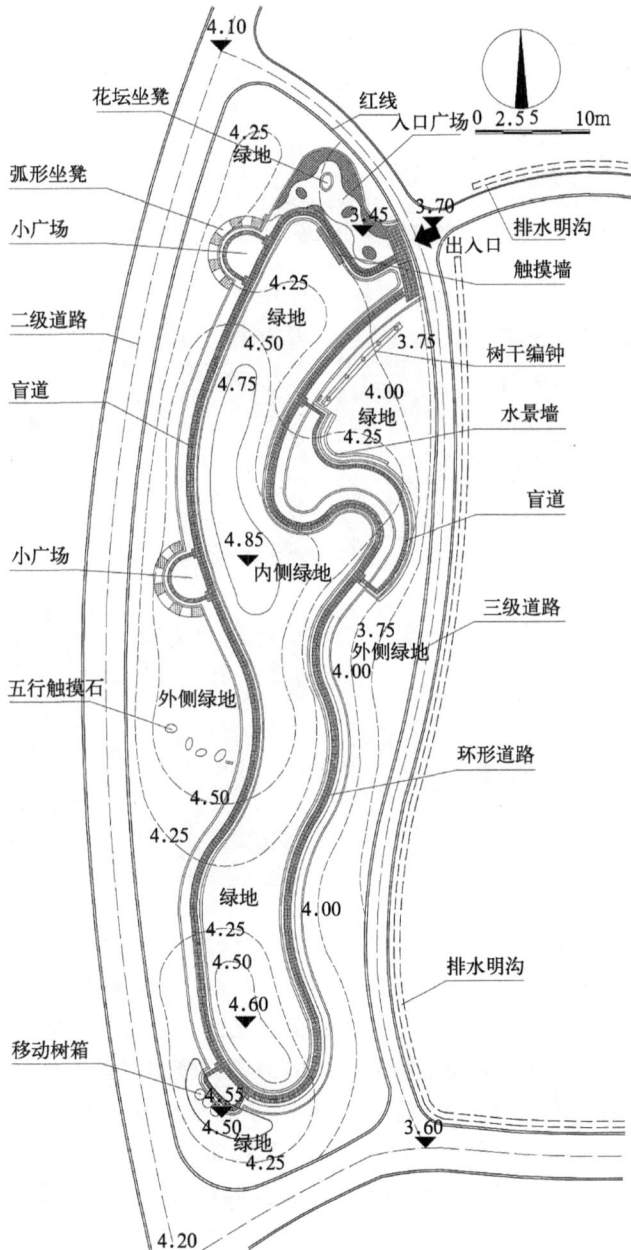

图 7-119 上海辰山盲人植物园总平面图

信息，方便视力残疾人对外部地理环境的认知（图7-120）。考虑到辰山植物园的植物特色，特意定制了塑木的盲道，主路选用花岗石、青砖、红砖卵石等材质（图7-121），色彩别致，对视弱者及色弱者同样有较好的提示作用（图7-122、图7-123）。景观小品如触摸墙、水景都是根据视力残疾人的特殊情况定做的（图7-124）。

图7-120 辰山盲人植物园入口标识牌（左）
图7-121 辰山盲人植物园入口地面（右）

图7-122 辰山盲人植物园盲道与休息座椅（左）
图7-123 辰山盲人植物园的栏杆、盲道（右）

图7-124 水景墙、水生植物触摸体验小品

植物园种植原则：设计范围内绿地面积为1540m²，考虑视力残疾人的特殊需求，树种选择无毒、无刺，偏重于色彩鲜艳、耐触摸的品种。重要景点选择规格较大、姿态优美的苗木，营造春华秋实、四季有景的自然植物种群。贯彻生物多样化的原则，覆盖了叶、枝条、花、果等各类植物（图7-125）。每株乔木做好规范支撑，牢固、美观、整齐。盲人植物园以主路为线索，串联了视觉体验区（针对低视力者，图7-126）、嗅觉体验区、叶触摸区、枝条触摸区、花果触摸区、水生植物触摸区、科普触摸区共7个体验区域。主要观赏植物都配有盲文铭牌

说明（图 7-127）；水生植物触摸区配置了水和水生植物触感体验小品
（图 7-124）；在科普触摸区还设置了一个树干编钟小品，供视觉残疾人
使用触觉体验音乐（图 7-128）。

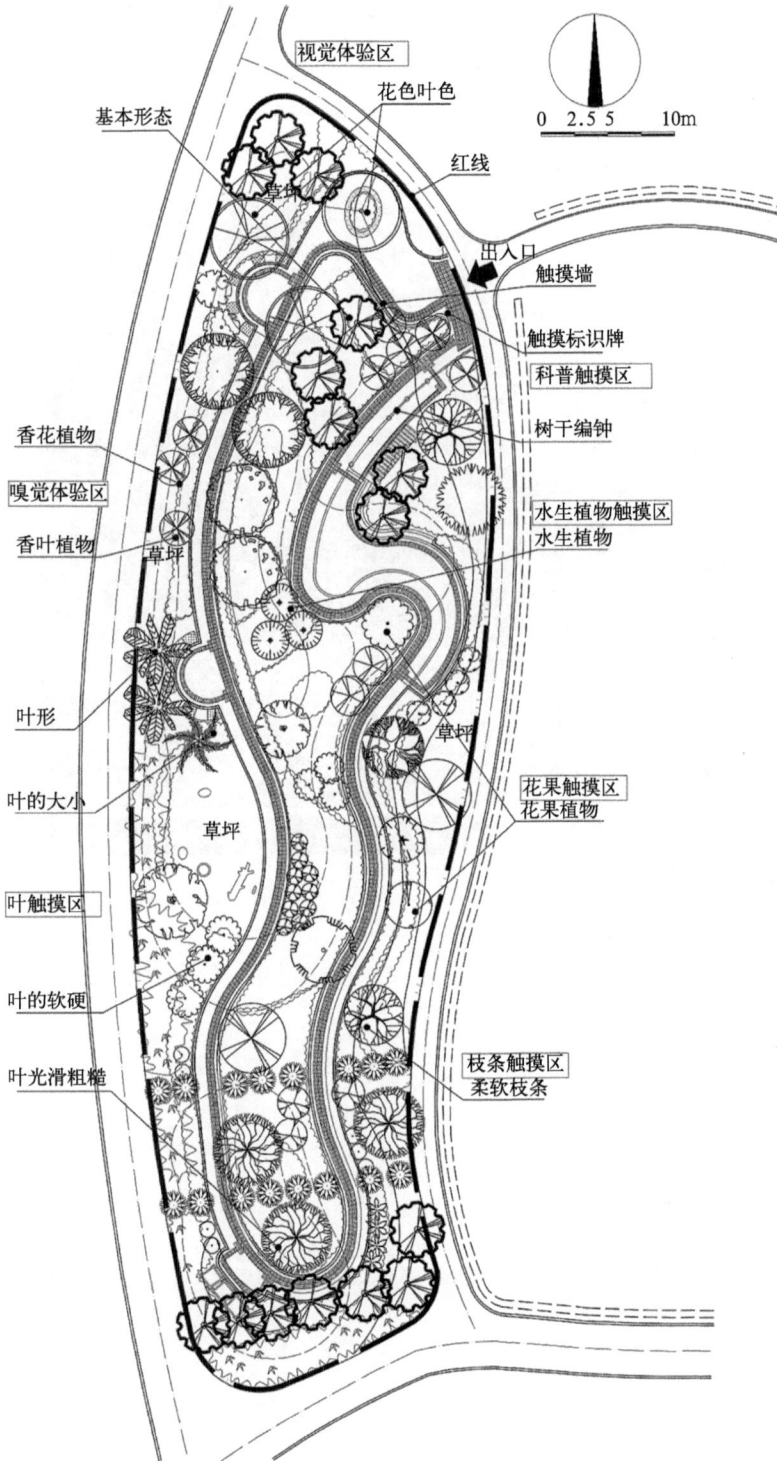

图 7-125 上海辰山盲人植物园种植平面图

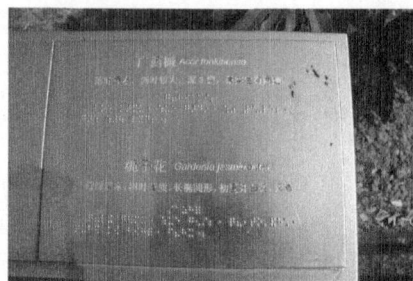

图 7-126　视觉体验区盲文铭牌（左）

图 7-127　植物盲文铭牌说明（右）

图 7-128　树干编钟

附录　学生竞赛获奖方案

（1）用心看世界——盲人家庭住宅设计
获得奖项：UA 建筑创作概念设计国际竞赛金奖
学生：贾正阳、聂寅、任玥、李梦君
指导教师：赵建波

　　获奖方案将视角关注于社会弱势群体——视力残疾人，是中国一个特殊的社会群体，有 4 千多万人口，占总人口比例的 3% 左右。他们与健全人不同，存在生理及一定的心理障碍，表现为强烈的自卑感、孤独感、焦虑与抑郁情绪。视力残疾人的居住生活问题具有一定的特殊性，要为他们考虑适合的居住环境、生活空间、流线，无障碍设计将发挥很大作用。
　　设计课题进行了详尽细致的调查，包括生活方式、房间形状、门的形式、交流愿望、聚居人数、居室材料等等，从而得出了盲人住宅设计的一些指导原则（附图-1~ 附图-4 ）。

我们选择北方某市盲校学生作为我们主要调研对象,对他们的行为流线室
内外的感受以及针对他们自身的无障碍设计进行了问卷调查。 调查人数50人
1.您平时在家经常干的事情? 90% 洗手(有的经常洗几十回)
2.您回家后第一件事一般干什么? 88% 先要洗手　6% 放衣服　6% 休息一会
3.您是否认为家里各个房间的组合方式越简洁越好?
　　92% 选择不是　并且强调要有秩序并强调洗手间的位置
4.平时在家中您在什么房间中待的时间更多? 82% 卧室　　18% 起居室
5.您认为家中最重要的房间是什么? 　　　　　　　84% 选择卧室
6.您进入大空间与小空间能感受到明显区别吗? 　(能听出来)100%
7.您是否希望周围有特别明显的标识供您辨别方位? 　　　100% 希望
8.日常行为中您最困难的是做什么事? 56% 选择行走　38% 找东西
9.您希望生活在什么形状的房间里? 　长方形(抹角外圆内方)和正常人一样
10.您是否希望房间内壁四周平整无凸凹? 　　　　　　　　100%是
11.您平时在家中经常出现的意外? 78% 被家具等突出物碰伤　22% 滑倒
12.您希望房间的门是推拉还是普通单开? 　　　　　　84%推拉门
13.您平时喜欢独处还是喜欢与他人交流? 　　78%希望与人交流
14.若在户外,您一般在多大的范围内活动? 72%安全情况下越大越好 28%不一定
15.您希望能更多地与自然环境接触吗? 　　100%希望
16.您最希望接触的自然环境有什么? 　花香　植物　新鲜空气　阳光
17.您是否认为到达一处目的地能直线到达拐弯越少越好? 　78%是 22%无所谓
18.您希望走楼梯还是坡道 　76%楼梯,坡道均可,楼梯比较方便,而坡道有意思。

附图-1　生活方式和住宅空间调查

241

从调查表我们得出：

1.从使用比例上看洗手空间占主要地位，可将其设置在核心位置

2.卧室比起居室重要，可将卧室功能扩充，增加个性空间

3.房间的连接要有秩序并且具有标识性，可用连续的触摸体进行连接

4.墙体要抹角家具的设计可嵌入墙内避免碰伤，有规律性，便于寻找东西

5.盲人要有与他人交流的空间，空间不用太大，应加入自然元素

6.在减少行走路程的情况下，增加他们与自然的交流，加入的元素可为花坛、植物等

7.可通过材料的变化引起他们触觉上的变化，从而引导空间的变化

8.引入楼梯和坡道两种交通体系，楼梯作为入户的最便捷途径，坡道作为与外界交流的感受途径

附图-2 生活方式和住宅空间调查结论

type	unit	A	B	C	D	E	F	G	H	TO	
两户盲人合住	two blinds share	2								4户	20%
一户盲人独住	one blind lives alone		3					2		5户	25%
盲人与正常人合住	blind shares with normal				1		4	2	4	11户	55%

20%的盲人愿意与朋友合住
25%的盲人希望单独生活
50%以上盲人希望得到家人照顾

附图-3 聚居形式调查

对材料的调研与选择

我们选取了金属(铝、铁)、木材、塑料、石材、玻璃、布类、橡胶、纸类、石膏、陶瓷等材料进行调研，90%以上的盲人对布类和纸类感觉强烈且比较亲切，因此我们又选取了布类和纸类进行进一步调研，选取了生活中常接触且质感较为强烈的布类和纸类并将其制作成模块进行抽样调查，首先让他们通过触摸选出质感相对较为强烈的模块，然后再从中筛选出比较舒适、感觉比较亲切舒适的模块，最后提问"如果将选出的模块与你生活的房间进行联系你会怎样联系？"90%以上的人认定以下几个模块

1、宽条绒布——几乎100%都很喜欢它的舒适且强烈的质感，认为它具有很强的标识性。

2、绒布——它质感柔软舒适易于辨别，90%以上的被调研者将它与卧室联系。

3、尼龙布——质感光滑但表面具有细细的纹理，90%以上的被调研者将它与卫生间和厨房联系。

4、纱——由于它轻质而且细腻，不禁引起了被调研者的联想，80%联想到了书香门第，20%联想到了休闲。

5、棉布——最为常用的布类90%联系到起居室。

6、帆布——这种经常用在牛仔裤上的材料使90%以上的被调查者联想到收藏空间。

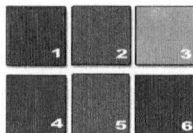

附图-4 建筑材料调查

方案通过前期调查，发现了他们回家的独特生活习惯——入户先要洗手，因为他们大量使用触摸感知。因而，方案将视力残疾人使用的房间以上下贯通的洗手池作为中心进行布置（附图-5）。利用屋顶收集雨水并经过过滤后作为他们洗手以及中庭植物灌溉用水（附图-6）。根据调查结果分析，房间和墙体的形状以弧线为主，方便视力残疾人生活。利用植物配置、建筑材料、建筑构件的变化，为他们创造易识别的不同

Rain

附图-5 以洗手空间为核心（左）
附图-6 设计方案剖面(右)

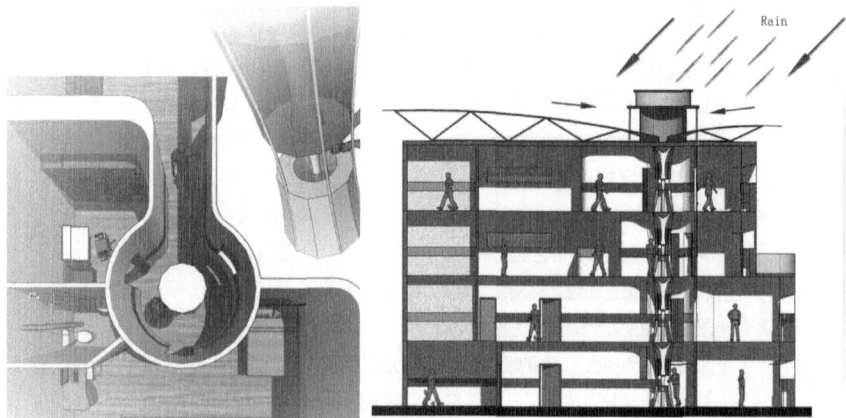

生活空间（附图-7～附图-10）。

方案在满足视力残疾人生活的设计概念上比较完美，真正以人为本进行设计。当然，这仅仅是提案，落实到实际生活中涉及方方面面，尚需综合考虑、仔细推敲。

（2）围墙花园——天津水上公园盲人植物体验园

获得奖项：2016年"艾景奖"暨"世界大学生风景园林设计精英挑战赛"金奖

学生：王露

指导教师：贾巍杨

方案以大赛的主题"围墙"为创新概念：我们不是拆掉围墙，而是

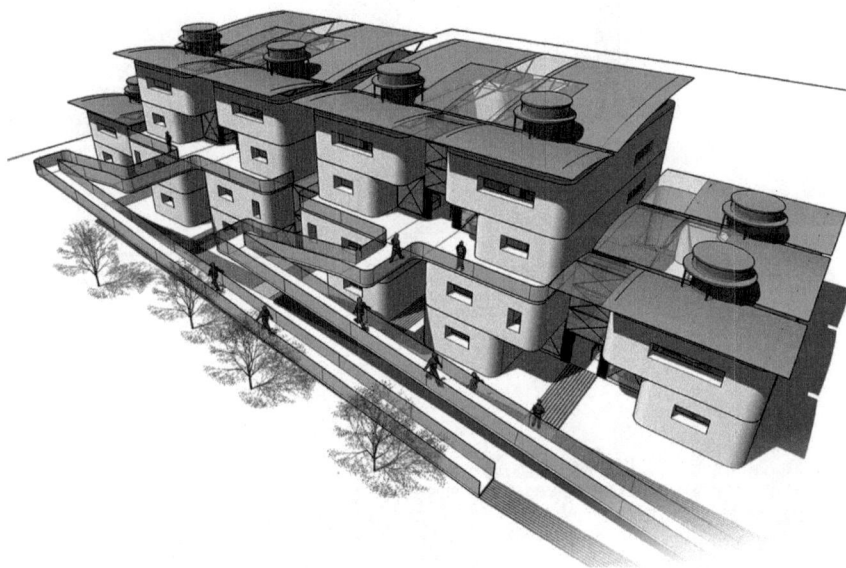

附图-7 盲人住宅造型和引导坡道、植物

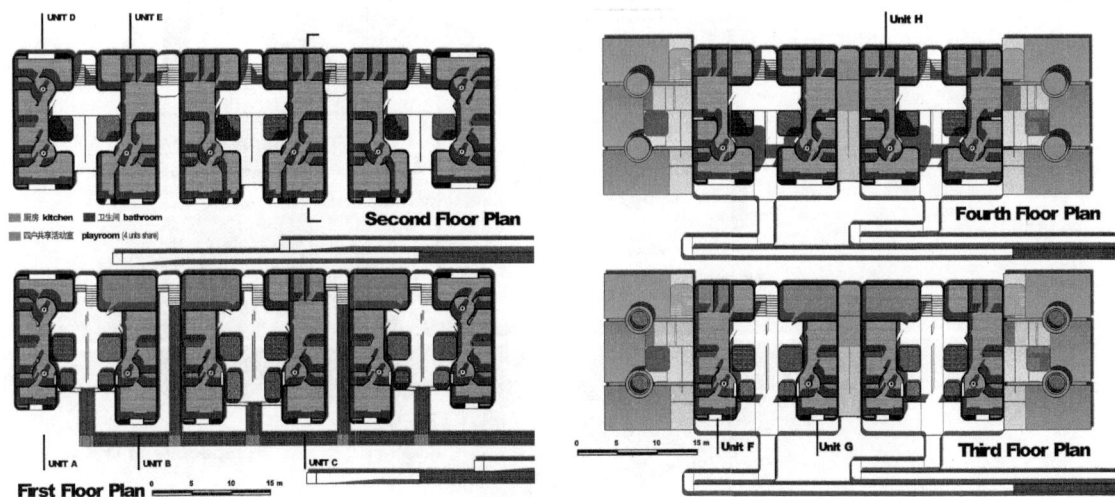

附图-8 各层平面图

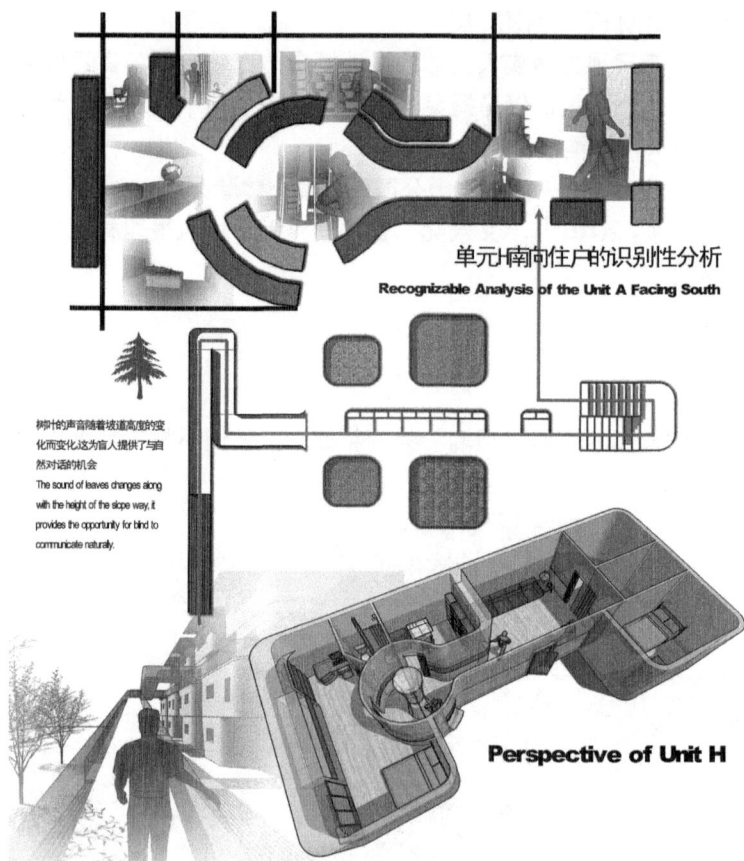

单元H南向住户的识别性分析
Recognizable Analysis of the Unit A Facing South

柳叶针的声音随着坡道高度的变化而变化这为盲人提供了与自然对话的机会
The sound of leaves changes along with the height of the slope way, it provides the opportunity for blind to communicate naturally.

Perspective of Unit H

附图-9 南向住宅户型的易识别性分析

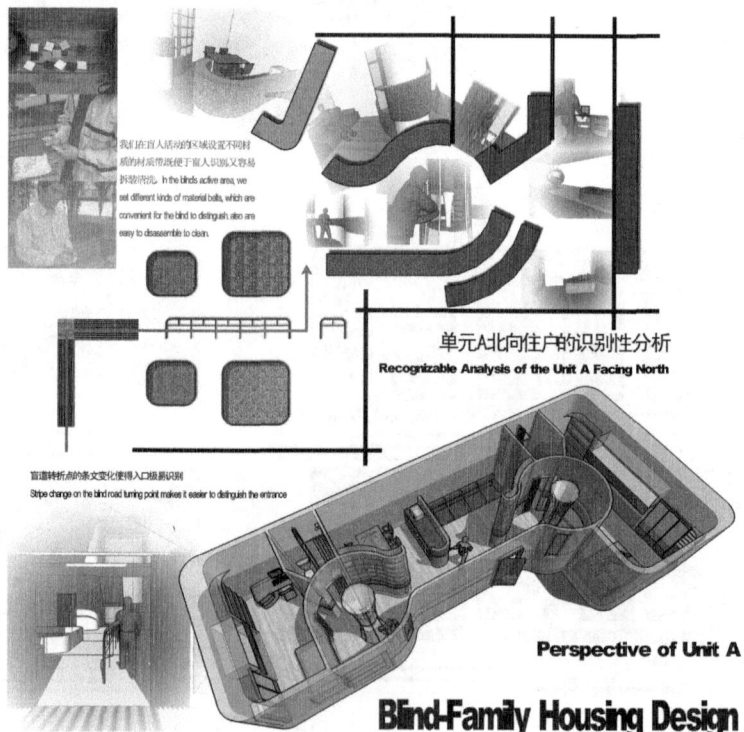

我们在盲人活动的区域设置不同材质的材质带既便于盲人识别又容易拆装清洗。In the blind's active area, we set different kinds of material balls, which are convenient for the blind to distinguish, also are easy to disassemble to clean.

单元A北向住户的识别性分析
Recognizable Analysis of the Unit A Facing North

盲道转折点的条文变化便于入口银别识别
Stripe change on the blind road turning point makes it easier to distinguish the entrance

Perspective of Unit A

Blind-Family Housing Design

附图-10 北向住宅户型的易识别性分析

反其道利用墙体的连续性、触感、质感、声音空间感，为视力障碍者在盲道、栏杆之外增加新的向导模式。围绕墙体配置设计的植物、水体等感官体验节点，系统服务于障碍人士，较好地诠释了设计的目标和初衷。

寻找设计的线索源于一个偶然的发现，在与盲童接触的过程中，他们摸索着扶着墙前进的场面引发了设计者思考：首先，墙可以为视力残疾人提供路径引导，增加行走的安全性和连续性。第二，墙是界定空间的要素之一，他们可以根据回声的强弱来判断空间的大小。延续设计的初衷，方案一点一滴完善，最终以清晰的概念取得大赛的金奖（附图-11）。掌握视力障碍者的行走方式与健全人的区别决定了方案的交通流线设计——单向少分叉的流线方式更适合视力残疾人感受自然（附图-12）。

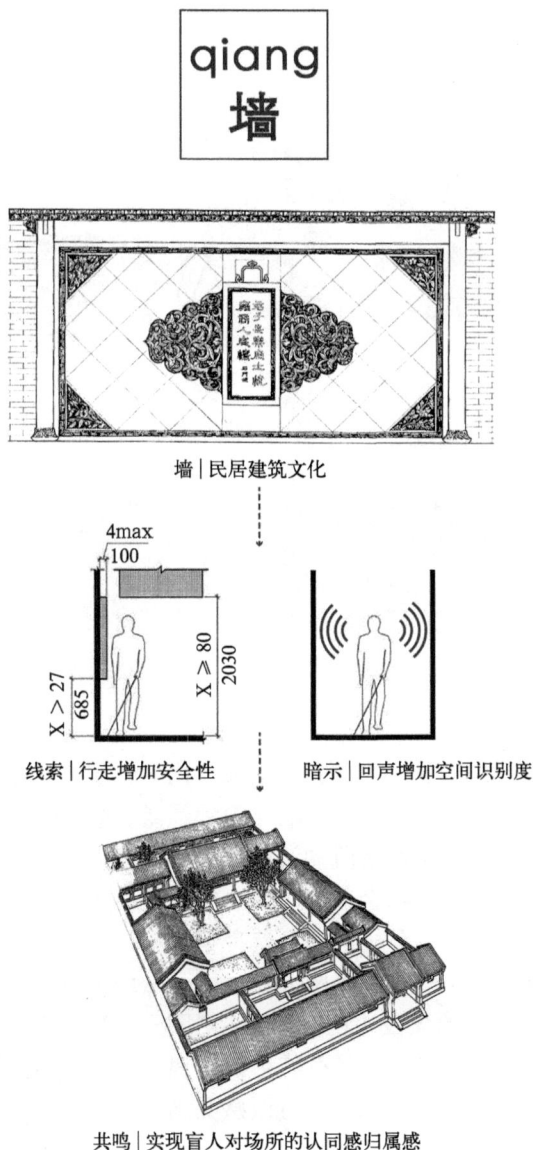

墙｜民居建筑文化

线索｜行走增加安全性　　　暗示｜回声增加空间识别度

共鸣｜实现盲人对场所的认同感归属感

附图-11　墙作为主题概念

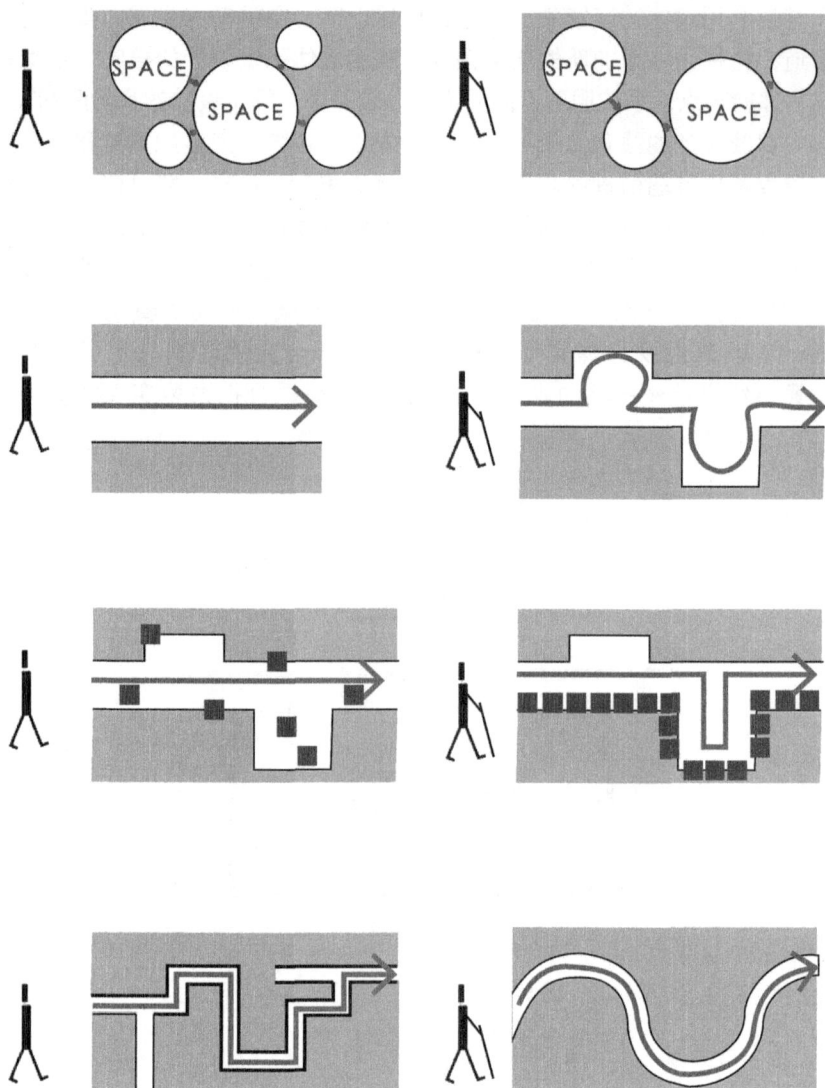

附图-12 普通人和盲人行
走模式分析

　　设计的核心内容是植物园景观，设计内容体现在视觉设计、触摸景观、声音和嗅觉景观几个方面。墙作为我们四合院建筑文化精粹，可以引发视力残疾人对于空间场所的认同感和归属感。在道路以及无障碍设施方面，通过语音标识结合盲文、具象的触摸标识实现信息设施的无障碍化。在绿化配置上，种植的树型选择偏矮小、密集的树种，用墙围合出小空间，营造私密安静的氛围。在空间开敞的地方，绿化选择孤植大型植株，突出空旷的氛围（附图-13、附图-14）。植物选用易于管理、无飞絮、无毒、无刺激性、具有特色的优良品种，满足触摸感知、嗅闻品析及休闲需求，让视力残疾人可以感受到植物的千姿百态，体会到自然界的奇特与美丽。

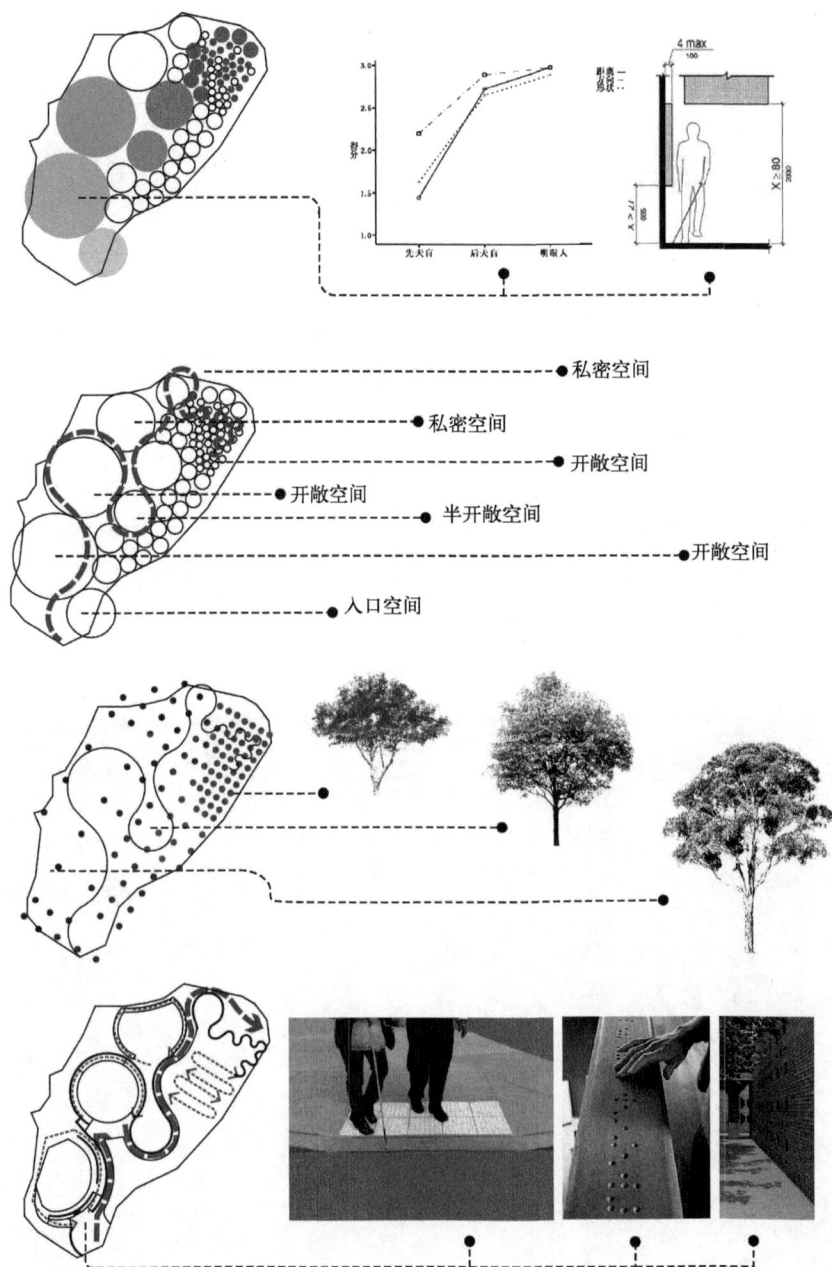

附图-13　空间与路径分析

　　以戏曲建筑、文化建筑、画馆建筑、茶室等为主要设计对象，重组建筑院落空间，集氛围营造、元素提取、视线模拟、交通系统设计等多种方式，创造不同类型、不同尺度、不同维度的公共活动空间，丰富并满足区域内多种行为方式展示（附图-15、附图-16）。入口、跌水空间、小广场等各节点提供充足的引导方式，增强各景观设施和元素的易识别性（附图-17~ 附图-19）。方案在突出视力残疾人需求的同时，还试图以通用设计的视角考虑更多类型障碍人士的使用。

附图-14　总平面图

附图-15　植物园鸟瞰图

附图-16　主要游览节点

附图-17　入口

附图-18　跌水空间

附图-19　小广场

　　获奖学生感受颇深："从一开始选题到反复讨论，到实地去盲人学校调研，与盲童们一起聊天交流，每一次关于方案设计的推进过程，都是在进行一次次的头脑风暴。我永远记得，那些盲童纯真的笑脸上荡漾着的甜美笑容，流露出了解世界的强烈渴望。从那一刻起我也深刻地明白了设计的重要意义——那就是践行对社会的责任。"这也是我们所有未来设计师应该承担的重任！

参考文献

[1] 周文麟. 城市无障碍环境设计 [M]. 北京：科学出版社，2000.

[2] 刘连新，蒋宁山. 无障碍设计概论 [M]. 北京：中国建材工业出版社，2004.

[3] 黄群. 无障碍通用设计 [M]. 北京：机械工业出版社，2009.

[4] 《建筑节点构造图集》编委会. 建筑节点构造图集 - 无障碍设施 [M]. 北京：中国建筑工业出版社，2008.

[5] （英）詹姆斯·霍姆斯 - 西德尔，塞尔温·戈德史密斯. 无障碍设计 [M]. 孙鹤等译. 大连：大连理工大学出版社，2002.

[6] （日）原国政哲. 色彩的运用 [M]. 日本：理工学社，1974.

[7] （日）高桥义平. 无障碍建筑设计手册 [M]. 陶新中译. 北京：中国建筑工业出版社，2003.

[8] （日）日本建筑学会. 无障碍建筑设计资料集成 [M]. 杨一帆等译. 北京：中国建筑工业出版社，2006.

[9] （日）日本建筑学会. 建筑设计资料集成——福利·医疗篇 [M]. 重庆大学建筑城规学院译. 天津：天津大学出版社，2006.

[10] （日）秋山哲男. 都市交通のユニバーサルデザイン [M]. 京都：株式会社学芸出版社，2001.

[11] （日）交通エコロジー・モビリテイ財団. 究極のバリアフリー駅をめざして [M]. 京都：株式会社大成出版社，2001.

[12] （日）家の光協会. 高齢者にやさしい住宅増改築実例集 [M]. 第三版. 京都：社会法人家の光協会，2000.

[13] （日）座談会「ビッグ·アイ」. 国際障害者交流センター「ビッグ·アイ」を語る [J].TOTO 通信別冊. 京都：東陶器株式会社告宣部，2001.

[14] （日）田中直人，岩田三千子. 标识环境通用设计 [M]. 王宝刚，郭晓明译. 北京：中国建筑工业出版社，2004.

[15] （德）乔希姆·菲希尔，菲利普·莫伊泽. 无障碍建筑设计手册 [M]. 鄢格译. 沈阳：辽宁科学技术出版社，2009.

[16] Gavriel Salvendy.Handbook of human factors[M].America：Wile-Interscience Publication，1984.

[17] 王笑梦，尹红力，马涛. 日本老年人福利设施设计理论与案例精析 [M]. 北京：中国建筑工业出版社，2013.

[18] 徐本明，丁伯坦，鹿洪辉. 肢体残疾评定手册 [M]. 北京：华夏出版社，2013.

[19] 焦舰，孙蕾，杨旻. 城市无障碍设计 [M]. 北京：中国建筑工业出版社，2014.

[20] （日）高龄者住环境研究所，无障碍设计研究协会. 住宅无障碍改造设计 [M].

王小荣等译 . 北京：中国建筑工业出版社，2015.

[21] 建筑设计资料集（第三版）总编委会 . 建筑设计资料集（第三版）建筑专题
[M]. 北京：中国建筑工业出版社，2017.

[22] （日）植田瑞昌等 7 人 . 住環境のバリアフリー・ユニバーサルデザイン [M].
东京：株式会社彰国社，2015.

[23] 冯月 . 广义无障碍理论与实践初探 [D]. 成都：西南交通大学，2005.

[24] 董华 . 浅谈公共环境中的无障碍设施建设 [D]. 天津：天津大学，2007.

[25] 庞聪 . 北京城市无障碍外部空间初探 [D]. 北京：清华大学，2005.

[26] 马楠 . 现代城市无障碍环境导识系统研究 [D]. 秦皇岛：燕山大学，2010.

[27] 孙立晔 . 基于中间视觉的低亮度、弱对比景观照明评价与实验研究 [D]. 天津：
天津大学，2008.

[28] Georgia Institute of technology. Signage for low vision and blind persons:
A multidisciplinary assessment of the state of the art [R]. Washington DC:
ATBCB,1985.

[29] （日）吉田麻衣，樱庭晶子 . 加齢黄変化視界の視認性（2）屋内仕上げ材色の
輝度率分析 [C]// 日本建築学会 . 日本建築学会学術講演梗概集 E-1 建築計画
1 巻 . 东京：日本建築学会，1996：763-764.

[30] BRIGHT, K. T. and COOK, G. K. Project Rainbow, a research project to
provide colour and contrast design guidance for internal built environments
[J]. Oregon Historical Quarterly，1999，9（2）:219-221.

[31] Peters, G.A. & Adams, B.B. These 3 Criteria for Readable Panel Markings [J].
Product Engineering, 1959,30：55-57.

[32] Smith, S.L. Letter Size and Legibility [J]. Human Factors, 1979, 21（6）：
661-670.

[33] 潘海啸，熊锦云，刘冰 . 无障碍环境建设整体理念发展趋势分析 [J]. 城市规划
学刊，2007，168（02）.

[34] 成斌 . 国内外无障碍环境建设法制化之比较研究 [J]. 西南科技大学学报：哲学
社会科学版，2005，22（3）.

[35] 曾思瑜 . 从"无障碍设计"到"通用设计"——美日两国无障碍环境理念变迁
与发展过程 [J]. 设计学报，2003，8（2）.

[36] 王小荣 . 无障碍意识认知与无障碍环境设计研究 [J]. 建筑师，2013, 164
（4）:75-79.

[37] 王小荣，董雅，贾巍杨 . 美国公共环境中无障碍标识设置人性化分析 [J]. 天大
学报（社科版），2014，16（2）：148-151.

[38] 贾巍杨 . 建筑无障碍标识色彩与尺度量化设计研究 [J]. 南方建筑，2018（1）：
48-53.

[39] 贾巍杨，王小荣 . 中美日无障碍设计法规发展比较研究 [J]. 现代城市研究，
2014, 29（4）:116-120.

[40] 贾巍杨 . 美英无障碍法规发展与我国的比较研究及其启示 [J]. 建筑与文化，

2014，124（7）:89-91.

[41] GB/T 10001.9-2008 标志用公共信息志图形符号 - 第 9 部分：无障碍设施符号 [S].

[42] GB/T 10001.1-2006 标志用公共信息图形符号 - 第 1 部分：通用符号 [S].

[43] GB/T 5845.2-2008 城市公共交通标志 [S].

[44] GB/T 31015-2014 公共信息导向系统 基于无障碍需求的设计与设置原则 [S].

[45] GB/T 51223-2017 公共建筑标识系统技术规范 [S].

[46] GB/T 15566.1-2007 公共信息导向系统 设置原则与要求 第 1 部分：总则 [S].

[47] GB 50763-2012 无障碍设计规范 [S].

[48] ISO 7010:2011 Graphical symbols - Safety colours and safety signs—Registered safety signs[S].

[49] U.S. ATBCB. 2010 ADA Standards for accessible design [S].

[50] U.S. ATBCB. Americans with Disabilities Act-Accessibility Guidelines for Buildings and Facilities（ADAAG）[S].

[51] BS 8300:2009, Design of buildings and their approaches to meet the needs of disabled people - Code of practice [S].

[52] 微信公众号"自强育才无障爱文化传播北京中心"[EB/OL]. 微信号：gh_3ce0a266d178.

[53] 维基百科 [EB/OL]. https://en.wikipedia.org/.

图片来源

第 1 章. 无障碍设计绪论

图 1-1、图 1-2、图 1-3 由天津大学刘彤彤提供

图 1-4、图 1-5、图 1-6、图 1-41、图 1-42、图 1-43 由天津大学袁逸倩提供

图 1-12、图 1-13 由澳大利亚侨民吴俊国提供

图 1-7、图 1-8、图 1-9、图 1-10、图 1-11、图 1-20、图 1-21、图 1-22、图 1-23、图 1-24、图 1-28、图 1-37、图 1-38、图 1-55（b）、图 1-56、图 1-57、图 1-58、图 1-59、图 1-60 由天津大学王小荣拍摄

图 1-50、图 1-51、图 1-52、图 1-53、图 1-54、图 1-55（a）、图 1-61 选自日本九州产业大学介绍

图 1-35、图 1-40 选自詹姆斯·霍姆斯 - 希德尔、塞尔温·戈德史密斯《无障碍设计》

图 1-36 选自高桥义平《无障碍建筑设计手册》

图 1-14、图 1-15、图 1-16、图 1-18、图 1-25、图 1-26、图 1-27、图 1-29（a）、图 1-29（b）、图 1-39、图 1-45、图 1-46、图 1-47、图 1-48、图 1-49 来自网络

图 1-17、图 1-31 选自《每日新报》

图 1-19、图 1-30、图 1-32、图 1-33、图 1-34 由天津大学赵伟拍摄

图 1-44 由天津大学赵伟根据凯特和克莱森提出的"反设计排除理论"模型重绘

第 2 章. 无障碍设计内容、对象及尺度

图 2-1 选自日本高龄者住环境研究所《住宅无障碍改造设计》

图 2-7、图 2-14、图 2-15、图 2-25、图 2-29、图 2-44 选自周文麟《城市无障碍环境设计》

图 2-4 天津大学权海源提供

图 2-5、图 2-21、图 2-22、图 2-23、图 2-24、图 2-47 选自高桥义平《无障碍建筑设计手册》

图 2-6、图 2-11、图 2-27、图 2-30、图 2-32、图 2-34 中右图、图 2-36、图 2-38、图 2-39、图 2-40、图 2-41、图 2-42、图 2-43 选自网络和百度

图 2-20、图 2-26、图 2-28、图 2-31、图 2-33、图 2-37、图 2-46 选自詹姆斯·霍姆斯 - 西德尔、塞尔温·戈德史密斯《无障碍设计》

图 2-19 选自日本建筑学会《无障碍建筑设计资料集成》

图 2-45 选自刘连新、蒋宁山《无障碍设计概论》

图 2-2、图 2-3、图 2-8~ 图 2-10、图 2-12、图 2-13 天津大学王小荣拍摄

图 2-16~ 图 2-18 选自《建筑设计资料集》第三版

图 2-34 中左图、35 选自《住環境のバリアフリー・ユニバーサルデザイン》

第 3 章. 无障碍设计法规

无

第 4 章. 无障碍标识与环境

图 4-1、图 4-3、图 4-5、图 4-19 选自刘连新、蒋宁山《无障碍设计概论》

图 4-2、图 4-4、图 4-6、图 4-10 中左图、图 4-14（b）、图 4-40、图 4-41 选自《标志用公共信息图形符号》系列国家标准

图 4-8、图 4-9、图 4-10 中右图、图 4-11、图 4-12、图 4-14（a）、图 4-19、图 4-21、图 4-22、图 4-23、图 4-24、图 4-25、图 4-28、图 4-29、图 4-30、图 4-31、图 4-33、图 4-34、图 4-35、图 4-36、图 4-37、图 4-38、图 4-39、图 4-42、图 4-43 以及表 4-2 中图选自网络

图 4-7 由作者根据《美国残疾人法案指导纲要》插图修改绘制

图 4-13、图 4-14b、图 4-20、图 4-32 选自田中直人、岩田三千子《标识环境通用设计》

图 4-15、图 4-16 选自詹姆斯·霍姆斯 – 西德尔、塞尔温·戈德史密斯《无障碍设计》

图 4-17 选自乔希姆·菲希尔、菲利普·莫伊泽《无障碍建筑设计手册》

图 4-18 由程麒儒依据田中直人、岩田三千子《标识环境通用设计》绘制

图 4-26 选自贾巍杨、王小荣、王晶《医院无障碍标识调研与量化设计策略》

图 4-27 选自王小荣、董雅、贾巍杨《美国公共环境中无障碍标识设置人性化分析》

第 5 章. 建筑无障碍设计

图 5-1、图 5-2、图 5-3、图 5-7、图 5-17、图 5-18、图 5-19、图 5-22、图 5-23、图 5-30、图 5-32、图 5-37、图 5-40、图 5-43、图 5-44、图 5-46、图 5-51、图 5-52、图 5-53、图 5-54、图 5-55、图 5-59、图 5-68、图 5-73、图 5-77~图 5-80、图 5-83、图 5-84、图 5-85、图 5-45、图 5-90、图 5-103~图 5-108、图 5-112、图 5-114 选自日本建筑学会《无障碍建筑设计资料集成》

图 5-4、图 5-11、图 5-13、图 5-20、图 5-26、图 5-34、图 5-39、图 5-47~图 5-49、图 5-74、图 5-76、图 5-87、图 5-89、图 5-93、图 5-111、图 5-113、图 5-115、选自詹姆斯·霍姆斯 – 西德尔、塞尔温·戈德史密斯《无障碍设计》

图 5-5、图 5-6、图 5-8、图 5-10、图 5-12、图 5-14、图 5-15、图 5-21、图 5-27、图 5-28、图 5-29、图 5-31、图 5-33、图 5-35、图 5-36、图 5-38、图 5-41、图 5-42、图 5-50、图 5-56、图 5-57、图 5-58、图 5-61、图 5-69、图 5-70、图 5-71、图 5-72、图 5-81、图 5-82、图 5-86、图 5-88、图 5-91、图 5-92、图 5-94~图 5-100、图 5-109、图 5-110、图 5-116 选自建筑节点构造图集编委会《无障碍设计》

图 5-9、图 5-16、图 5-24、图 5-25、图 5-60、图 5-62、图 5-63、图 5-64、图 5-65、图 5-66、图 5-67、图 5-118、图 5-122 选自网络

图 5-117、图 5-119、图 5-120、图 5-121 由天津大学张威老师提供

第 6 章. 外环境无障碍设计

图 6-1、图 6-2 选自贾巍杨《天津市公园无障碍标识设计调研与分析》

图 6-3、图 6-4、图 6-5、图 6-7、图 6-8、图 6-9、图 6-12、图 6-34、

图 6-40、图 6-41、图 6-43、图 6-45、图 6-47、图 6-49、图 6-50、图 6-51、图 6-52 选自网络

图 6-6、图 6-10、图 6-13~图 6-18、图 6-23、图 6-27、图 6-29、图 6-30、图 6-31、图 6-32、图 6-39

选自建工出版社《建筑设计资料集》第三版第 8 分册

图 6-11、图 6-42、图 6-44、图 6-46、图 6-48 天津大学贾巍杨拍摄

图 6-19、图 6-21、图 6-26 选自 GB 50763—2012《无障碍设计规范》

图 6-20、图 6-22、图 6-24、图 6-25、图 6-28 选自 2001《城市道路和建筑物无障碍设计规范》

图 6-33 选自田中直人、岩田三千子《标识环境通用设计》

图 6-35、图 6-37、图 6-38 选自《建筑节点构造图集》编委会《建筑节点构造图集—无障碍设施》

图 6-36 选自《标志用公共信息图形符号》系列国家标准

第 7 章. 无障碍设计实例分析

图 7-1~图 7-7、图 7-13~图 7-18 选自家の光协会《高齢者にやさしい住宅増改築実例集》

图 7-8~图 7-12、图 7-32~图 7-38、图 7-108~图 7-110 选自乔希姆·菲希尔，菲利普·莫伊泽《无障碍建筑设计手册》

图 7-19、图 7-20、图 7-21、图 7-22、图 7-23、图 7-24、图 7-25、图 7-26、图 7-27、图 7-28、

图 7-29、图 7-30、图 7-31 选自王笑梦《日本老年人福利设施设计理论与案例精析》

图 7-39、图 7-40、图 7-41 选自网络

图 7-42、图 7-111 源自网络，天津大学贾巍杨修改

图 7-43~图 7-60 选自交通エコロジー・モビリティ财团《究極のバリアフリー駅をめざして》

图 7-61~图 7-107 选自座谈会「ビッグ・アイ」《国際障害者交流センター「ビッグ・アイ」を語る》

图 7-54 由上海交通大学秦丹尼提供

图 7-112~图 7-118 天津大学王小荣拍摄

图 7-119、图 7-122、图 7-123、图 7-125 选自建工出版社《建筑设计资料集》第三版第 8 分册

图 7-120、图 7-121、图 7-124、图 7-126~图 7-128 天津大学学生武玲拍摄

附录：学生竞赛获奖方案

附图-1 至附图-10 选自贾巍杨《集合住宅建筑课程设计》

附图-11 至附图-19 由天津大学学生王露设计制图

列表参照

无障碍法规、组织和人名中英文对照表

中　　文	英　　文
肢体残疾人可达、可用的建筑设施标准	American Standard Specifications for Making Buildings and Facilities Accessible to and Usable by the Physical Handicapped，即 ANSI A117.1
(美国) 建筑障碍法	Architectural Barrier Act
美国残疾人法案	The American with Disability Act，ADA
(美国) 康复法	the Rehabilitation Act of 1973
(美国) 通信法案	Telecommunication Act of 1996
(美国) 公平住宅补充法案	The Fair Housing Amendments Act，FHAA
联邦无障碍统一标准	Uniform Federal Accessibility Standards，UFAS
瑞典建筑标准法	SBN
荷兰适应性住宅法	building adaptive
(英国) 禁止歧视残疾人法案	DDA
残疾者设计工作小组	ISO/TC59/WorkGroup Physically Handicapped
美国国家标准协会	ANSI
美国标准联合会	American Standard Association

中　文	英　文
（美国）住宅与城市发展局	the Department of Housing and Urban Development，HUD
（美国）建筑、交通障碍改善委员会	the Architecture and Transportation Barriers Compliance Board，ATBCB
英国建筑协会	RIBA
（英国）环境部	DOE
（英国）教育和科学部	DES
戈特·史密斯	Goed Smith